高等职业教育"十三五"规划教材

通信技术基础

主　编　刘建成
副主编　黄巧洁　唐慧萍　陈尾英

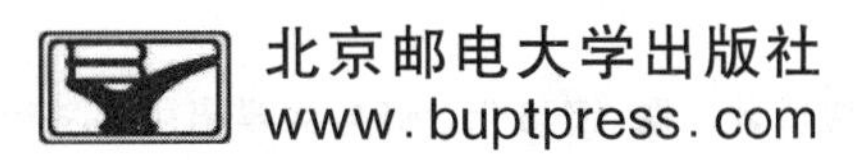

内 容 简 介

本书较为全面地介绍了通信技术的基础知识。全书共8章，介绍了信号的基础知识、通信系统的相关知识、模拟信号的数字化、数字信号多路复用与复接、数字基带信号的传输、模拟和数字信号的调制与解调、同步技术、数字信道的差错控制编码。

本书可以作为高职高专通信类及相关专业课程的教材，也可以作为通信类培训班教材，并适合通信工程一线维修维护人员、技术支持的专业人员和广大通信爱好者自学使用。

图书在版编目(CIP)数据

通信技术基础 / 刘建成主编. -- 北京 : 北京邮电大学出版社, 2020.1(2024.1 重印)
ISBN 978-7-5635-5987-9

Ⅰ. ①通…　Ⅱ. ①刘…　Ⅲ. ①通信技术　Ⅳ. ①TN91

中国版本图书馆 CIP 数据核字(2020)第 014033 号

策划编辑：彭　楠　　**责任编辑**：徐振华　王小莹　　**封面设计**：七星博纳

出版发行：北京邮电大学出版社
社　　址：北京市海淀区西土城路 10 号
邮政编码：100876
发 行 部：电话：010-62282185　传真：010-62283578
E-mail：publish@bupt.edu.cn
经　　销：各地新华书店
印　　刷：保定市中画美凯印刷有限公司
开　　本：787 mm×1 092 mm　1/16
印　　张：11.75
字　　数：307 千字
版　　次：2020 年 1 月第 1 版
印　　次：2024 年 1 月第 4 次印刷

ISBN 978-7-5635-5987-9　　　　定价：32.00 元

·如有印装质量问题，请与北京邮电大学出版社发行部联系·

前　言

通信技术基础是通信工程技术人员要学习的一门重要专业基础课程。本书以培养通信工程技术人员在工程实际中的技能为目标，详细介绍了信号的基础知识、通信系统的相关知识、模拟信号的数字化、数字信号多路复用与复接、数字基带信号的传输、模拟和数字信号的调制与解调、同步技术、数字信道的差错控制的基础知识。对于书中标有“*”的内容读者在学习时可根据情况进行取舍。

本书根据职业教育人才培养需要编写，注重对学生实践能力的培养，力求用通俗语言和直观的方法讲清楚通信的基本概念、系统组成。本节淡化复杂的理论推导，强化实际应用能力。本书特点是讲解中力求做到通俗性和科学性的有机结合。读者即使没有信号系统的知识，也能学习掌握通信基础知识，从而为后续学习通信专业课程打下良好基础。在自测部分，本书围绕需要重点掌握的知识和技巧，精心筛选了适量的习题，同时给出了实训项目的相关内容，供读者检测学习效果和提高实际操作技能。

为了帮助完成教学任务，本书附带一套包含电子教案、教学大纲、教学课件的教学资料。本书的参考学时为72学时，可以采用理论讲授加实践的教学模式，各章的参考学时见下文的学时分配表。

学时分配表

项目	课程内容	学　时
第1章	信号描述方式、信号的时间函数和频率函数、信号波形图和频谱图概念	4～6
第2章	通信系统的一般模型及组成部分、数字通信系统的主要性能指标概念和计算	6～8
第3章	模拟信号数字化的基本方法，抽样、量化、编码技术问题	6～8
第4章	数字信号的时分多路复用结构的原理方法，举例PCM 13折线30/32路电话复用、数字复接系统的方法	6～8
第5章	在数据传输中，码间干扰的概念及其克服方法	6～8
第6章	模拟幅度调制与解调及频分复用的概念，ASK、PSK、FSK调制解调的基本概念	6～8
第7章	数字系统的4种同步技术，即载波同步、数据信号的码位同步、帧同步、网同步	8～10
第8章	码组传输差错的发现纠错、分组码、卷积码	10～14
	课程考评	2
课时总计		54～72

本书主编为刘建成，副主编为黄巧洁、唐慧萍、陈尾英，刘建成负责统稿。由于编者水平和经验有限，书中难免有欠妥和错误之处，在此恳请读者批评指正。另外，编者对本书所参考文献的所有作者表示衷心感谢。

编　者

目　　录

第1章　信号的基础知识

任何消息都可以转化为电(电磁波)或光的信号,这样就能将其高质量、大容量、快速度地传输。信号(Signal)是消息的替代物,是通信的直接对象。信号所涉及的都是随时间变化的物理量或频率的分布状况。

1.1　信号的描述与分类

信号描述一般是写出数学表达式,这个表达式是时间的函数;或给出函数的图像,该图像称为信号波形;或进行频谱分析,得出频率函数或图像,这个图像称为频谱图。

1.1.1　信号描述

1. 信号的定义

信号是信息的载体,是信息的表现形式。一般我们讲的信号是指电信号,它的表达形式可以是电压、电流或电场等。

2. 信号描述方法

信号描述可以有两种方法,即时域法和频域法。

(1) 时域法。信号的电量(电压或电流等)随时间的变化可以用观察波形的方法来进行描述。例如,声音信号、电视信号与时间 t 的关系可用一维函数 $f(t)$来描述,如图 1.1(a)和图 1.2(a)所示。

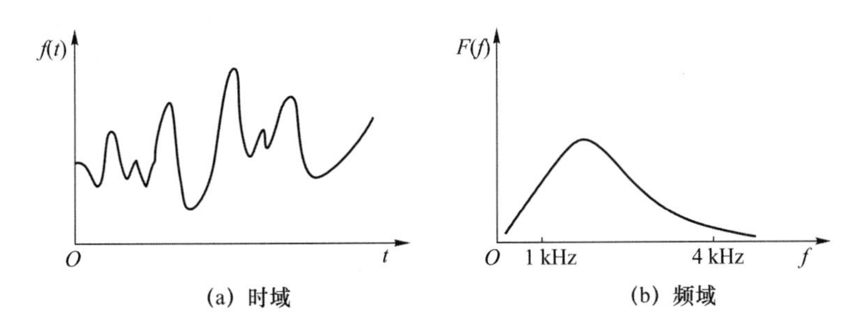

图 1.1　声音信号时域、频域示意图

(2) 频域法。对于信号的电量在频域中的分布情况,可用频谱分析仪观察信号的频谱,声音信号的频率范围大约为 20～20 000 Hz,电视信号大约为 0～6 MHz,两信号时域、频域示意图分别如图 1.1(b)和图 1.2(b)所示。

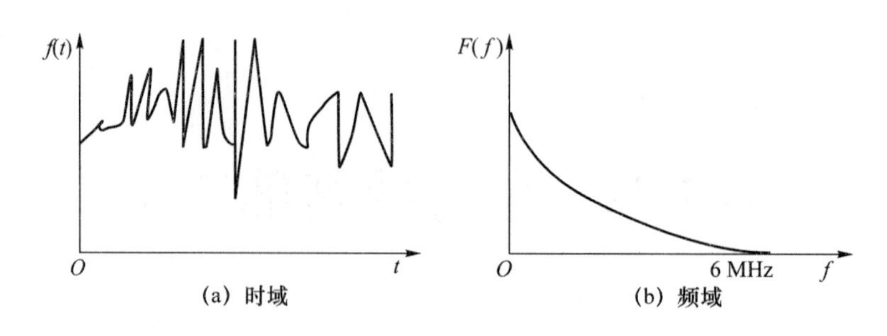

图 1.2　电视信号的时域、频域示意图

1.1.2　信号分类

以频率划分,信号可分为基带信号和频带信号。以信号参数的状态划分,信号可以分为模拟信号和数字信号。

1. 模拟信号

表示连续变化物理量的信号称作模拟信号(Analog Signal)。在通信中模拟信号是指电信号参量的取值随时间连续变化的信号,如在电话系统中的语音信号等。因此,模拟信号也称为连续信号,如图 1.3 所示。

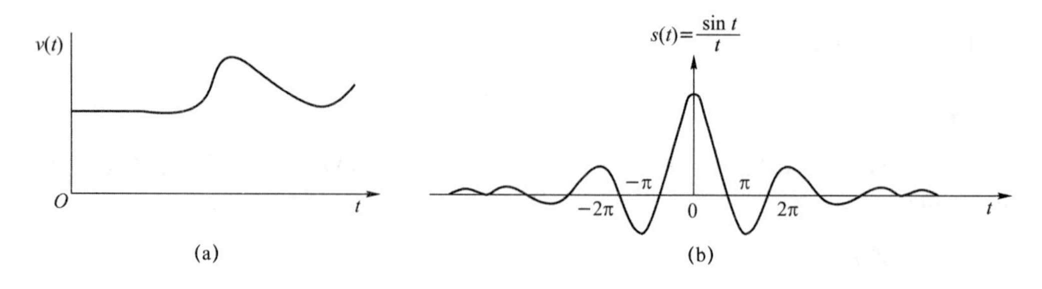

图 1.3　模拟信号示意图

2. 数字信号(离散信号)

数字信号与模拟信号相反,变量和测定值(函数值)被离散化了的信号统称为数字信号(Digital Signal)。因此,数字信号也称为离散信号。数字信号是一种离散的脉冲序列,它不再是连续函数了,文字、语声、图像或其他消息都可转换成一种相应的数字脉冲序列。数字信号示意图如图 1.4 所示。

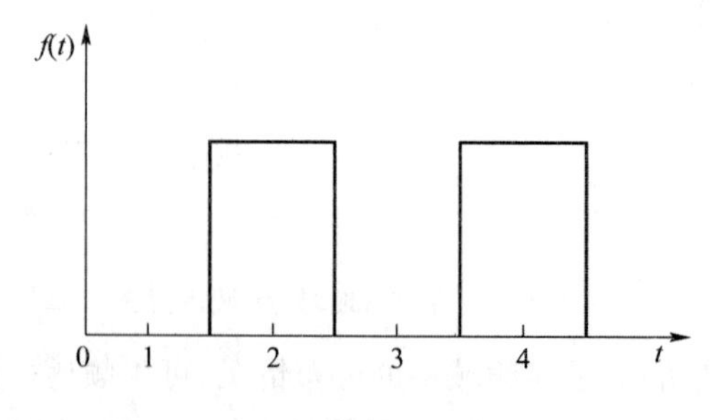

图 1.4　数字信号示意图

数字信号与模拟信号是根据幅度取值是否离散而定的。模拟信号与数字信号有明显区别，但两者之间在一定条件下是可以互相转换的。

3. 基带信号

基带信号是指含有低频成份甚至直流成份的信号，通常原始信号都是基带信号。含有低频能量成分和直流成分的信号在信道上的传输能力弱。

4. 频带信号

频带信号是指有一个中心频率，还有一定宽度的频率带宽的信号。例如，FM 90 MHz 信号的中心频率是 89 MHz，带宽为 1 MHz，在信道上传输能力强。

5. 确定性信号

音叉的声音不论如何摇动，它总能发出准确的单一频率的声波，此波可以由三角函数表示，当观测点确定后，其声波的强度可以准确地表示为时间的函数。像音叉声音这样，任何时刻（地点）的信号数值都能够被其前某一时刻（地点）的信号数值所确定的信号，称为确定性信号（Deterministic Signal）。确定性信号中最具代表性的是正弦波信号，随时间 t 变化的正弦波 $f(t)$ 可写成 $f(t)=A\sin(\omega t+\theta)$。

6. 随机信号

有些信号没有确定的数学表示式，当给定一个时间值时，信号的数值并不确定，通常只知道它取某一数值的概率，我们称这种信号为随机信号或不规则信号。

图 1.5 给出了各种信号的波形，这些波形表示的是完全不同的物理量，既有图 1.5(a)～1.5(c)所示的那样以时间为变量的信号，也有图 1.5(d)所示的那样以物体表面的某一方向的位置为变量的信号。而且，即使都是时间函数的信号，其纵轴的刻度也是完全不同的。

信号的自变量可以是任意的，如时间、位置等。传统上，信号所涉及的信号都是随时间变化的物理量，此时的信号波形被称为时域波形（Waveform）。虽然目前涉及的信号波形很多都不是随时间变化的，但我们仍习惯地称之为时域波形。

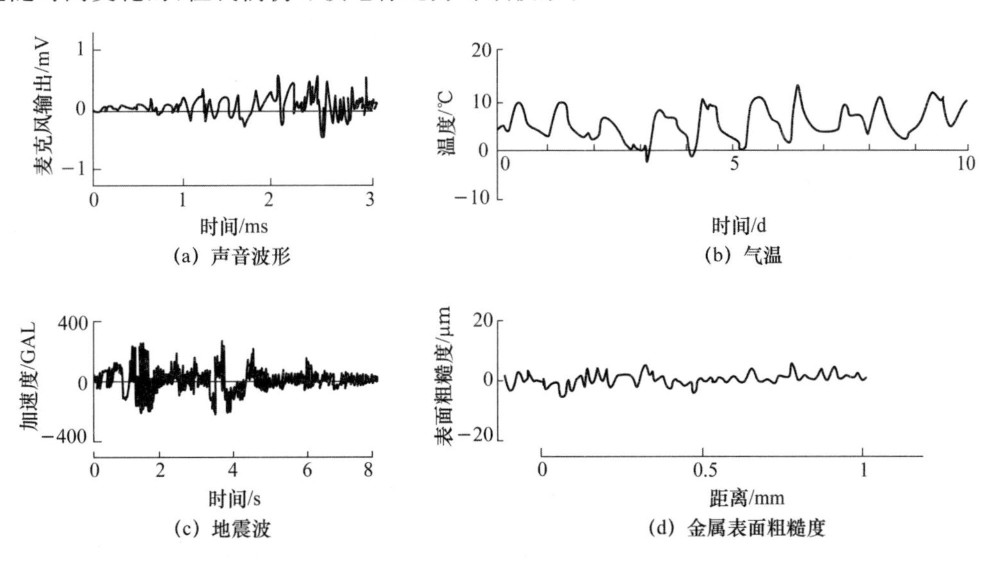

图 1.5　各种各样的信号示意图

7. 周期信号与非周期信号

如果信号 $x(t)$ 满足 $x(t)=x(t+T)$，则称 $x(t)$ 为周期信号，T 称为周期，反之，不能满足此关系的信号称为非周期信号。

在某个确定的时间间隔重现相同波形的信号称为周期信号(Periodic Signal)。当周期信号的周期为 T 时,此信号在时间轴方向错开 T 或者 $2T, 3T, \cdots$,出现相同波形的信号,如图 1.6 所示。此信号可写成以下的形式:

$$f(t+nT)=f(t) \quad n=0,\pm 1,\pm 2,\cdots \tag{1.1}$$

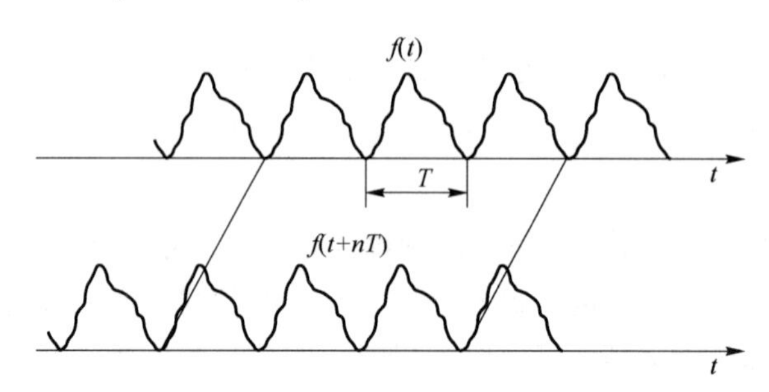

图 1.6 周期信号

例如,函数 $\sin t$ 在具有周期 $T=2\pi$ 的同时,也具有 $4\pi, 6\pi, \cdots$ 的周期。由此可知,周期信号是以整数倍为间隔,呈周期出现,最短的周期称为基本周期。

除正弦波以外,常见的周期信号有方波(矩形波)、锯齿波和三角波等。

在某一短时间内能量集中的单个信号称为脉冲信号,如图 1.7 (a)所示。在稍微广泛的意义上,把能量为有限的,经历足够短的时间后完全消失的信号称为孤立波或非周期信号〔如图 1.7 (b)所示〕,即可以视为在无限区间上有限能量的信号。

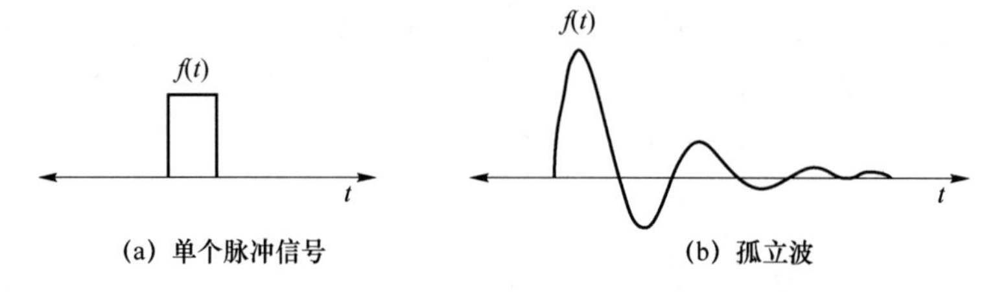

(a) 单个脉冲信号　　(b) 孤立波

图 1.7 非周期信号

8. 功率信号和能量信号

如果一个信号 $x(t)$(电流或电压)作用在 1 Ω 电阻上,瞬时功率为 $|x(t)|^2$,则它在 $\left(-\frac{T}{2},\frac{T}{2}\right)$ 时间内消耗的能量为

$$E=\int_{-\frac{T}{2}}^{\frac{T}{2}} |x(t)|^2 \mathrm{d}t \tag{1.2}$$

而平均功率为

$$P=\frac{1}{T}\int_{-\frac{T}{2}}^{\frac{T}{2}} |x(t)|^2 \mathrm{d}t \tag{1.3}$$

当 $T\to\infty$ 时,如果 E 存在,则 $x(t)$ 称为能量信号,此时 $P=0$。反之,如果 $T\to\infty$ 时 E 不存在(无穷大),而 P 存在,则 $x(t)$ 称为功率信号。

周期信号一定是功率信号,而非周期信号可以是功率信号,也可以是能量信号。

*1.2　周期信号的频谱

周期信号的频谱函数是由一系列的冲激离散频谱构成的。

1.2.1　傅里叶三角级数形式

任意一个周期为 T_0 的周期信号 $g(t)$，只要满足狄里赫利条件，就可以展开为傅里叶级数。

$$g(t) = \frac{a_0}{2} + \sum_{n=1}^{\infty}(a_n \cos n\omega_0 t + b_n \sin n\omega_0 t) \tag{1.4}$$

其中，$\omega_0 = \frac{2\pi}{T_0}$ 为基波角频率。

$$a_0 = \frac{1}{T_0}\int_{-\frac{T_0}{2}}^{\frac{T_0}{2}} g(t)\mathrm{d}t \tag{1.5}$$

$$a_n = \frac{2}{T_0}\int_{-\frac{T_0}{2}}^{\frac{T_0}{2}} g(t)\cos n\omega_0 t\mathrm{d}t \tag{1.6}$$

$$b_n = \frac{2}{T_0}\int_{-\frac{T_0}{2}}^{\frac{T_0}{2}} g(t)\sin n\omega_0 t\mathrm{d}t \tag{1.7}$$

1.2.2　傅里叶指数形式

根据欧拉公式

$$\cos x = \frac{\mathrm{e}^{\mathrm{j}x} + \mathrm{e}^{-\mathrm{j}x}}{2} \tag{1.8}$$

可得

$$g(t) = \sum_{n=-\infty}^{\infty} G_n \mathrm{e}^{\mathrm{j}n\omega_0 t} \tag{1.9}$$

其中，

$$G_n = \frac{1}{T_0}\int_{-\frac{T_0}{2}}^{\frac{T_0}{2}} g(t)\mathrm{e}^{-\mathrm{j}n\omega_0 t}\mathrm{d}t \tag{1.10}$$

【例 1.1】　试求图 1.8 所示的周期性方波的频谱。

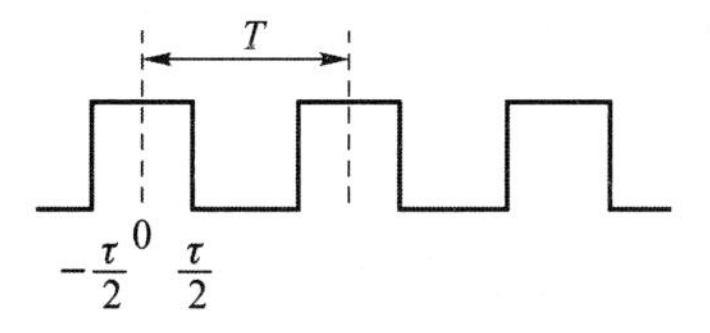

图 1.8　周期性方波

解：设周期性方波的周期为 T，方波的宽度为 τ，幅度为 1。

$$f(t)=\begin{cases}1 & -\frac{\tau}{2}\leqslant t\leqslant\frac{\tau}{2}\\ 0 & \frac{\tau}{2}<t<(T-\frac{\tau}{2})\end{cases} \tag{1.11}$$

求频谱：

$$\begin{aligned}G(\mathrm{j}n\omega_0)&=\frac{1}{T}\int_{-\frac{\tau}{2}}^{\frac{\tau}{2}}\mathrm{e}^{-\mathrm{j}n\omega_0 t}\mathrm{d}t=\frac{1}{T}\left[-\frac{1}{\mathrm{j}n\omega_0}\mathrm{e}^{-\mathrm{j}n\omega_0 t}\right]_{-\frac{\tau}{2}}^{\frac{\tau}{2}}\\&=\frac{1}{T}\times\frac{\mathrm{e}^{\mathrm{j}n\omega_0\frac{\tau}{2}}-\mathrm{e}^{-\mathrm{j}n\omega_0\frac{\tau}{2}}}{\mathrm{j}n\omega_0}=\frac{2}{n\omega_0 T}\times\sin n\omega_0\frac{\tau}{2}\end{aligned} \tag{1.12}$$

画出频谱图，如图 1.9 所示。

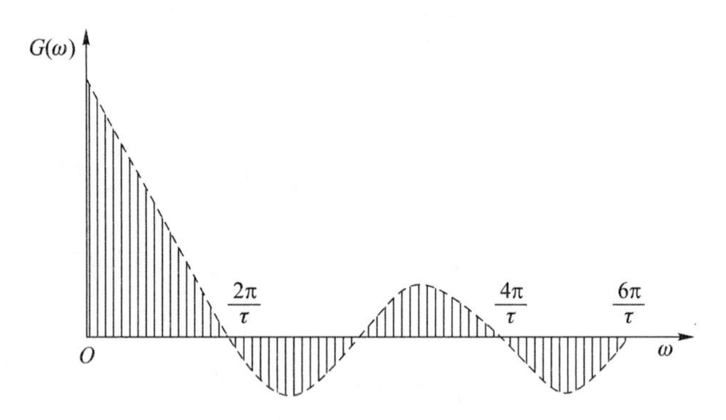

图 1.9　周期性方波的频谱图

由图 1.9 可以看出，周期信号的频谱函数是由一系列的离散谱线构成的。它的频谱是离散谱，两谱线的间隔为$\frac{2\pi}{T}$，脉冲重复周期越大，谱线越靠近，但其包络仍是$\frac{\sin x}{x}$形。当$\omega=\frac{2m\pi}{\tau}$（$m=1,2,3,\cdots$）时，谱线包络经过零点。

周期性方波信号包含无穷多条谱线，但其主要能量集中在第一个零点以内，通常把在第一个零点以内的频率范围称为周期性方波信号的频带宽度。

$$B_\omega=\frac{2\pi}{\tau} \tag{1.13}$$

或

$$B_f=\frac{1}{\tau} \tag{1.14}$$

如果 T 保持不变，τ 为不同时，由图 1.9 可见，脉冲越窄，频带越宽。

在 $\tau=\frac{T}{2}$ 的特殊情形下，矩形脉冲序列成为交替开关方波，通过周期函数的频谱变换，其傅里叶级数可写成

$$g(t)=\frac{1}{2}+\frac{2}{\pi}\cos\omega_0 t-\frac{2}{3\pi}\cos\omega_0 t+\frac{2}{5\pi}\cos\omega_0 t-\frac{2}{7\pi}\cos\omega_0 t+\cdots \tag{1.15}$$

这时，信号仅包含直流和基波及奇次谐波，而谐波的幅度与频率成反比。如矩形脉冲序列成为双极性交替开关方波，正的幅度为 1，负的幅度为 −1，那么傅里叶级数没有直流分量，而基波和奇次谐波幅度比以前加倍，即

$$g(t)=\frac{4}{\pi}\cos\omega_0 t-\frac{4}{3\pi}\cos\omega_0 t+\frac{4}{5\pi}\cos\omega_0 t-\frac{4}{7\pi}\cos\omega_0 t+\cdots \tag{1.16}$$

如果脉冲宽度 τ 保持不变，脉冲间隔 T 加得很大，则频谱线的数目加得很多，它们的包络

依然是 $\sin x/x$ 形。最后，到了极限，T 变成无限大，信号成为单个矩形脉冲时，则具有连续的 $\sin x/x$形频谱。这时，傅里叶级数变成非周期信号傅里叶变换，就是 1.3 节的情形。

*1.3　非周期信号的频谱

非周期信号频谱函数是由连续频谱构成的。

对于非周期信号，可由其傅里叶变换求其频谱函数，即

$$\begin{cases} g(t) = \dfrac{1}{2\pi}\displaystyle\int_{-\infty}^{\infty} G(\omega)\mathrm{e}^{\mathrm{j}\omega t}\,\mathrm{d}\omega & (1.17) \\ G(\omega) = \displaystyle\int_{-\infty}^{\infty} g(t)\mathrm{e}^{-\mathrm{j}\omega t}\,\mathrm{d}t & (1.18) \end{cases}$$

其中，$g(t)$称为时间函数，$G(\omega)$称为频谱函数。时间函数和频谱函数是一对傅里叶变换。

【例 1.2】　试求图 1.10 所示的单个矩形脉冲的频谱。

解：基带数据信号的单个矩形脉冲的高度为 A，宽度为 τ，在时间轴原点两边对称，如图 1.7(a)示，其函数写成

$$g(t)=\begin{cases} A & -\dfrac{\tau}{2}\leqslant t\leqslant\dfrac{\tau}{2} \\ 0 & t<\dfrac{\tau}{2} \text{或} t>\dfrac{\tau}{2} \end{cases} \tag{1.19}$$

使用傅里叶变换，把矩形脉冲 $g(t)$代入后得

$$G(\omega) = \int g(t)\mathrm{e}^{-\mathrm{j}\omega t}\,\mathrm{d}t = \int_{-\frac{\tau}{2}}^{\frac{\tau}{2}} A\mathrm{e}^{-\mathrm{j}\omega t}\,\mathrm{d}t = A\tau\,\frac{\sin\dfrac{\omega\tau}{2}}{\dfrac{\omega\tau}{2}}\mathrm{d}t \tag{1.20}$$

按式(1.20)画出频谱 $G(\omega)$的图形，如图 1.10(b)所示。

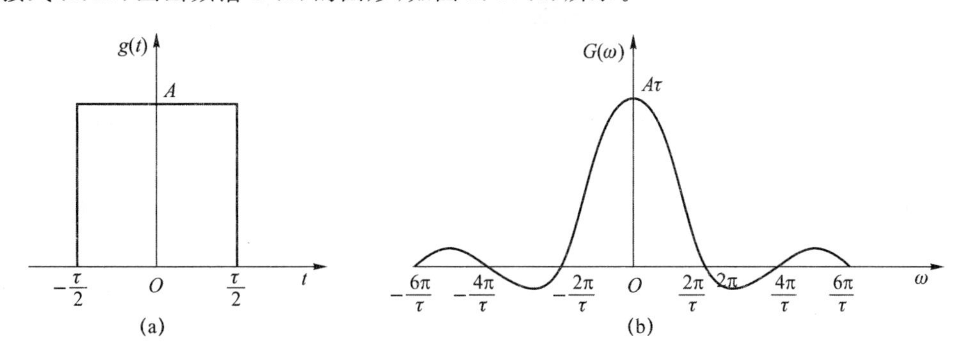

图 1.10　单个矩形脉冲和频谱

单个矩形脉冲(非周期信号)的频谱函数是一连续频谱。当 $\omega=0$ 时，$G(0)=A\tau$。因为 $\sin n\pi=0(n=1, 2, \cdots)$，所以 $\omega=n2\pi/\tau(n=1, 2, \cdots)$是 $G(\omega)$的零点，即 $G(\omega)=0$。$G(\omega)$的第一个零点是 $\omega=2\pi/\tau$ 或 $f=1/\tau$，$G(\omega)$的第一个零点代表宽度为 τ 的矩形脉冲传输需要的频带宽度，即

$$B_{\mathrm{f}}=\frac{1}{\tau} \tag{1.21}$$

可见,频带宽度与脉冲宽度成反比。欲传输较窄脉冲时,就需要较宽频带。如果信道频带宽度有限,就不能传输窄脉冲。

1.4 电平的定义

电平定义示意图如图 1.11 所示。

图 1.11 电平定义示意图

图 1.11 中的 P_1 为输入端信号功率,P_2 为输出端信号功率,得到功率电平 G_P(单位为 dB)定义为

$$G_P = 10\log\frac{P_1}{P_2} \tag{1.22}$$

因为有效功率 P(单位为 W)为

$$P = \frac{U^2}{R} \tag{1.23}$$

所以可得电压电平 G_U 定义如下:

$$G_U = 20\log\frac{U_2}{U_1} \tag{1.24}$$

电流电平 G_I 定义如下:

$$G_I = 20\log\frac{I_2}{I_1} \tag{1.25}$$

1.5 通信滤波器的概念

在通信系统中,一种重要的组成部件是滤波器,而滤波器的研究主要从它的频中响应特性入手分析。用滤波器来表示网络允许信号通过,或网络不允许信号通过。

按照滤波器幅频特性形式,可以把它们划分为低通、高通、带通、带阻等几种类型,其曲线图分别对应于图 1.12 中的(a)、(b)、(c)、(d)。

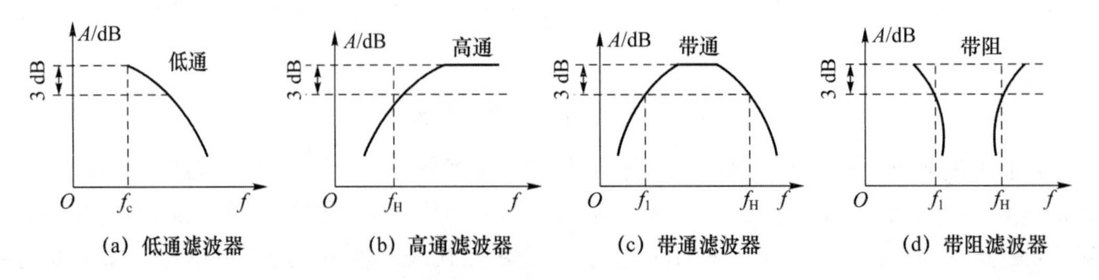

图 1.12 各种滤波器示意图

【例 1.3】 试分析图 1.13 所示的 RC 电路的网络特性。

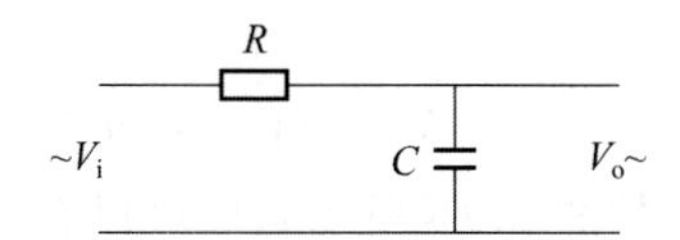

图 1.13　例 1.3 的 RC 电路

解：

$$容抗=\frac{1}{\mathrm{j}\omega C}$$

$$\dot{V}_o=\frac{\frac{1}{\mathrm{j}\omega C}}{R+\frac{1}{\mathrm{j}\omega C}}\dot{V}_i$$

$$\frac{\dot{V}_o}{\dot{V}_i}=\frac{1}{\mathrm{j}\omega CR+1}$$

其幅频特性为

$$H(\omega)=\left|\frac{\dot{V}_o}{\dot{V}_i}\right|=\frac{1}{\sqrt{1+(\omega RC)^2}}$$

由此画出 $H(\omega)$ 与 ω 的关系曲线图(如图 1.14 所示)，即可看到该 RC 电路是一个低通滤波网络。

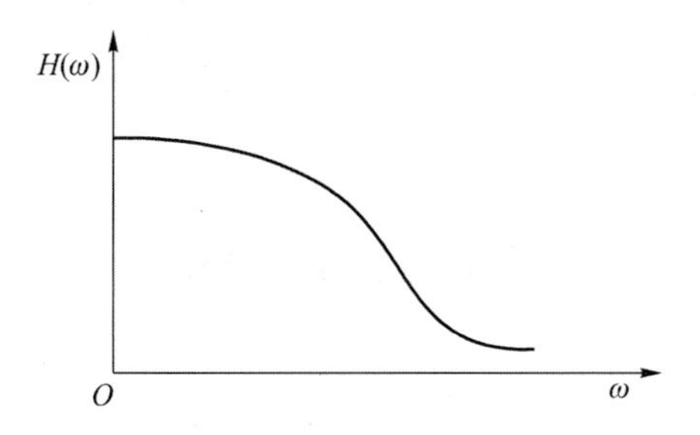

图 1.14　幅频特性示意图

【例 1.4】　试分析图 1.15 所示的 RC 电路的网络特性。

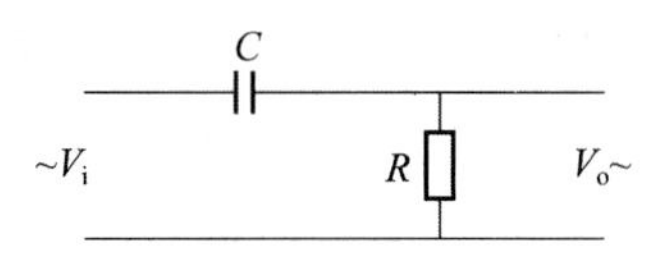

图 1.15　例 1.4 的 RC 电路

解：

$$容抗=\frac{1}{\mathrm{j}\omega C}$$

$$感抗=\mathrm{j}\omega L$$

$$\dot{V}_o=\frac{R}{R+\frac{1}{\mathrm{j}\omega c}}\dot{V}_i$$

$$\frac{\dot{V}_o}{\dot{V}_i}=\frac{\mathrm{j}\omega CR}{\mathrm{j}\omega CR+1}$$

其幅频特性为

$$H(\omega)=\left|\frac{\dot{V}_{\mathrm{o}}}{\dot{V}_{\mathrm{i}}}\right|\frac{(\omega CR)}{\sqrt{1+(\omega RC)^2}}$$

由此画出 $H(\omega)$和 ω 的关系曲线(如图 1.16 所示),即可以看到是该 RC 电路是高通滤波器。

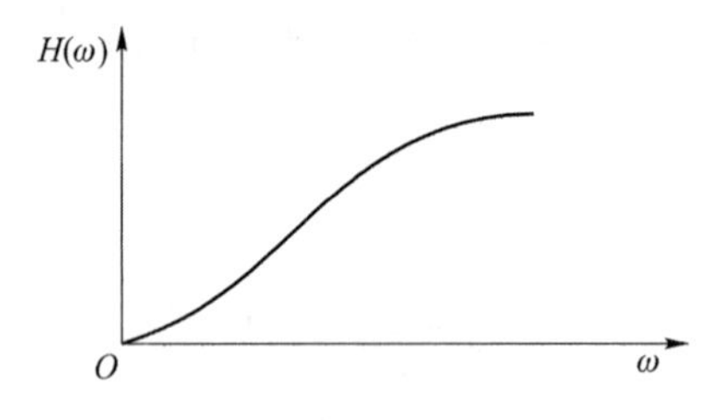

图 1.16　高通滤波

图 1.17 所示的带通滤波器。

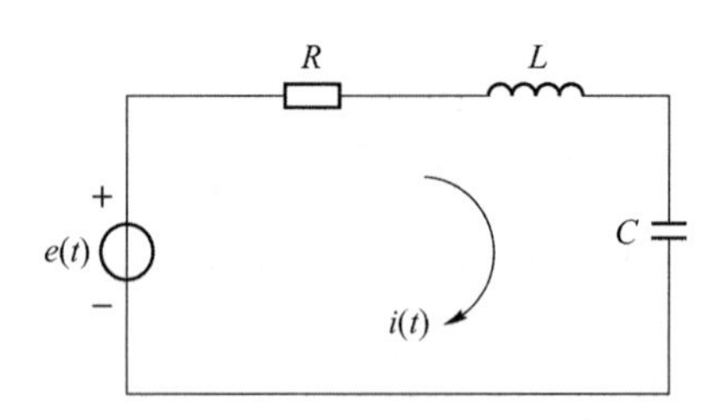

图 1.17　带通滤波器

本章小结

本章从信号的定义开始叙述,信号描述可以有两种方法,即时域法和频域法。信号可以分为很多种,其中模拟信号、数字信号、周期信号与非周期信号是较重要的,对它们的理解将对后续内容起到关键作用。

即使都是时间函数的信号,其纵轴的刻度也是完全不同的,所以信号波形被称为时域波形。信号可以用频域表示,作为数据传输的矩形脉冲需要用频谱来解释,时域和频域之间变换的关系涉及一些三角函数和积分数学知识,其变换主要目的是为了建立频谱的概念。

当然,参量连续变化、时间上也连续变化的信号毫无疑问是模拟信号,强弱连续变化的语言信号、亮度连续变化的电视图像信号等都是模拟信号。变量和测定值(函数值)被离散化了的信号统称为数字信号。

如果信号 $x(t)$满足 $x(t)=x(t+T_0)$,则称 $x(t)$为周期信号,T_0称为周期,反之,不能满足此关系的称为非周期信号。

本章最后介绍了电平定义和滤波器的概念。

习题与思考题

1. 试举例实际生活中的信号并画出示意图。

2. 什么是模拟信号和数字信号？什么是基带信号和频带信号？什么是周期信号与非周期信号？

3. 什么是信号的频谱？信号的带宽是如何确定出来的？

4. 周期矩形信号与非周期矩形信号的各自频谱有什么特点？

5. 将函数 $f(t)=|t|$ 在区间$[-\pi,\pi]$内展成傅里叶级数。

6. 试求图 1.18 所示的单个矩形脉冲的频谱。

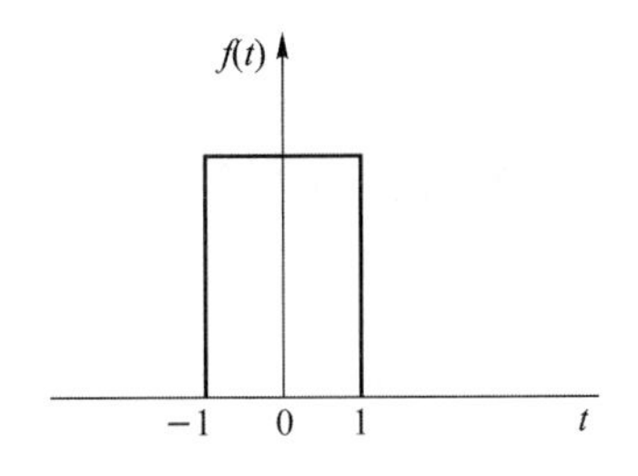

图 1.18　题图

7. 在图 1.19 所示的 RC 电路中，$R=10\ \Omega$，$C=20\ \mu\text{F}$，试分析其网络特性。

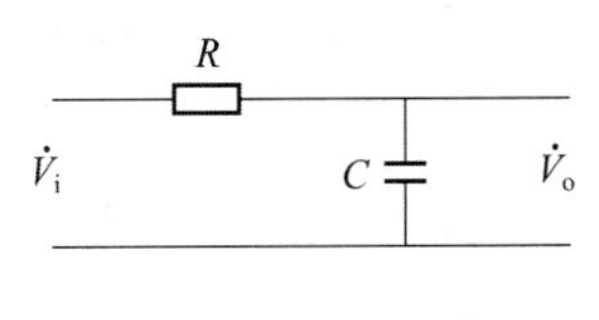

图 1.19　RC 电路

实训项目提示

1. 用信号发生器和示波器观察正弦波、方波、三角波，并计算其幅度、周期、频率。

2. 用信号发生器和频谱仪观察正弦波、方波、三角波的频谱图像。

3. 熟悉频谱仪的使用方法，熟悉频谱测试的电路和方法，用频谱仪测量滤波器的特性。

第2章　通信系统概述

2.1　通信定义

通信就是指克服距离上的障碍,迅速而准确地交换和传递信息。信息常以某种方式依附于物质载体上，以实现存储、交换、处理、变换和传输。

借助光波与电磁波,可实现A、B两地的信息传递,如图2.1所示。

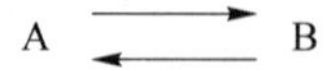

图2.1　A、B两地的信息传递

2.2　通信系统的构成

传递或交换信息所需的一切技术设备的总和称为通信系统。通信系统的一般模型图如图2.2所示。

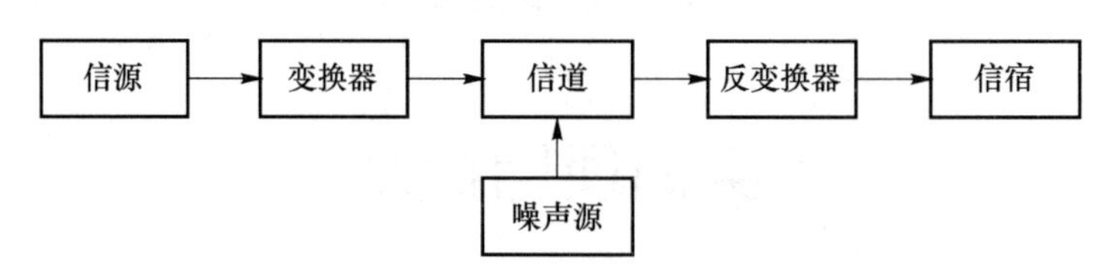

图2.2　通信系统的一般模型

通信系统一般由以下几部分组成。

信源。信源是发出信息的源,信源可以是离散的数字信源,也可以是连续的(或离散的)模拟信源。

信宿。信宿是传输信息的归宿点。

变换器。变换器是把信息变换成合适在信道上传输信号的设备。变换器的基本功能是使信源与传输媒介匹配起来,即将信源产生的信号变换为便于传送的信号形式,送往传输媒介。变换方式是多种多样的。在需要频谱搬移的场合,调制是最常见的变换方式。变换器还包括为达到某些特殊要求而进行的多路复用、保密处理、纠错编码处理等。

反变换器。与变换器对应,反变换器可把信道上接收的信号还原成原来的信息形式。

信道。信道分有线信道、无线信道。

噪声源。噪声分为加性噪声、乘性噪声。

2.2.1 数字通信系统及主要技术

数字通信系统就是利用数字信号来传递信息的通信系统。图 2.3 给出了数字通信系统的原理结构模型。数字通信系统涉及的技术问题很多,其中有信源编码、保密编码、信道编码、数字调制、信道、数字复接及多址、数字信息交换、同步问题等。下面对这些主要技术问题先做简要的介绍。

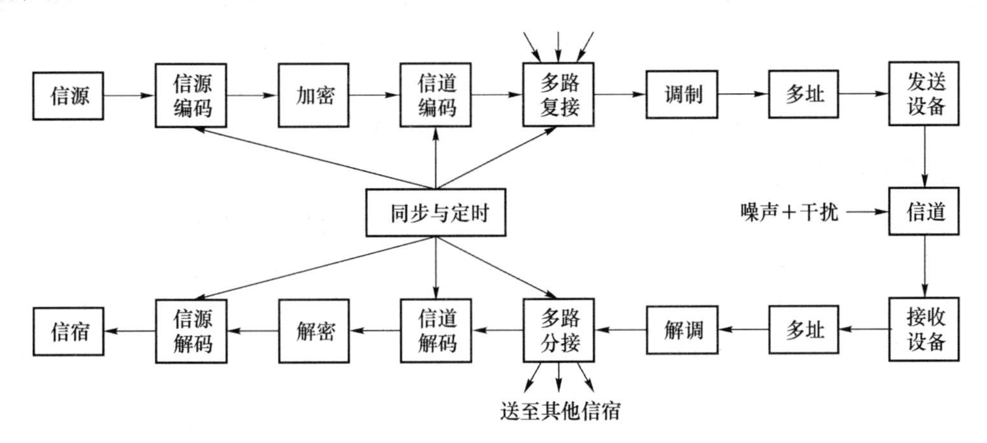

图 2.3 数字通信系统的原理结构模型

1. 信源编码与解码

信源编码指模拟信号(如原始的声音信号和图像信号等)变换为数字信号,即经过如下过程:首先,对模拟信号进行时间上的离散化处理,即取样;然后,将取样值信号量化处理;最后,进行编码。解码的过程就是把量化编码的信号还原成模拟信号。

2. 加密与解密

为了保证数字信号与所传信息的安全,一般应采取加密措施。数字信号比模拟信号易于加密,且加密效果更好,这是数字通信突出的优点之一。在对要求保密通信的系统中,可在信源与信道编码之间加入加密器,同时在接收端加入解密器。加密器可以产生密码,人为地将输入明文数字序列进行扰乱。

解密是加密的逆过程,即反扰乱。

3. 信道编码与解码

数字信号在信道中传输时,噪声、衰落及人为干扰等将会引起差错。信道编码的目的就是提高通信抗干扰能力,尽可能地控制差错,实现可靠通信。信道编码的一类基本方法是波形编码(或称为信号设计),它把原来的波形变换成新的较好的波形,以改善其检测性能。信道解码是信道编码的逆过程,通过控制差错,恢复原始数据序列。

4. 调制与解调

调制器的任务是把各种数字信息脉冲转换成适于信道传输的调制信号波形。这些波形要根据信道特点来选择。解调器的任务是将收到的信号转换成原始数字信息脉冲。数字调制技术可分为幅度键控(ASK)、频移键控(FSK)、相移键控(PSK)和连续相位调制(CPM)以及它们的各种组合，在接收端的解调可以进行相干解调或非相干解调。

5. 多路与多址

在一个多用户系统中，为了充分利用通信资源和增加的数据通信量，可以采用多路技术，以满足多用户固定分配通信资源的需求。采用多址技术可以满足用户远程或动态变化地共享通信资源。实现多路与多址的基本方法有频分、时分、码分、空分和波分。

6. 信道与噪声

信道指的是以传输媒质为基础的信号通路，它是传输信号的物理基础。不同的信道具有不同的特性，而信道特性对整个系统及系统各部分的设计具有决定性的影响。因此，在设计数字通信系统时，第一步就是要选择合适的信道，详细地调查和了解信道的特点和特性。信道受到较大的外界干扰或者遇到严重衰落以及线路等问题都会产生噪声。

7. 同步与数字复接

同步问题是数字通信技术的核心问题之一。它包括位（比特）同步、帧同步、载波同步、网同步等。可以说，没有同步就没有数字通信。实现接收端对发送端的同步方法一般可用锁相环。在时分多路复用系统中，网同步不仅要解决由中心站决定全网定时问题，同时由于各分站的位置和距离不同，还需要确定各站至中心站及相互之间收发信号的定时同步问题。而复接技术就是专门用来解决在同一信道中传送互不干扰的多路信号这一问题的。

2.2.2 数字通信的主要特点

从内因来看，数字通信相对于模拟通信具有如下优点。

① 数字通信抗干扰能力强。

无噪声积累能保证较高的通信质量。数字信号取的是有限个离散幅度值的信号，在信道中传输时，可以在间隔适当的距离上采用中继再生的办法消除噪声的积累，还原信号，使得数字传输质量几乎与传输距离和网络布局无关。

② 数字通信便于加密处理。

为了保证数字信号与所传信息的安全，一般应采取加密措施。数字信号比模拟信号易于加密，且加密效果更好，这是数字通信突出的优点之一。

③ 数字信号便于直接与计算机接口形成智能网。

用现代计算机技术对数字信息进行处理，使得复杂的技术问题能以极小的代价来实现。数字信号直接与计算机接口形成智能网，采用开放式结构和标准接口增加和改变业务时，只需在相应的计算机和数据库中改变输入的相关参数即可。

④ 数字通信可促使卫星通信系统等一系列先进通信系统迅速发展。

各种系统尽管便于在数据传输的极高速率条件下进行全球通信，但发射费用极高且对功率和频带有一定限制，因此要求寻找利用信道资源的有效技术，如话音插空、按需分配、时分复用（TDM）等。数字通信可以更好地满足这些要求。

微电子技术的进步，超大规模集成电路、高速数字信号处理器、小型和微型计算机等的迅速发展，扩大了数字通信的理论效益，促使复杂的技术问题能以极小的代价来解决。数字通信设备便于生产和固体化，这从技术上带动了数字通信的高速发展。

2.3　通信系统的分类

通信系统分为模拟通信系统和数字通信系统，其中，模拟通信系统又可分为模拟基带传输系统和模拟调制传输系统。数字通信系统又可分为数字基带传输系统和数字调制传输系统。

模拟通信系统。在信道中传输模拟信号的系统称为模拟通信系统，如图 2.4 所示。

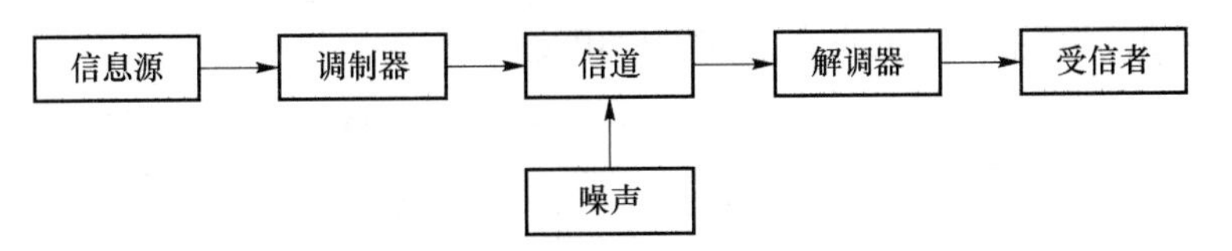

图 2.4　模拟通信系统

数字通信系统。它是一种传递数字信息的通信方式，即传输数字信号的系统称为数字通信系统，如图 2.5 所示。

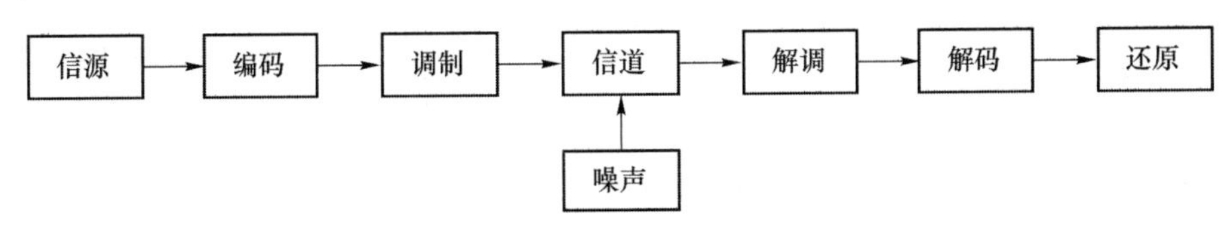

图 2.5　数字通信系统

2.4　通信系统基本概念

2.4.1　电磁波

通信中电磁波是电波和光波的总称。

1. 电波

电波是指频率在 300 GHz 以下的电磁波(微波、超短波、短波、长波)。

2. 光波

光波是指频率为 $10^5 \sim 10^7$ GHz 的光射线波(红外线、可见光、紫外线、X 射线、γ 射线)。

电磁波的工作频率为 f，工作波长为 λ，速度 $c=3\times10^8$ m/s，三者之间关系如下：

$$\lambda=\frac{c}{f} \tag{2.1}$$

图 2.6 所示的是长波、短波、微波的工作传播路径示意图。

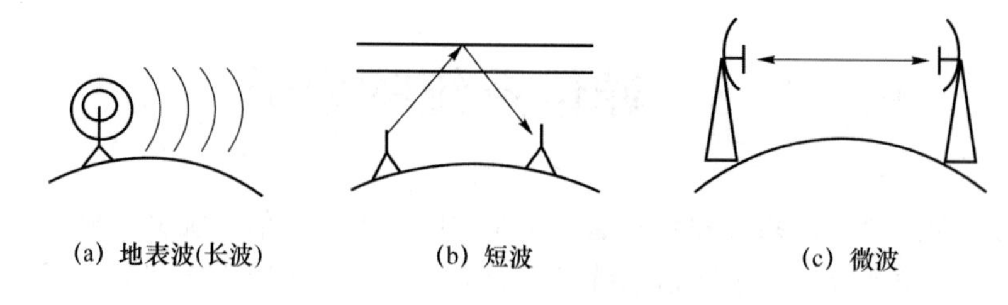

图 2.6　各种电磁波的传播路径示意图

表 2.1 中列出了常用的传输媒介及其主要用途。

表 2.1　常用的传输媒介及其主要用途

频率范围	波长	符号	常用传输媒介	用　途
3～30 MHz	$10\sim10^2$ m	高频(HF)	同轴电缆、短波无线电	移动电话、短波通信、定点均匀通信、业余无线电
30～300 MHz	1～10 m	甚高频(VHF)	同轴电缆、米波无线电	电视、调频通信、导航、集群通信、车辆通信、无线寻呼、空中管制
300 MHz～3 GHz	10～100 cm	特高频(UHF)	波导、分米波无线电	电视、空间遥测、雷达导航、移动通信、点对点通信
3～30 GHz	1～10 cm	超高频(SHF)	波导、厘米波无线电	微波接力、卫星与空间通信、雷达
30～300 GHz	1～10 mm	极高频(EHF)	波导、毫米波无线电	微波接力、雷达、射电天文学
$10^5\sim10^7$ GHz	$3\times10^{-6}\sim3\times10^{-4}$ cm	紫外线、红外线、可见光	光纤、激光空间传播	光通信

2.4.2　通信传输方式

1. 单工方式

单工方式是指信号只能单向传递，例如，电视机、收音机上能接收信号但不能反向传递信息，如图 2-7 所示。

图 2.7　单工方式示意图

2. 半双工方式

半双工方式是指通信双方不能同时既发信号又收信号，只能交替进行，如无线收发两用机传真方式、银行联机系统等，如图 2.8 所示。

如图 2.8　半双工方式示意图

3. 全双工方式

全双工方式是指信号可以同时在两个方向上传输,如电话通信、宽带上网等,如图 2.9 所示。

如图 2.9　全双工方式示意图

4. 串行传输

将多位二进制码的各位码在时间轴上排列成一行,在一条传输线路上一位一位地传输的方式称为串行传输方式。在信道中一个码元接着一个码元依次传递,这样速度慢,成本低,通信距离长时用此方式。串行传输如图 2.10 所示。

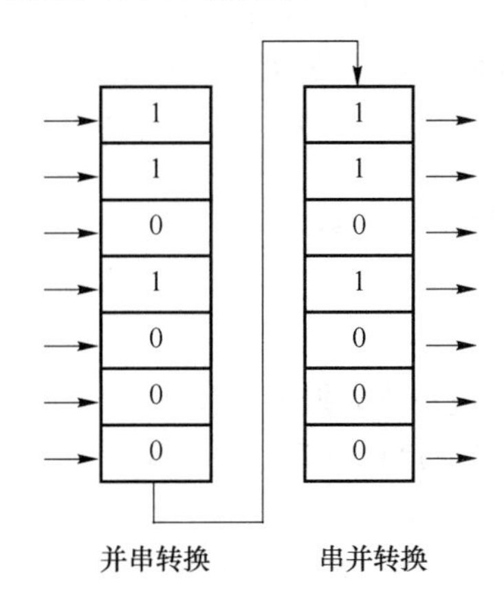

如图 2.10　串行传输

5. 并行传输

并行传输是指构成一个编码的所有码元都同时传输,它的速度快,成本高,适用于短距离通信。并行传输如图 2.11 所示。

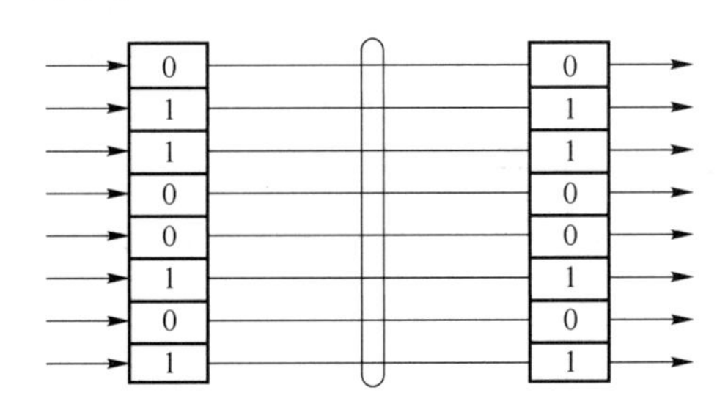

图 2.11　并行传输

6. 异步传输

异步传输是指在信通中一个字符接一个字符地传输,当收发双方不同步时,每一个字节都用起始位和结束位标识,如图 2.12 所示。

7. 同步传输

同步传输是指在信通中一个数据块接一个数据块地传输,数据块用起始位和结束位标识,如图 2.13 所示。

如图 2.12　异步传输　　　　图 2.13　同步传输

2.5　数字通信系统的质量指标

数字信号可以由许多不同形式的电信号来表示，最基本的形式是由矩形脉冲来表示数据信号。数字通信系统的质量主要从数量和质量两方面衡量，即有效性和可靠性。有效性是指要求数字通信系统高效率地传输消息，即以最合理、最经济的方法传输最大数量的消息。在一般情况下，要增加系统的有效性，就得降低可靠性，反之亦然。在实际中，常常依据实际系统要求采取相对统一的办法，即在满足一定可靠性的指标下，尽量提高消息的传输速率（即有效性），或者在维持一定有效性的条件下，尽可能提高系统的可靠性。

2.5.1　二进制码和多进制码的概念

1. 二进制码的概念

码元是指在任何进制数据中每一位数据的长度。二进制数据的每一位是 0 或 1 码，对应在数字脉冲序列中，每一个码元只能取两个电平数值中的一个，我们称这种码为二进制码。

图 2.14 是以 10110 为例的各种单双极性、归零或不归零脉冲，尽管每个脉冲的两个电平的取值不同或有归零和不归零的区别，但都是二进制码。

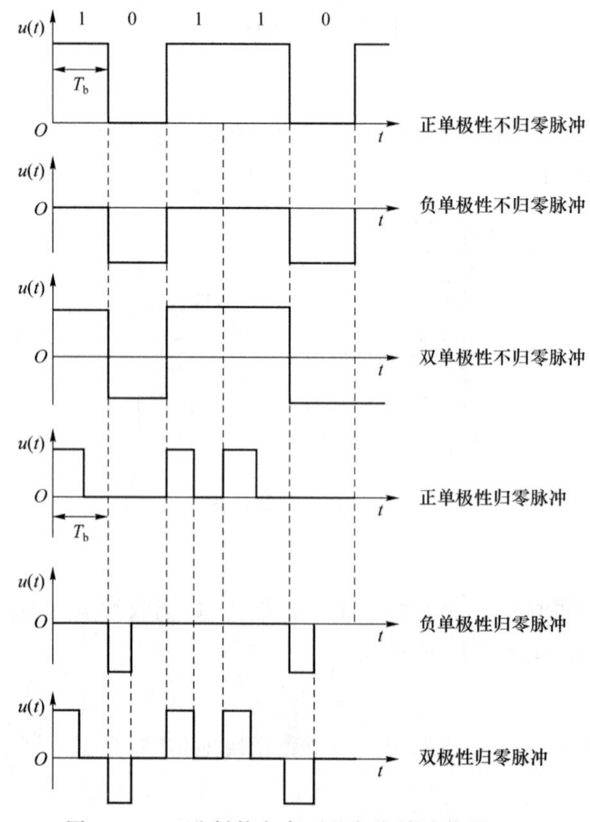

图 2.14　二进制数字序列的各类脉冲信号 $u(t)$

图 2.14 所示的单极性矩形脉冲中的每一个码元的宽度为 T_b，每一个码元与次码元的间隔也为 T_b。上述信号波形是非归零脉冲，即全宽码。归零脉冲可以有单极性和双极性两种，图 2.14 所示的是双极性归零脉冲，其由 1 码发一个正的窄脉冲，0 码发一个负的窄脉冲。

2. 多进制码的概念

在三进制以上数字脉冲序列中，每一个码元可以取多个电平数值中的一个，这种码称为多进制码。例如，四进制码的 0、1、2、3 对应四个不同电平值，这四个不同电平值可以是 0 V，1 V，2 V，3 V 或－3 V，－1 V，1 V，3 V 等。

图 2.15 (a)、图 2.15(b)分别画出了两种四进制代码波形。图 2.15 (a)只有正电平(即 0 mV，1 mV，2 mV，3 mV 四个电平)，而图 2.15 (b)是正、负电平(即＋3 mV、＋1 mV、－1 mV、－3 mV 四个电平)均有 。采用多进制码的目的是在码元速率一定时提高信息传输速率。

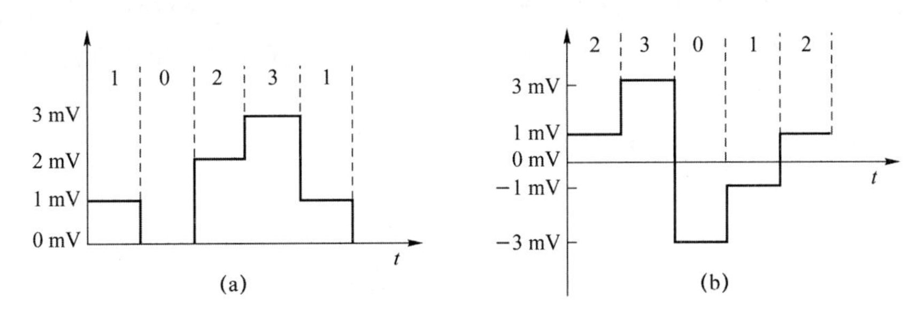

图 2.15　四进制码由四个不同电平值表示

二进制码与多进制码之间可以相互转换，如四进制码可以与二进制码进行转换。表 2.2 给出了四进制数和二进制数的对应关系。

表 2.2　四进制与二进制的对应关系

四进制	二进制
0	00
1	01
2	10
3	11

四进制码与二进制码的转换如图 2.16 所示。

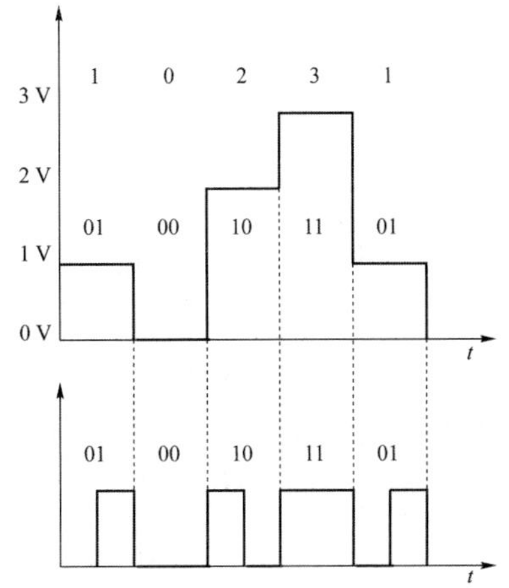

图 2.16　四进制码与二进制码的转换对应示意图

四进制码变换成二进制码时,四进制码的一个码元相当于二进制码的两个码元($2^2=4$),依此类推,八进制的一个码元相当于二进制的3个码元($2^3=8$),等等。

多进制数字通信系统虽实用,但不多见。

2.5.2 信息概念

1. 消息

消息是一组有序符号序列(包括状态、字母、数字等)或连续时间函数(如语音、摄影机摄下的活动图像等),前者称为离散消息,后者称为连续消息。

2. 信息

把消息抽象化(一般用电信号脉冲序列表示)后进行量值(度量)的结果。例如,汉字"数"字比"一"字的信息量大,对比"甲告诉乙'明天中午12点正常开饭'和"甲告诉乙'明天中午12点地震'",后者信息量更大。

信息量I(单位为bit)与进制数有关。

$$I=\log_2 N \tag{2.2}$$

其中,I——信息量,N——进制数。(单位换算:1 Mbit$=10^3$ kbit;1 kbit$=10^3$ bit。)

信号与信息间的关系是,电信号是信息的一种电磁表示方法,是用电压、电流、频率、光波强度来携带信息的载体。

2.5.3 数字通信系统有效指标的计算

1. 码元传输速率

码元传输速率是指数字通信系统单位时间(每秒)内传输的码元(符号)个数,其单位为波特(baud),可简写为B。码元传输速率简称传码率、波特率。码元传输速率仅仅表征单位时间内传输的码元数目,而没有限定码元是何种进制的,即码元可以是多进制的,也可以是二进制的。

$$R_B=\frac{1}{T_b} \tag{2.3}$$

T_b是码元宽度(单位为秒)。R_B的单位为波特,1 MB$=10^3$ KB,1 KB$=10^3$ B。(R_B也称数码脉冲重复频率$f_b=\frac{1}{T_b}$。)

【例1.1】 某通信系统2 s内共传送4 800个码元,则该系统的传码率为多少?

解:$R_B=\frac{4\,800}{2}=2\,400$ baud

码元传输速率R_{B2}表示二进制传码率,R_{BN}表示N进制传码率。

当R_{B2}与R_{BN}在各自的码宽T_b不一样的前提下,它们间有如下转换关系:

$$R_{B2}=R_{BN}\log_2 N \tag{2.4}$$

当R_{B2}与R_{BN}在各自的码元宽度一样的前提下,它们间有如下转换关系:

$$R_{B2}=R_{BN} \tag{2.5}$$

2. 信息传输速率

信息传输速率简称传信率,又称信息速率或比特率。它表示单位时间(每秒)内传送数据信息的比特数，单位为比特/秒，可记为 bit/s。

$$R_{bN}=R_{BN}\log_2 N \tag{2.6}$$

其中，N 为符号的进制数。

用二进制信息进行传输时，其码元传输速率和信息传输速率是一致的，这时信息传输速率可记为

$$R_{b2}=R_{B2} \tag{2.7}$$

每个码元的信息量的计算式为

$$I=\log_2 N \tag{2.8}$$

其中，N——进制数，不直接用 N 而以 2 为底取对数，是因为考虑取对数时把乘除运算变成加减运算。以 2 为底是因为二进制是最基本最常用情形。

在信息论中已定义，信源发出信息量的度量单位是比特。一个二进制码元（即一个 0 或 1）在等概率（即 $P=1/2$）发送条件下输出 1 bit 信息时，在二进制数字信号中，每个码元所含信息量为

$$I=\log_2 N=\log_2 2=1\ \text{bit} \tag{2.9}$$

在八进制数字信号中，每个码元所含信息量为

$$I=\log_2 8=3\ \text{bit} \tag{2.10}$$

以此类推。

在二进制码中，每个码可取两个数值，可简单理解为能代表两个意思，四进制的每个码元可取四个数值，则能代表四个意思，这说明四进制码比二进制码代表的意思多，即信息量大。因此进制数越大，信息量越大。

在讲的二进制码中，1 baud 相当于 1 bit/s，此时码元传输速率就等于信息传输速率。

【例 2.2】　某信源 1 s 内传递 1 200 个符号，且每个符号的信息量为 1 bit，则该信源的传信率 $R_b=1\ 200$ bit/s。

3. 码元差错率（误码率）

在传输过程中发生误码的码元个数与传输的总码元个数之比，简称为误码率，用 P_e 表示，即

$$P_e=\frac{\text{接收错误码元数}}{\text{传输总码元数}} \tag{2.11}$$

4. 误比特率 P_b

$$P_b=\frac{\text{接收错误比特数}}{\text{传输总比特数}} \tag{2.12}$$

【例 2.3】　已知二进制的通信系统在 2 分钟内共传递了 7 200 个码元，

(1) 问其码元传输速率 R_{B2} 和信息传输速率 R_{b2} 各为多少？

(2) 如果码元宽度不变（即码元速率不变），但改为八进制数字信号，则码元传输速率 R_{B8} 为多少？信息传输速率 R_{b8} 为多少？

解：(1) $R_{B2}=\dfrac{7\ 200}{2\times 60}=600$ baud

$$R_{b2}=R_{B2}=600\ \text{bit/s}$$

(2) 若改为八进制系统，则

$$R_{B8}=\frac{7\ 200}{2\times 60}=600\ \text{baud}$$

$$R_{b8}=R_{B8}\log_2 8=600\times3=1\ 800\ \text{bit/s}$$

此例说明，若系统 R_B 不变，则对不同进制信号传输的信息量是不一样的。

【例 2.4】 已知八进制数字通信系统的信息传输速率 R_{b8} 为 12 000 bit/s，在接收端半小时内共测得出现 216 个错误码元，试求系统的误码率 P_e。

解：已知 $R_{b8}=12\ 000$ bit/s，求得码元速率 R_{B8} 为

$$R_{B8}=\frac{R_{b8}}{\log_2 8}=\frac{12\ 000}{3}=4\ 000\ \text{baud}$$

$$P_e=\frac{216}{4\ 000\times30\times60}=3\times10^{-5}$$

5. 频带利用率 η

在比较不同通信系统的效率时，单看它们的传输速率是不够的，还应看在这样的传输速率下通信系统所占的频带宽度。通信系统占用的频带越宽，传输信息的能力应该越大。所以，真正用来衡量数字通信系统传输效率（有效性）的指标应当是单位频带内的传输速率，即

$$\eta=\frac{R_B}{B}\text{（此时单位为 baud/Hz）}\tag{2.13}$$

或

$$\eta=\frac{R_b}{B}\text{（此时单位为 bit/Hz）}\tag{2.14}$$

其中，R_B 是系统码元传输速率，R_b 是系统信息传输速率，B 是信道带宽。

本章小结

本章内容是通信系统的概述。本章说明了现有通信系统的组成和分类，介绍了模拟通信和数字通信。通信信号有模拟信号和数字信号两大类，前者幅度随时间变化是连续的，后者幅度和时间都是离散的。通信信道或传输系统分为模拟系统和数字系统两大类。模拟通信一般采用频分复用（FDM），其容量由通话路数或频带宽度表示；数字通信一般采用时分复用（TDM），其容量由信息速率 Mbit/s（兆比特/秒）表示。目前国内通信和国际通信大多数是把模拟信号数字化后，再在数字系统上传输信号。本章最后介绍了数字通信系统的主要性能指标概念和计算。

习题与思考题

1. 模拟信号与数字信号之间的区别是什么？
2. 试画出通信系统方框图。
3. 试简述数字通信的优点，并说明为什么数字通信具有这些优点。
4. 在数字通信系统中，其可靠性和有效性指的是什么？各有哪些重要的指标？
5. 某一数字信号的二进制符号码元传输速率为 1 200 baud，试问它采用二进制传输或四进制传输时，其信息传输速率各为多少？

6. 已知某十六进制数字信号的传信率为 2 400 bit/s，试问它的传码率为多少波特？若将它转换为四进制数字信号，此时系统的传信率保持不变，则这时的传码率为多少波特？

7. 设用一个数字传输系统传递二进制信号，码元传输速率 $R_{B2}=2\,400$ baud，试求该系统的信息传输速率 R_{b2}？若该系统改为 16 进制信号，码元传输速率不变，则此时的系统信息传输速率为多少？

8. 已知二进制信号的信息传输速率为 4 800 bit/s，试问变换成四进制和八进制数字信号时，保持码元传输速率不变，它们信息传输速率各为多少？

9. 设在 125 μs 内传输 256 个二进制码元，试计算信息传输速率。若该信码在 2 s 内有 3 个码元产生误码，则其误码率是多少？

10. 已知某系统的码元传输速率为 3 600 baud，接收端在 1 h 内共接收 1 296 个错误码元，试求系统的误码率 P_e？

11. 在强干扰环境下，某电台在 5 min 内共收到正确信息量为 355 Mbit，假定系统信息传输速率为 1 200 bit/s。

（1）试求系统误比特率 P_b？

（2）若具体指出系统所传数字信号为四进制信号，P_b 值是否改变？为什么？

（3）若假定信号为四进制信号，系统码元传输速率为 1 200 KB，则 P_b 为多少？

12. 已知系统 $P_b=10^{-7}$，信息传输速率为 2 400 kbit/s，问在多少时间内可能出现 864 bit 错误信息？

13. 假设频带带宽为 1 024 kHz 的信道，可传输 2 048 kbit/s 的比特率，试问其传输效率为多少？

实训项目提示

1. 熟悉示波器的使用方法；用示波器测试双、单极性非归零码，双、单极性归零码，AMI 码和 HDB3 码的波形。

2. 熟悉误码仪的使用方法；熟悉误码测试的电路和方法；用误码仪测试信道误码率。

第3章　模拟信号的数字化

信号一般分为模拟信号和数字信号。模拟信号就是幅度随时间连续变化的信号，就是说，它的特点在于幅度和时间都是连续的，而真正的数字信号必须在幅度和时间都是离散的。模拟信号的数字化方法有多种，如下面将介绍的脉冲编码调制(Pulse Coding Modulation，PCM)和差分脉冲编码调制(Differential Pulse Coding Modulation，DPCM)。模拟信号数字化后的信号是基带信号，就是没有经过任何调制的原始数据信号。

3.1　脉冲编码调制

将模拟信号的抽样量化值变成二进制码，称为脉冲编码调制。

PCM编码过程主要包括抽样、量化、编码几个步骤，其相反的过程称为PCM译码，如图3.1所示。

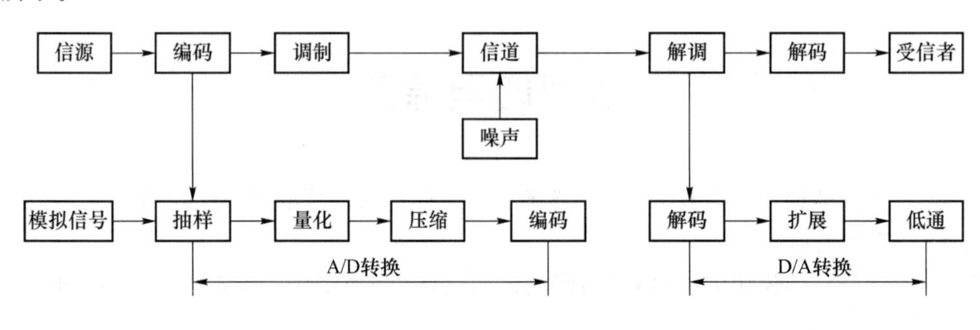

图3.1　PCM过程

3.1.1　抽样

通常，抽样是指利用抽样脉冲序列$\delta_T(t)$对被取样的信号$x(t)$抽取一系列离散的样值$\{x(nT_s)\}$。这一系列样值通常称为抽样信号。抽样过程是通过$\delta_T(t)$抽样脉冲序列与连续信号$x(t)$相乘来完成的，见式(3.1)，图3.2表示发送端抽样电路和接收端恢复电路，所得抽样信号$x'(t)$的波形如图3.3所示。

$$x'(t)=x(t)\delta_T(t) \tag{3.1}$$

根据$x(t)$是低通型信号还是带通型信号，抽样定理可分为低通型信号抽样定理和带通型信号抽样定理；根据$\delta_T(t)$在时间上是等间隔序列还是非等间隔序列，抽样定理可分为均匀抽样定理和非均匀抽样定理；根据$\delta_T(t)$是冲激序列还是非冲激序列，抽样定理可分为理想抽样定理和非理想抽样定理。

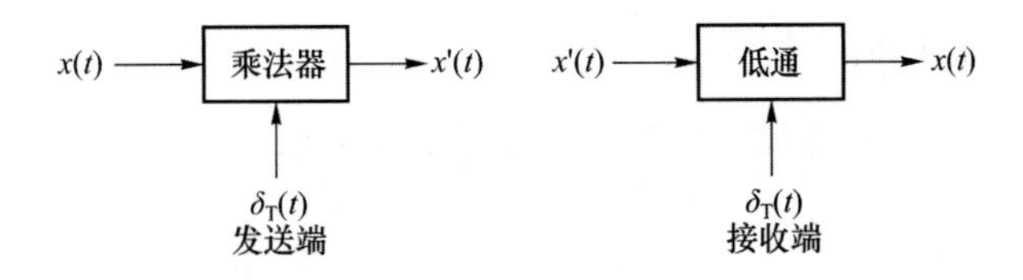

图 3.2　发送端抽样电路和接收端恢复电路

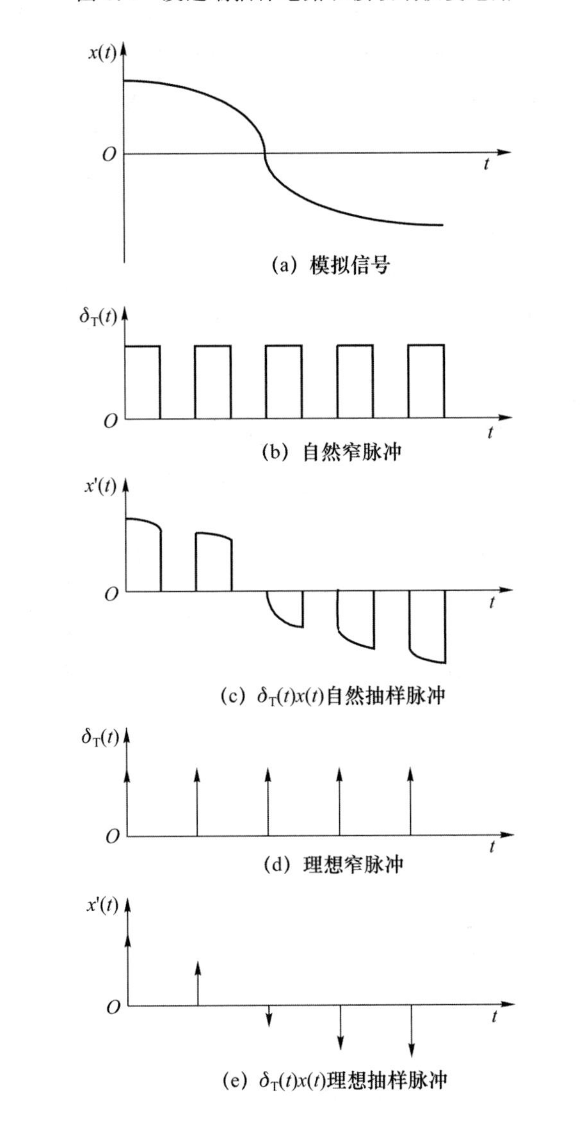

图 3.3　抽样信号 $x'(t)$的自然与理想波形

低通型或带通型信号抽样定理(证明略)即

$$f_s=\frac{1}{T_s}\geqslant 2f_H \tag{3.2}$$

$$T_s\leqslant\frac{1}{2f_H} \tag{3.3}$$

其中,$f_s=2f_H$ 称为奈氏频率或抽样频率,T_s 称为奈氏间隔或抽样间隔。

例如,语音信号的频率在 300～3 400 Hz(即 $f_H=0$～3 400 Hz),则它的抽样频率 $f_s=2f_H=$

$2\times3\,400=6\,800$ Hz，抽样间隔 $T_s=\frac{1}{f_s}=\frac{1}{6\,800}=0.1471$ ms。

所得冲激抽样信号 $x'(t)$及其对应的频谱如图 3.4 所示。

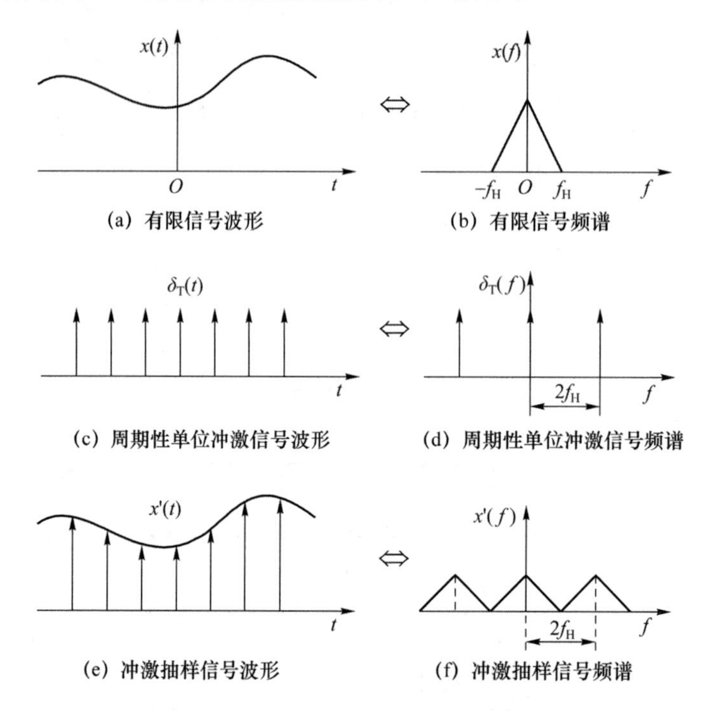

图 3.4　冲激抽样信号及其频谱

如果 $f_s<2f_H$ 或 $T_s>\frac{1}{2f_H}$，则将产生失真现象，理由如图 3.5 所示。

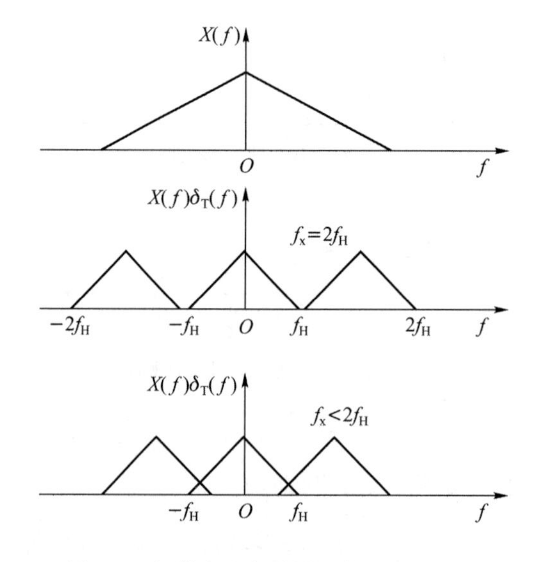

图 3.5　频谱产生交叠的现象 $X(f)\delta_T(f)$

从调制观点来看，PCM 就是以模拟信号为调制信号，对二进制脉冲序列进行载波调制，从而改变脉冲序列中各个码元的取值。

3.1.2　均匀量化

1. 量化

模拟信号 $x(t)$经抽样后得到样值序列$\{x(nT_s)\}$，虽在时间上离散了，但在幅度上取值却是连续的，即$\{x(nT_s)\}$可以有无限多种取值，这种样值无法用有限数值来表示，因此要把样值序列$\{x(nT_s)\}$做进一步处理，变成有限的幅度值，这个变成有限值的过程就是量化，如图 3.6 所示。

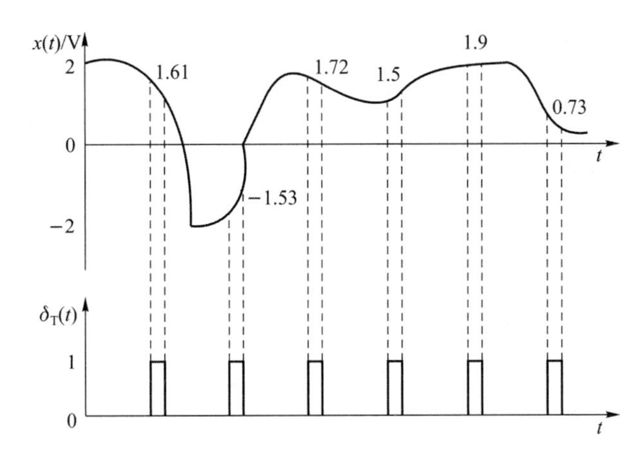

图 3.6　样值序列$\{x(nT_s)\}$示意图

模拟抽样值$\{x(nT_s)\}$：

1.61 V　−1.53 V　1.72 V　1.5 V　1.9 V　0.73 V

量化值(近似值)：

1.5 V　−1.5 V　1.5 V　1.5 V　2 V　1 V

量化值二进制码表示：

00　01　00　00　10　11

上例取的是−2～2 V 间的任意值，而不是有限值，所以这还不能完全称为数字信号。

问题是，在实际通信系统中是不是一定要传输这个样点值的精确值呢？事实证明并不需要，只传输它的近似值就行，这就提出了量化的概念。

所谓量化，就是把抽样信号取得的任意值，用一个有限数值来近似代替的过程。

图 3.6 中的$\{x(nT_s)\}=\{1.6\ \text{V},\ -1.5\ \text{V},\ 1.7\ \text{V},\ 1.5\ \text{V},\ 1.9\ \text{V},\ 0.7\ \text{V}\}$是精确值，而$\{1.5\ \text{V},\ -1.5\ \text{V},\ 1.5\ \text{V},\ 1.5\ \text{V},\ 2\ \text{V},\ 1\ \text{V}\}$是量化值。

均匀量化过程的例子如图 3.7 所示。

均匀量化步骤如下。

① 把−1～1 V 区间划成若干均匀等分，例如，将−1～1 V 区间划分为 8 个均匀等分，即−1～−3/4 V，−3/4～−2/4，…，3/4～1。

② 步骤①的目的是不精确传递任一 $x'(t)$精确值，采用类似“四舍五入”的方法，把落入任一等分中的样点值都以这个等分中的中间值来代替。例如，当$\frac{2}{4}\leqslant x'(t)\leqslant\frac{3}{4}$时，把 $x'(t)$当作5/8；若$-\frac{2}{4}\leqslant x'(t)\leqslant-\frac{1}{4}$，把 $x'(t)$当作−3/8。

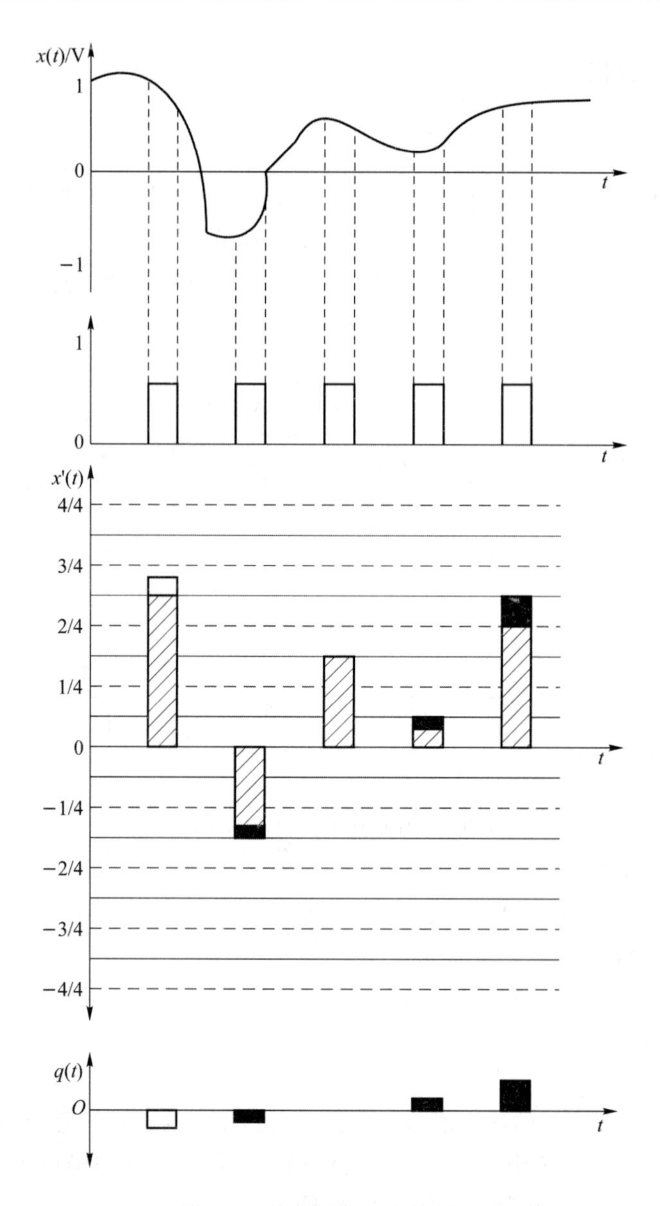

图 3.7　均匀量化过程的例子

③ 当信号绝对值大于一级中间值时，舍弃"零头"；当信号绝对值小于中间值时，就补足"零头"，这样可取$-7/8$，$-5/8$，$-3/8$，$-1/8$，$1/8$，$3/8$，$5/8$，$7/8$ 八个数值之一，这个过程称为量化。

量化过程如图 3.8 所示，用量化后的信号 x_q 替代取样信号 $x'(t)$。

图 3.8　量化过程

上例的 8 个量化数值可用一位十进制数字代表，也可化为三位二进制($2^3=8$)数。

2. 均匀量化特性分析

在图 3.7 中的 8 个等级量化是等间隔量化，称作均匀量化，上例均匀量化过程也可用图 3.9(a)表示，此图称为均匀量化特性曲线，而图 3.9(b)称为均匀量化误差曲线。

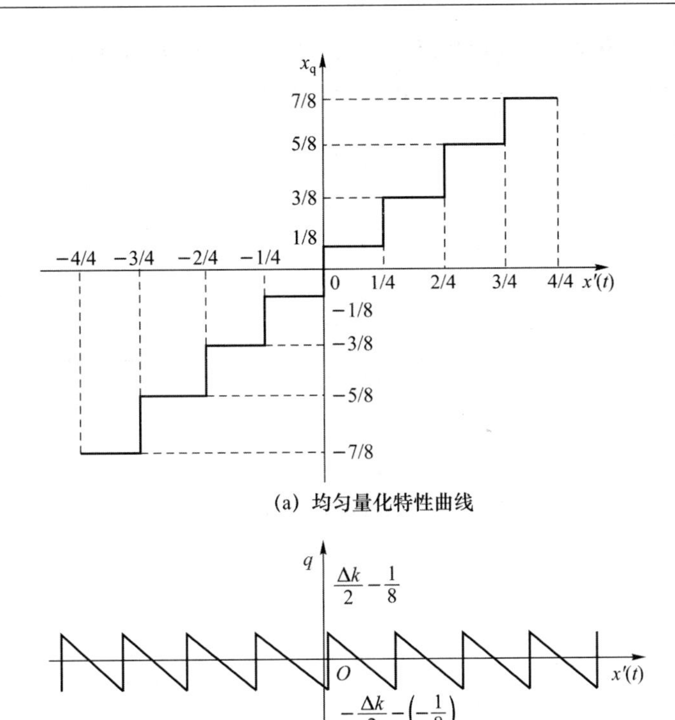

(a) 均匀量化特性曲线

(b) 均匀量化误差曲线

图3.9　均匀量化特性曲线与误差曲线图

均匀量化间隔称为阶梯值 Δk，阶梯值也称为级差。在上例中，信号在 $-1\sim1$ V之间的阶梯值 $\Delta k=\frac{2}{8}$，那么级差就是1/4 V。x_q 与 x 的关系形成等距阶梯，两者之间存在的误差就是量化误差，用 $q=x_q-x$ 表示，两级交界点误差最大为 $\pm\frac{\Delta k}{2}$，q 在 $0\sim\pm\frac{\Delta k}{2}$ 之间。误差曲线对应的函数式如式(3.4)所示。

$$q=x_q-x=\begin{cases}-\frac{7}{8}-x & x\in[-1,-\frac{3}{4}) \\ -\frac{5}{8}-x & x\in[-\frac{3}{4},-\frac{2}{4}) \\ -\frac{3}{8}-x & x\in[-\frac{2}{4},-\frac{1}{4}) \\ -\frac{1}{8}-x & x\in[-\frac{1}{4},0) \\ \frac{1}{8}-x & x\in[0,\frac{1}{4}) \\ \frac{3}{8}-x & x\in[\frac{1}{4},\frac{2}{4}) \\ \frac{5}{8}-x & x\in[\frac{2}{4},\frac{3}{4}) \\ \frac{7}{8}-x & x\in[\frac{3}{4},1]\end{cases} \tag{3.4}$$

如图 3.10 所示，一般地说，设量化级数为 $Q(Q=1,2,\cdots,K)$，共有 2^n 个级量化值。$K=1$ 为第 1 级量化值(从 $-V$ 算起)，$K=Q$ 为第 Q 级量化值。

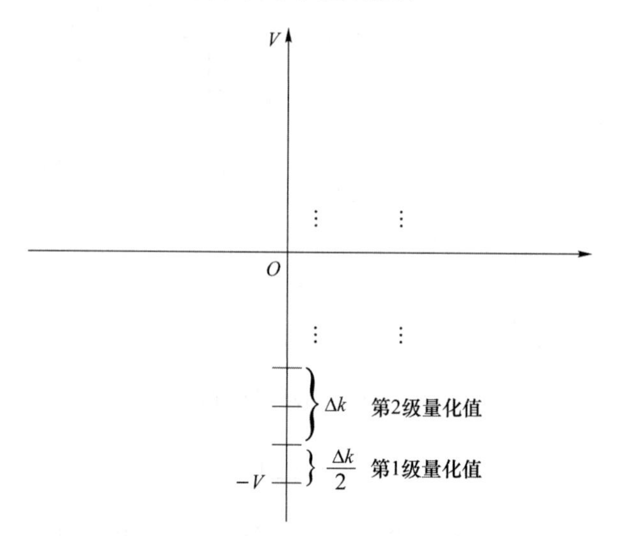

图 3.10　量化级数示意图

上述例中可有如下量化级数(量化电平数)：第 1 量化级 $-1\leqslant x'(t)<-\frac{3}{4}$；第 2 量化级 $-\frac{3}{4}\leqslant x'(t)<-\frac{1}{2}$；第 3 量化级 $-\frac{1}{2}\leqslant x'(t)<-\frac{1}{4}$；第 4 量化级 $-\frac{1}{4}\leqslant x'(t)<0$；第 5 量化级 $0\leqslant x'(t)<\frac{1}{4}$；第 6 量化级 $\frac{1}{4}\leqslant x'(t)<\frac{2}{4}$；第 7 量化级 $\frac{2}{4}\leqslant x'(t)<\frac{3}{4}$；第 8 量化级 $\frac{3}{4}\leqslant x'(t)\leqslant 1$。

上述例子的 8 个等级量化有 8 个量化值，如果用二进制码表示，则每个量化值需用三位代码构成三元码组，因为 $2^3=8$。

以上分层规律可一般化，即每个量化值相应的二进制码元位数为 n，则量化级数 $Q=2^n$。

若设取样信号 $x'(t)$ 的电平变化范围在 $-V\sim+V$ 之间，则阶梯值 $\Delta k=\frac{2V}{Q}$，$Q=2^n$。最大量化误差为 $\pm\frac{\Delta k}{2}=\pm\frac{V}{Q}$。例如，$n=3$，$2^3=8$，$V=1$ V，则 $\Delta k=\frac{2V}{2^n}=\frac{2}{2^3}=\frac{1}{4}$。再例如，$n=7$，$2^7=128$，$V=64$ V，则 $\Delta k=\frac{2V}{2^n}=\frac{2\times 64}{2^7}=1$。

若设取样值 $x'(t)$ 的电平变化范围在 $0\sim V_m$ 之间，则阶梯值 $\Delta k=\frac{V_m}{Q}$，$Q=2^n$。最大量化误差为 $\pm\frac{\Delta k}{2}=\pm\frac{V_m}{2Q}$。例如，$V_m=8$，$n=3$，则 $\Delta k=\frac{V_m}{2^n}=\frac{8}{2^3}=1$，$\pm\frac{\Delta k}{2}=\pm\frac{1}{2}$。

【例 3.1】 对频率为 0～300 Hz 的模拟信号，求最低抽样频率 f_s，若量化电平数 $Q=64$，求信息传输速率 R_b。

解：该信号的低通型信号由抽样定理得

$f_s=2f_H=2\times 300=600$ Hz

量化的电平编成二进制码元，则 $Q=2^n$。

由 $64=2^6$ 可知，每个抽样值将被编成 6 位二进制码。

$R_{B2}=nf_s=6\times 600=3\,600$ baud

$R_{b2}=R_{B2}$

$R_{b2}=3\,600\text{ bit/s}$

【例 3.2】 已知正弦信号为 $3.25\sin(2\pi ft)$ V，将它输入一个均匀量化器中，其量化特性如图 3.11 所示，画出输入为正弦波时的输出波形。（假设抽样频率 $f_s=8$ kHz，正弦信号频率 $f=800$ Hz）。

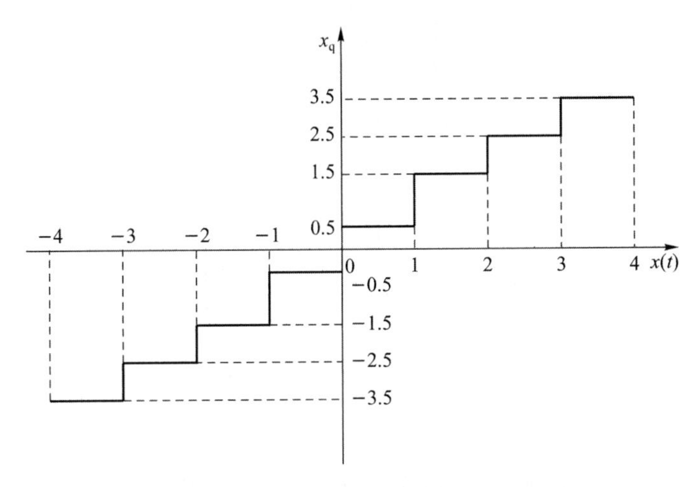

图 3.11　量化特性

解：正弦信号为 $x(t)=3.25\sin(2\pi\times800\times t)$ V $=3.25\sin(1\,600\pi t)$ V，抽样周期为 $T_s=\dfrac{1}{f_s}=\dfrac{1}{8\,000}$ s，则

$$t=T_s=\frac{1}{8\,000}\text{ s},x(T_s)=3.25\sin(1\,600\pi\times\frac{1}{8\,000})=3.25\sin(0.2\pi)=1.91\text{ V}$$

$$t=2T_s=\frac{2}{8\,000}\text{ s},x(2T_s)=3.25\sin(1\,600\pi\times\frac{2}{8\,000})=3.25\sin(0.4\pi)=3.09\text{ V}$$

$$t=3T_s=\frac{3}{8\,000}\text{ s},x(3T_s)=3.25\sin(1\,600\pi\times\frac{3}{8\,000})=3.25\sin(0.6\pi)=3.09\text{ V}$$

$$t=4T_s=\frac{4}{8\,000}\text{ s},x(4T_s)=3.25\sin(1\,600\pi\times\frac{4}{8\,000})=3.25\sin(0.8\pi)=1.91\text{ V}$$

$$t=5T_s=\frac{5}{8\,000}\text{ s},x(5T_s)=3.25\sin(1\,600\pi\times\frac{5}{8\,000})=3.25\sin(1\pi)=0\text{ V}$$

$$t=6T_s=\frac{6}{8\,000}\text{ s},x(6T_s)=3.25\sin(1\,600\pi\times\frac{6}{8\,000})=3.25\sin(1.2\pi)$$
$$=3.25\sin(\pi+0.2\pi)=-3.25\sin(0.2\pi)=-1.91\text{ V}$$

$$t=7T_s=\frac{7}{8\,000}\text{ s},x(7T_s)=3.25\sin(1\,600\pi\times\frac{7}{8\,000})=3.25\sin(1.4\pi)$$
$$=3.25\sin(\pi+0.4\pi)=-3.25\sin(0.4\pi)=-3.09\text{ V}$$

$$t=8T_s=\frac{8}{8\,000}\text{ s},x(8T_s)=3.25\sin(1\,600\pi\times\frac{8}{8\,000})=3.25\sin(1.6\pi)$$
$$=3.25\sin(\pi+0.6\pi)=-3.25\sin(0.6\pi)=-3.09\text{ V}$$

$$t=9T_s=\frac{9}{8\,000}\text{ s},x(9T_s)=3.25\sin(1\,600\pi\times\frac{9}{8\,000})=3.25\sin(1.8\pi)$$

$$=3.25\sin(\pi+0.8\pi)=-3.25\sin(0.8\pi)=-1.91\ \text{V}$$

$t=10T_s=\dfrac{10}{8\,000}$ s，$x(10T_s)=3.25\sin(1\,600\pi\times\dfrac{10}{8\,000})=3.25\sin(2\pi)=0$ V

画出的输出波形如图 3.12 所示。

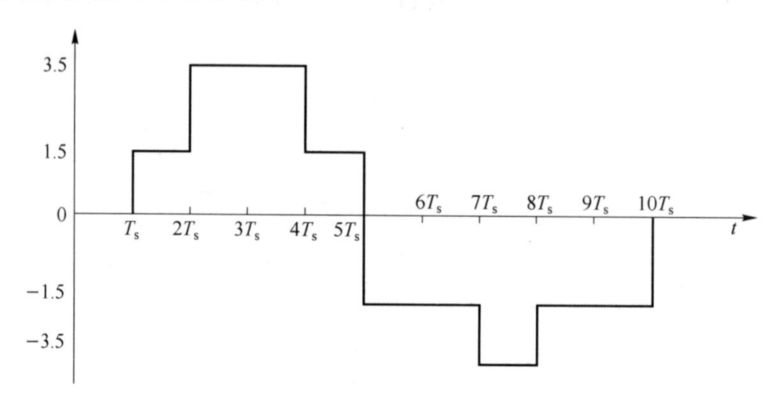

图 3.12　例 3.2 的输出波形

3. 均匀量化的量化信噪比

量化信噪比是衡量量化性能的指标，量化误差大，对重建信号有很坏的影响。量化信噪比为

$$\text{量化信噪比}=\frac{\text{抽样信号平均功率}}{\text{量化噪声平均功率}} \tag{3.5}$$

均匀量化时其量化信噪比随信号电平的减小而下降，产生这一现象的原因是均匀量化时的量化级间隔 Δ 为固定值，而量化误差不管输入信号的大小均在$(-\Delta/2,\ \Delta/2)$内变化。故大信号时量化信噪比大，小信号时量化信噪比小。对于语音信号来说，小信号出现的概率要大于大信号出现的概率，这就使平均量化信噪比下降。同时，为了满足一定的量化信噪比输出要求，要改善小信号量化信噪比，可以采用量化间隔非均匀的方法，即非均匀量化。

3.1.3　非均匀量化

均匀量化有一个很大的缺点，即量化信噪比随信号电平的减小显著下降，也就是说，当信号很大时，其信噪比比平均信噪比大，这是有利的，而当信号很小时，其信噪比比平均信噪比小很多。音量小的信号本来听起来就费劲，再在加上信噪比低，信号问题将更严重。

例如，$V_m=128$ mV，$n=7$，则 $\Delta k=\dfrac{V_m}{2^n}=\dfrac{128}{2^7}=1$ mV，$\pm\dfrac{\Delta k}{2}=\pm\dfrac{1}{2}$ mV。

那么量化平均信噪比为

$$\left(\frac{S}{N_q}\right)=6n\ \text{dB}=6\times7\ \text{dB}=42\ \text{dB} \tag{3.6}$$

当为大信号 128 mV 时，信噪比为

$$\left(\frac{S}{N_q}\right)=20\lg\frac{128}{\frac{1}{2}}\ \text{dB}=160\lg 2\ \text{dB}\approx48\ \text{dB} \tag{3.7}$$

而当为小信号 1 mV 时，信噪比为

$$\frac{S}{N_q}=20\lg\frac{1}{0.5}\ \text{dB}\approx 6\ \text{dB} \tag{3.8}$$

以上 $u_{噪声}$ 均取 $\frac{\Delta k}{2}=\frac{1}{2}$ mV，由此可见，小信号的信噪比远小于平均信噪比。改善措施是增加分层数，例如，把 n 由 7 改为 9，$V_m=128$ mV，那么

$$\Delta k=\frac{V_m}{2^n}=\frac{128}{2^9}=\frac{1}{2^2},\ \pm\frac{\Delta k}{2}=\pm\frac{1}{2^3}\ \text{mV} \tag{3.9}$$

这时

$$\left(\frac{S}{N_q}\right)_{平均}\text{dB}=6n\ \text{dB}\approx 54\ \text{dB} \tag{3.10}$$

可见，当小信号为 1 V 时，信噪比为 $20\lg\frac{1}{\frac{1}{2^3}}$ dB$=60\lg 2$ dB≈ 18 dB，这样信噪比就大大提高了。

但是，不能无限增加码元数 n，因为总的码元速率（系统）提高，小信号编码精度不易保证，设备制造烦琐，需更宽的信道频带。解决思路是采取相应弥补措施，即降低大信号的信噪比来换取小信号信噪比的提高，具体做法有两种。

第一种方法是先用压缩器对信号进行非线性压缩，非线性压缩指对大、小信号分别进行不同程度的放大，改变大小信号间的差异。线性压缩是指对大、小信号放大程度一致。

$$u_{出}=Ku_{入}（线性压缩） \tag{3.11}$$

$$u_{出}=K(t)u_{入}（非线性压缩） \tag{3.12}$$

第一种方法的特点是在发送端对输入量化器前的信号进行压缩处理，在接收端再进行相应的扩张处理，如图 3.13(a)所示，信号压缩和扩张的结果示意图如图 3.13(b)所示。

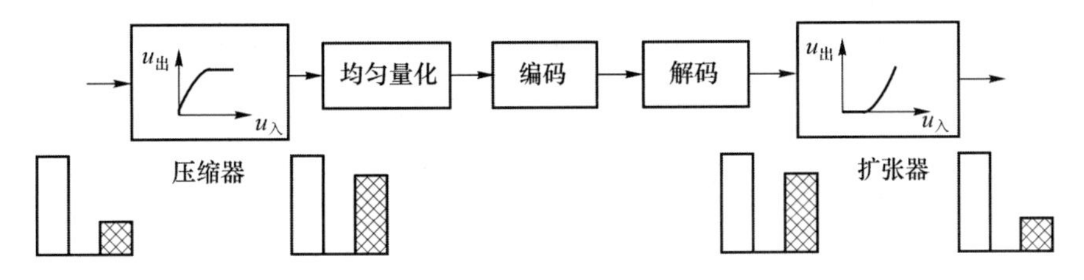

(a) 发送端压缩和接收端扩张的原理示意图

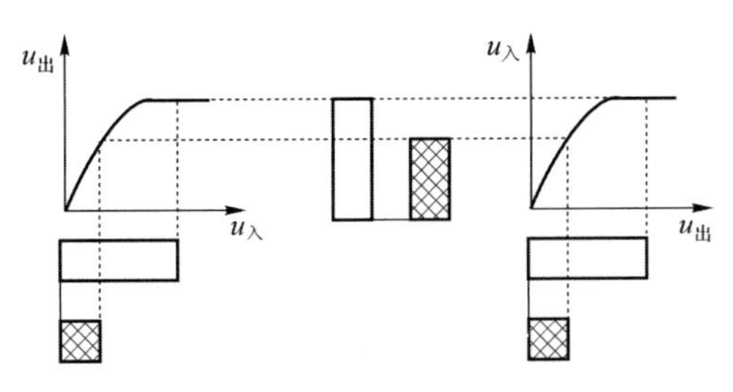

(b) 信号压缩和扩张的结果示意图

图 3.13　非均匀量化压扩特性原理

由图 3.13 可见，输入信号中幅值小的信号在压缩后幅值变大，而幅值大的信号经压缩后变小，这种输入和输出信号之间的关系是非线性的，它改变了大信号与小信号之间的比例关

系，使得对大信号的增益基本不变或改变很小，而对小信号相应地按比例放大。这种经过压缩处理后的信号再进行均匀量化，最后的等效效果就是对原信号进行非线性量化。

在图 3.13 中，均匀量化电平为 8 级。一个输入信号样值脉冲在压缩前均匀量化时量化为 1 mV，而在压缩特性处理后量化为 5 mV，可见小信号电平明显增大，从而使信噪比增加。原来小信号 1 mV 的信噪比为 $20\lg\frac{1}{0.5}$ dB≈6 dB，经压缩特性处理后小信号变为 5 mV，此时的信噪比为 $20\lg\frac{5}{0.5}$ dB=20lg 10 dB=20 dB。而大信号在脉冲压缩前后电平变化很小，信噪比也基本没变化。

第二种方法是在总分层数不变情况下，对小信号分层加密，对大信号分层相对扩疏。这样量阶值 Δk 是个变值，小信号分层多，Δk 小，于是 $\pm\frac{\Delta k}{2}$ 相应减小，从而提高信噪比，而大信号分层多，误差相对大。这种方法称为非均匀量化法。

第一种方法的应用实例是 A 律压缩曲线，即

$$\begin{cases} u_{出}=\dfrac{Au_{入}}{1+\ln A} & \left(-\dfrac{U_{入}}{A}\leqslant u_{入}\leqslant 0,0\leqslant u_{入}\leqslant\dfrac{U_{入}}{A}\right) \\ u_{出}=\dfrac{U_{入}+\ln Au_{入}}{1+\ln A} & \left(-U_{入}\leqslant u_{入}\leqslant-\dfrac{U_{入}}{A},\dfrac{U_{入}}{A}\leqslant u_{入}\leqslant U_{入}\right) \end{cases} \tag{3.13}$$

其中，A 是一常数，称为压缩参数；$U_{入}$ 为 $u_{入}$ 的最大值。根据式(3.14)得图 3.14 所示的 A 律压缩曲线。

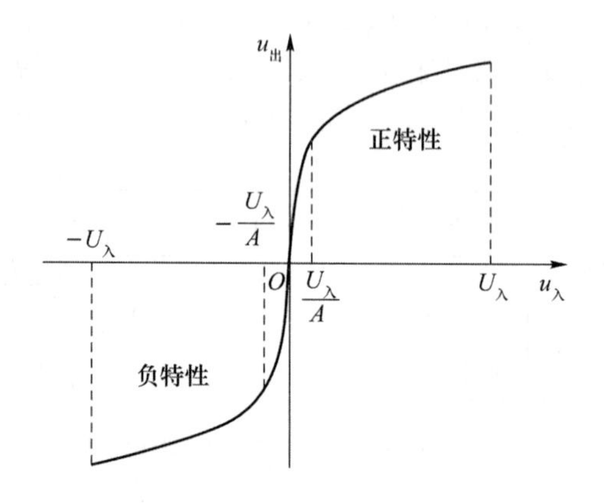

图 3.14　A 律压缩曲线

如果设 $u_{出}$ 最大输出电压为 $U_{出}$，且设 $U_{入}=U_{出}$，$\frac{U_{出}}{U_{入}}=1$。式(3.14)两边及其定义域同乘 $\frac{1}{U_{入}}$，可得

$$\begin{cases} \dfrac{u_{出}}{U_{入}}=\dfrac{A}{1+\ln A}\dfrac{u_{入}}{U_{入}} & \left(-\dfrac{1}{A}\leqslant\dfrac{u_{入}}{U_{入}}\leqslant 0,\ 0\leqslant\dfrac{u_{入}}{U_{入}}\leqslant\dfrac{1}{A}\right) \\ \dfrac{u_{出}}{U_{入}}=\dfrac{1+\dfrac{\ln Au_{入}}{U_{入}}}{1+\ln A} & \left(-1\leqslant\dfrac{u_{入}}{U_{入}}\leqslant-\dfrac{1}{A},\ \dfrac{1}{A}\leqslant\dfrac{u_{入}}{U_{入}}\leqslant 1\right) \end{cases} \tag{3.14}$$

其中，$\frac{\ln Au_{入}}{U_{入}}$ 项修正后为 $\ln A\,\frac{u_{入}}{U_{入}}$ 项。故得

$$\begin{cases}\dfrac{u_{出}}{U_{入}}=\dfrac{A}{1+\ln A}\dfrac{u_{入}}{U_{入}} \\[2ex] \dfrac{u_{出}}{U_{入}}=\dfrac{1+\ln A\dfrac{u_{入}}{U_{入}}}{1+\ln A}\end{cases} \tag{3.15}$$

令$\dfrac{u_{入}}{U_{入}}=x, f(x)=\dfrac{u_{出}}{U_{入}}$,则得

$$\begin{cases}f(x)=\dfrac{Ax}{1+\ln A}\ \left(-\dfrac{1}{A}\leqslant x\leqslant 0,\ 0\leqslant x\leqslant \dfrac{1}{A}\right) \\[2ex] f(x)=\dfrac{1+\ln Ax}{1+\ln A}\ \left(-1\leqslant x\leqslant -\dfrac{1}{A},\ \dfrac{1}{A}\leqslant x\leqslant 1\right)\end{cases} \tag{3.16}$$

根据式(3.17)作出归一化 A 律压缩曲线(如图 3.15 所示)。

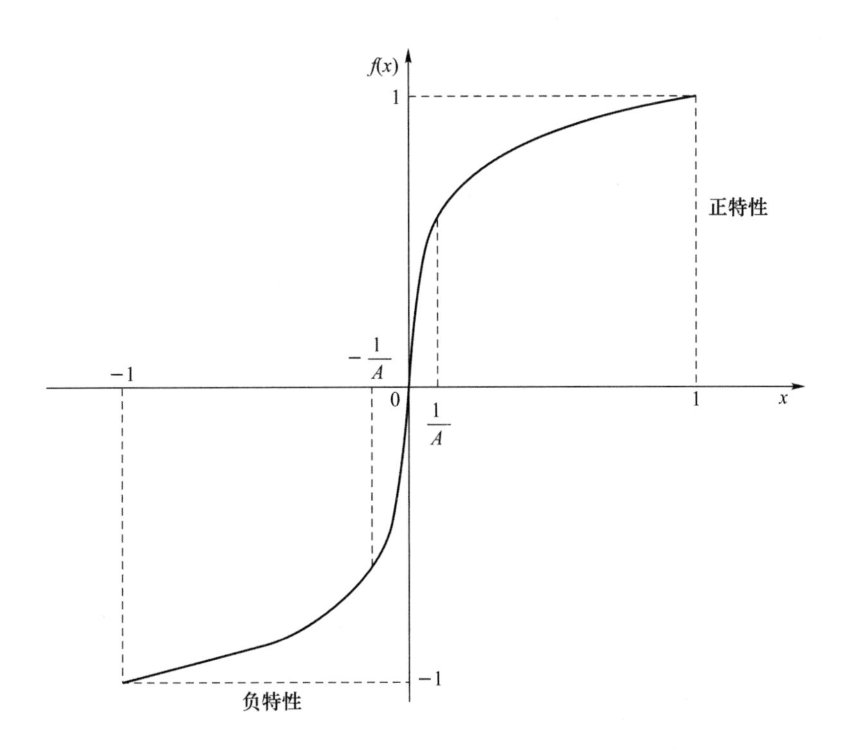

图 3.15　归一化 A 律压缩曲线

在接收端对应扩展特性如图 3.16 所示。

在归一化 A 律压缩曲线中,在 0～1/A 和−1/A～0 范围内为低电平压,并且 $f(x)$对应是一段直线,即线性函数。在 1/A～1 和−1～−1/A 范围内为高电平压,并 $f(x)$对应是一段曲线,即一对数函数。

取 A=87.6,A=1,A=2,仅画出此时曲线的正特性部分,如图 3.17 所示。

实际证明 A=87.6 是最佳语音压缩(扩张)特性。由于我们要进行的是绝对值编码,所以只画正特性即可。

第二种方法的应用实例是 A 律压缩特性的 13 折线近似法,这是在使用第一种方法的基础上再应用叠加第二种方法,如图 3.18 所示。

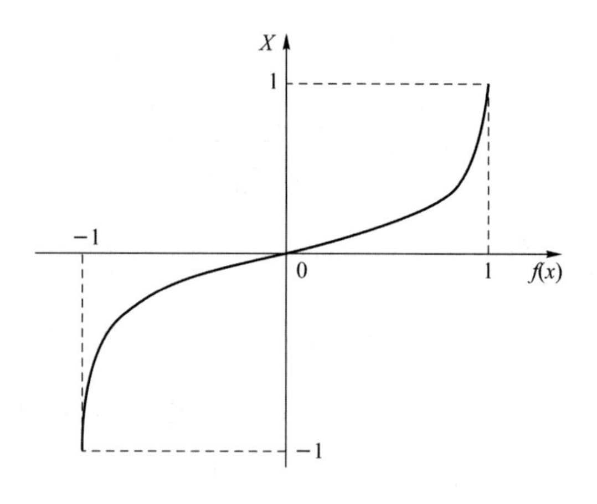

图 3.16　归一化扩展特性

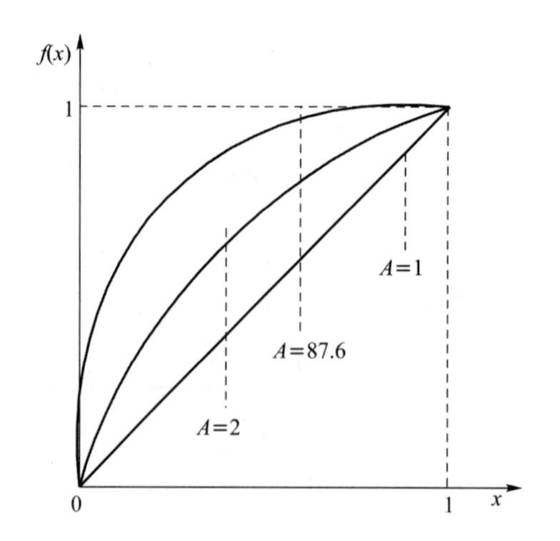

图 3.17　$A=1,A=2,A=87.6$ 的各自正特性

A 律压缩特性的 13 折线近似法的分段具体过程：x 轴按 $\frac{1}{2}$ 等比级数，把 0～1 划分成 8 个不均匀段并编号①～⑧，如图 3.18(a)所示。对应 y 轴也划分为 8 个均匀段，如图 3.18(b)所示，各曲线段(①～⑧)的斜率如下。

	①	②	③	④	⑤	⑥	⑦	⑧
$\frac{\Delta y}{\Delta x}=$	$\frac{1/8}{1/128}$	$\frac{1/8}{1/128}$	$\frac{1/8}{1/64}$	$\frac{1/8}{1/32}$	$\frac{1/8}{1/16}$	$\frac{1/8}{1/8}$	$\frac{1/8}{1/4}$	$\frac{1/8}{1/2}$
	$=16$	$=16$	$=8$	$=4$	$=2$	$=1$	$=1/2$	$=1/4$

其中，①、②线段的斜率相同，两者同为一直线，负特性对称同样为 8 段曲线，若用上述①～⑧的斜率代替原有曲线，这样整条曲线(即正负特性)中有 4 条线段为同一直线。将所有线段合为一条直线的话，应用 13 条直线(斜率不同)段来近似代替原曲线，故称为 13 折线近似法。

再把①～⑧段各自再均匀划分成 16 个小段。例如，③段分成均匀 16 小段，如图 3.19 所示。这样 x 轴上共有 $8\times16=128$ 个不均匀分层，即有 128 个非均匀量化级数。可见，仍然是小信号量阶值小，大信号量阶值大，Δk 是个变值。将①～⑧个大段划分为如下小段。

① 段划分为 16 个均匀小段，每个小段长度为 $\frac{1}{128}\times\frac{1}{16}=\frac{1}{2048}=\Delta$。

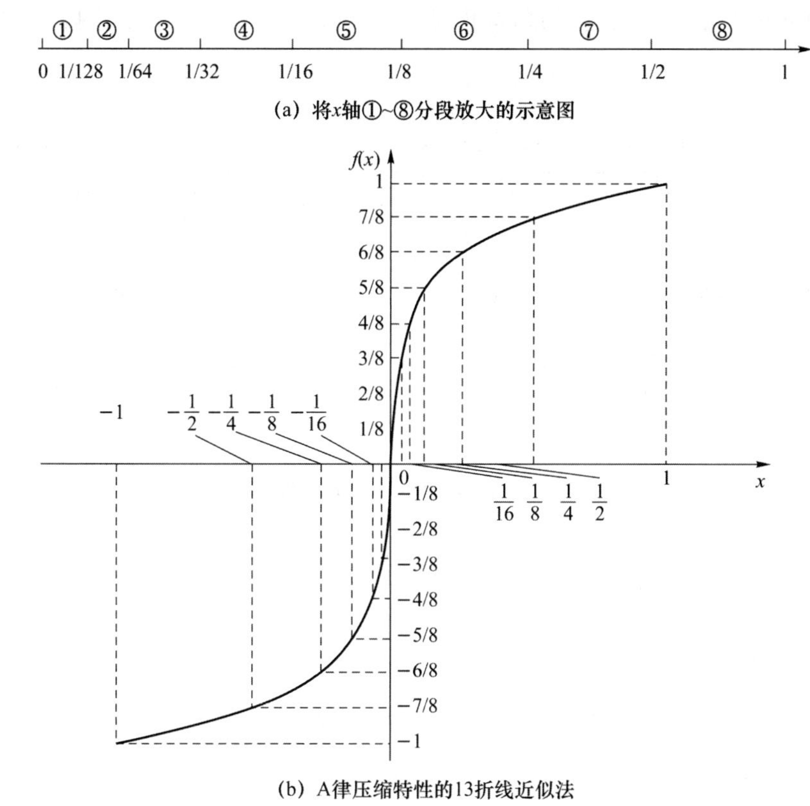

图 3.18　A 律压缩特性的 13 折线近似法示意图

② 段划分为 16 个均匀小段，每个小段长度为$\frac{1}{128}\times\frac{1}{16}=\frac{1}{2048}=\Delta$。

③ 段划分为 16 个均匀小段，每个小段长度为$\frac{1}{64}\times\frac{1}{16}=\frac{1}{1024}=2\Delta$。

④ 段划分为 16 个均匀小段，每个小段长度为$\frac{1}{32}\times\frac{1}{16}=\frac{1}{512}=4\Delta$。

⑤ 段划分为 16 个均匀小段，每个小段长度为$\frac{1}{16}\times\frac{1}{16}=\frac{1}{256}=8\Delta$。

⑥ 段划分为 16 个均匀小段，每个小段长度为$\frac{1}{8}\times\frac{1}{16}=\frac{1}{128}=16\Delta$。

⑦ 段划分为 16 个均匀小段，每个小段长度为$\frac{1}{4}\times\frac{1}{16}=\frac{1}{64}=32\Delta$。

⑧ 段划分为 16 个均匀小段，每个小段长度为$\frac{1}{2}\times\frac{1}{16}=\frac{1}{32}=64\Delta$。

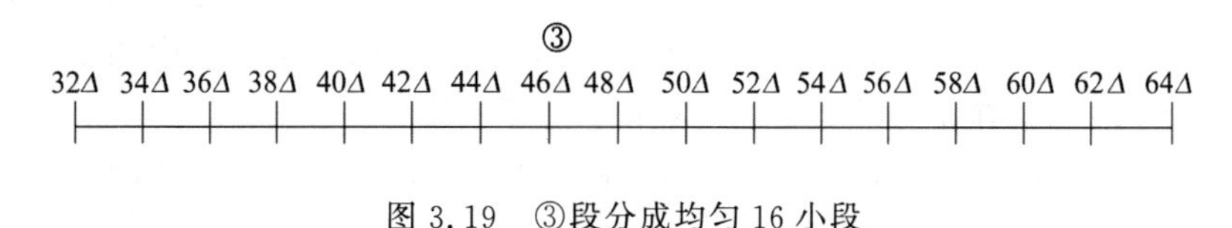

图 3.19　③段分成均匀 16 小段

如果把 x 轴做均匀量化处理，则均匀量化是以 Δ 作为一个小段，第①～②段就要划分成为 16 小段，第③段就要划分成 32 个小段〔如图 3.20(a)所示〕，第④段就要划分成 64 个小段，…，第⑧段就要划分成1 024个小段。均匀量化时，8个段分成了2 048个Δ小段，如图3.20(b)所示。

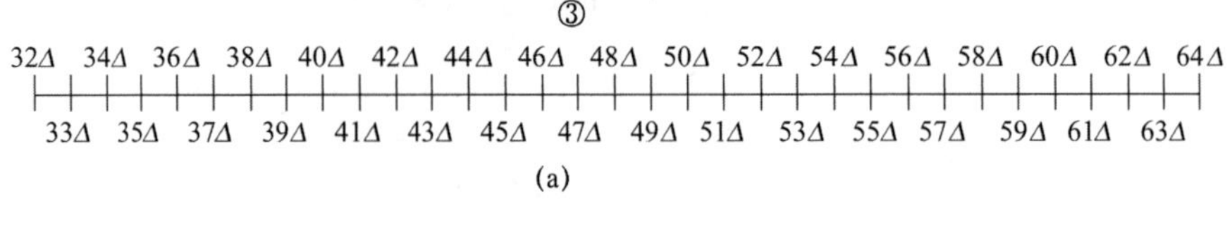

(a)

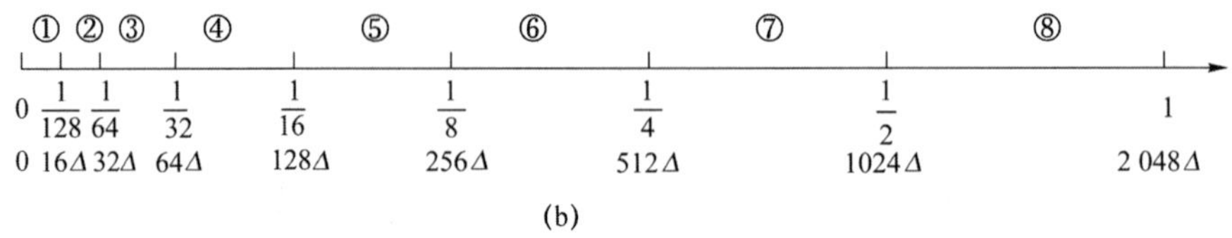

(b)

图3.20 均匀量化时示意图

这样的话x轴共有(16＋16＋32＋64＋128＋256＋512＋1 024)Δ＝2048Δ小段。量化级数Q与二进制码位数关系为$Q=2^n$，若令Δ＝1，则$2048=2^{11}$。

3.1.4 编码

把非均匀量化后的信号电平转换成二进制码的过程称为编码。

1. 编码方法(二进制码)

编成$M_1M_2M_3M_4M_5M_6M_7M_8$八位码。发信方编码时，M_1作为表示正负极性的极性码，$M_2M_3M_4$作为段落码，即8个段落用三位二进制码表示(即$8=2^3$)。例如，如果$x=\frac{u_入}{U_入}=\frac{3}{5}$，则$x$落在第⑧段$\frac{1}{2}\leqslant x\leqslant 1$内，$M_2M_3M_4=111$。再例如，如果$x=\frac{1}{3}$，则$x$落在第⑦段$\frac{1}{4}\leqslant x\leqslant\frac{1}{2}$内，$M_2M_3M_4=110$。$M_5M_6M_7M_8$为段内码，①～⑧个大段各自再均匀划分成16个小段，落在每个小段的抽样值对应编成四位码。

所以非均匀量化级数$128=2^7$，编成$M_2M_3M_4M_5M_6M_7M_8$的编码7位数称为非线性编码，若按均匀量化要编11位码，其就称为线性编码。可见非线性编码位数少，使编、译码设备简单，传输带宽相应减少。

归纳M_2～M_8编码的基本思路是，段落码$M_2M_3M_4$确立：第一次比较时，应先决定I_s是属于8个大段的上4段①②③④(000,001,010,011)还是下4段⑤⑥⑦⑧(100,101,110,111)。故第一次比较提供的标准电流应该是8个大段的中间值，即$I_w=128\Delta$，例如，$M_2=0$表示落在①～④段；$M_2=1$表示落在⑤～⑧段。第二次比较时，要选择I_s落在①～④段或⑤～⑧段中的上2段还是下2段(000,001,010,011,100,101,110,111)。例如，$M_3=0$表示落在上2段；$M_3=1$表示落在下2段。第三次比较时，要选择I_s落在上述的2个大段中的上一段还是下一段。例如，$M_4=0$表示落在上一段；$M_4=1$表示落在下一段。

段内码$M_5M_6M_7M_8$确定：确定过程与段落码类似，即要确定I_s最终落在16个小段中的哪一段内。

2. 逐次比较型编码的电路组成及各部分作用

逐次型比较型电路构成如图3.21所示。编码器任务；根据输入样值脉冲大小，输出相应的 8 位二进制码。各部分作用工作原理如下。

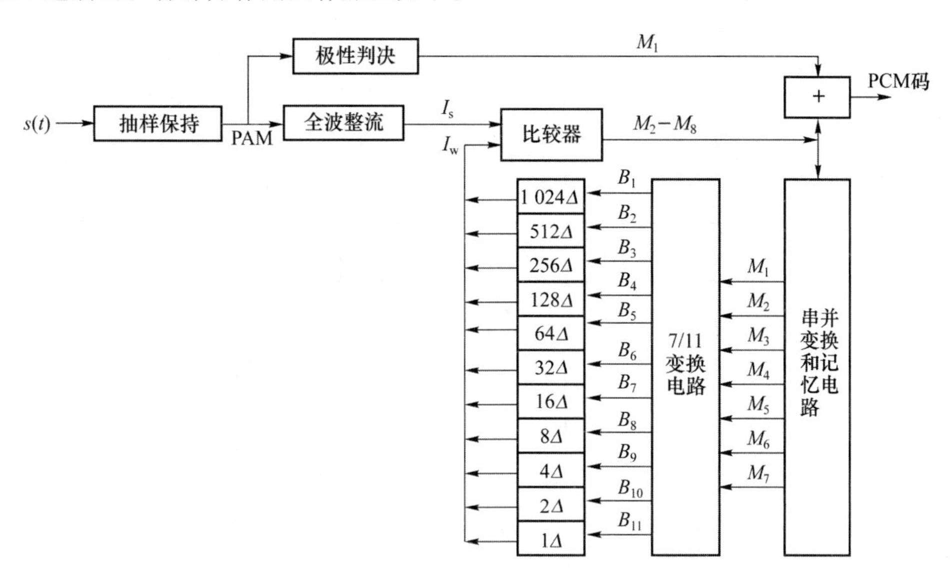

图 3.21　逐次比较型编码电路

抽样保持电路。它把整流后的抽样值(量化值)保持展宽到一组码编完。整流与保持电路的信号波形如图 3.22 所示。

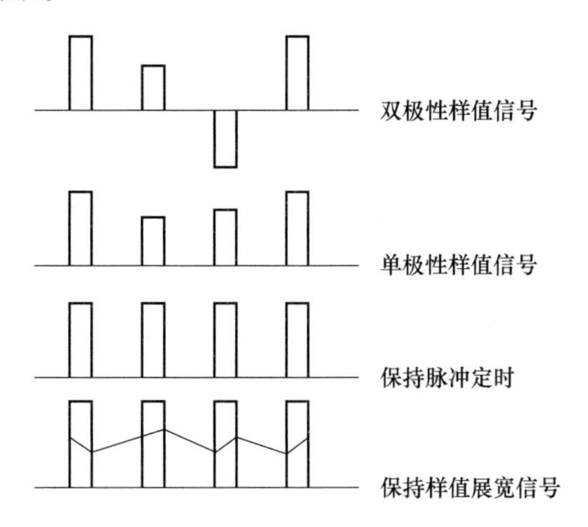

图 3.22　保持过程

整流器。整流器将双极性信号变成正单极性信号,使正极性输出为 $M_1=1$,负相性输出为 $M_1=0$。

极性判决电路。经过抽样得到脉冲,再经极性判决得到极性码 M_1,M_1 码收发过程如图 3.23 所示。

记忆电路。在编码过程中除第一次比较的 $I_w=128\Delta$ 外,其余各次比较用的 I_w 是由前几位比较结果来选择的。$M_2 \sim M_8$ 码是串行的,记忆电路将其寄存下来,并变换为并行码 $M_2 \sim M_8$,实现串/并转换。

恒流源(11 位线性解码网络)。其作用是产生各种权值电流 I_w。在该网络中有数个基本的权值电流,其数目与量化级数有关。对于 A 律 13 折线编码器,有 128 个量化级,需要编 7 位码,须要准备好 1Δ,2Δ,4Δ,8Δ,16Δ,32Δ,64Δ,128Δ,256Δ,512Δ,1 024Δ 共 11 个基本的权

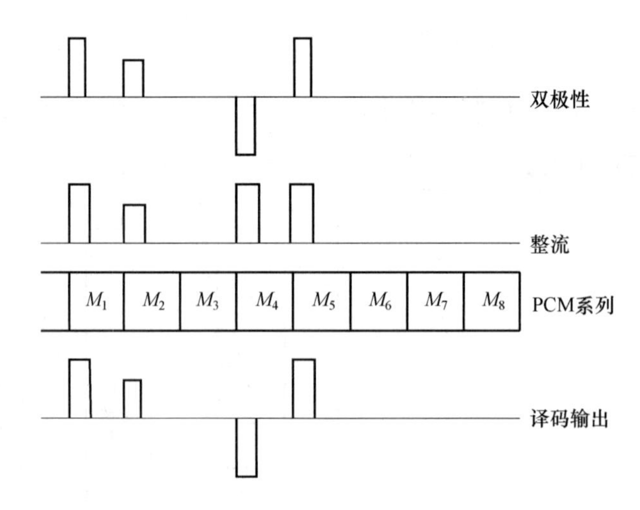

图 3.23　M_1 码收发过程

值电流支流。这样以 1Δ,2Δ,4Δ,8Δ,16Δ,32Δ,64Δ,128Δ,256Δ,512Δ,1 024Δ 这些值的组合，可以保证全部中间值 I_w 的需要，如中间值 768Δ＝512Δ＋256Δ。

那么究竟哪几个基本权值电流出来组合呢？这 11 个支路各有一个控制开关 B_i＝(1,2,…,10,11)。例如，需要中间值 I_w＝1 024Δ＋128Δ＝1 052Δ，1 024Δ 和 128Δ 对应的开关合上，其他开关关闭，才使 I_w＝1 024Δ＋128Δ＝1 052Δ 输出来。

7/11 位码变换电路。因为要求有 11 个控制脉冲对恒流源控制，使恒流源共各有 11 个基本权值电路，这样记忆电路的 M_2～M_8 位并行码通过 7/11 逻辑变换电路将转换成线性 11 位码(B_1～B_{11})，这 11 位线性码相当于 11 个控制开关。

比较电路。用于中间值 I_w 与整流电流 I_s 进行比较运算，当 I_s＞I_w 时，输出为 1(即高电平)；I_s＜I_w 时，输出为 0(即低电平)。逐次比较编出 M_2～M_8 非线性 7 位码，也即 PCM 信号。

为了能自动产生下一个比较用的中间值 I_w，比较器在输出的同时还反馈加至记忆电路。

【例 3.3】　已知抽样值为＋635Δ，要求按 13 折线 A 律编出 8 位码。

解：极性码：M_1＝1。

先推算段落码。

第一次比较：I_s＝635Δ＞I_w＝128Δ，故 M_2＝1，并表示处在下④段(⑤⑥⑦⑧)。

第二次比较：判断在⑤⑥⑦⑧中的上 2 段还是下 2 段，因此 I_w 应选中间值 512Δ。I_s＝635Δ＞I_w＝512Δ，故 M_3＝1，表示在⑦⑧段。

第三次比较：判断在⑦⑧段中哪一段，因此中间值 I_w 选 1 024Δ。I_s＝635Δ＜I_w＝1 024Δ，故 M_4＝0，表示在第⑦段。

再推算段内码。

已知在⑦段，该段中的 16 个量化级之间的间隔为$\frac{1\,024-512}{16}\Delta=32\Delta$。

第四次比较：I_w 应选⑦段中间值 768Δ(即 $512\Delta+\frac{1\,024\Delta-512\Delta}{2}=768\Delta$)。$I_s$＝635Δ＜$I_w$＝768Δ，故 M_5＝0，表示 I_s 在 0～7 个量化级(共有 16 个量化级)之间。

第五次比较：I_w 应选 0～7 个量化级中的中间值 640Δ，即 $512\Delta+\frac{768\Delta-512\Delta}{2}=640\Delta$。$I_s$＝635Δ＜$I_w$＝640Δ，故 M_6＝0，表示 I_s 在 0～7 个量化级中的 0～3 个量化级内。

第六次比较：I_w 应选 0～3 个量化级中的中间值 576Δ，即 $512\Delta+\frac{640\Delta-512\Delta}{2}=576\Delta$。$I_s=635\Delta>I_w=576\Delta$，故 $M_7=1$，表示 I_s 在 2～3 个量化级内。

第七次比较：I_w 应选 2～3 个量化级中的中间值 608Δ，即 $576\Delta+\frac{640\Delta-576\Delta}{2}=608\Delta$。$I_s=635\Delta>I_w=608\Delta$，故 $M_8=1$，表示 I_s 在第 3 个量化级内。

因此，$M_1M_2M_3M_4M_5M_6M_7M_8=11100011$，为非线性码。该抽样信号落在⑦段，其量化误差为 635Δ－608Δ＝27Δ。显然抽样信号越小，越是在前段，产生误差也越小。例如，①②③段最大误差分别是 Δ、Δ、2Δ，而⑧段最大量化误差为 64Δ。

最后把 608Δ 转换成 11 位线性码 01001100000，其计算过程如下。

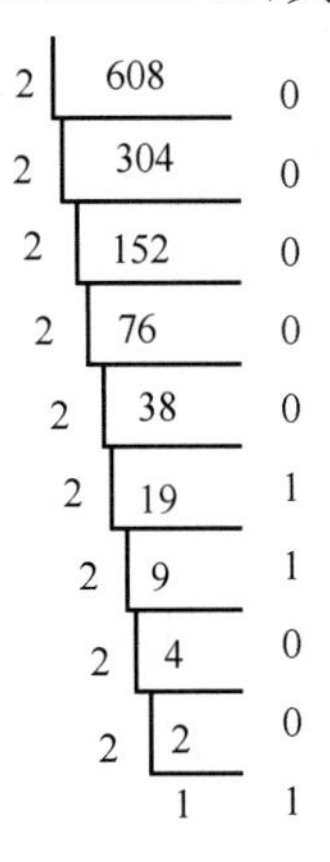

3. 编码直接查表法

将 x 轴分成 8 个段，如图 3.24 所示。

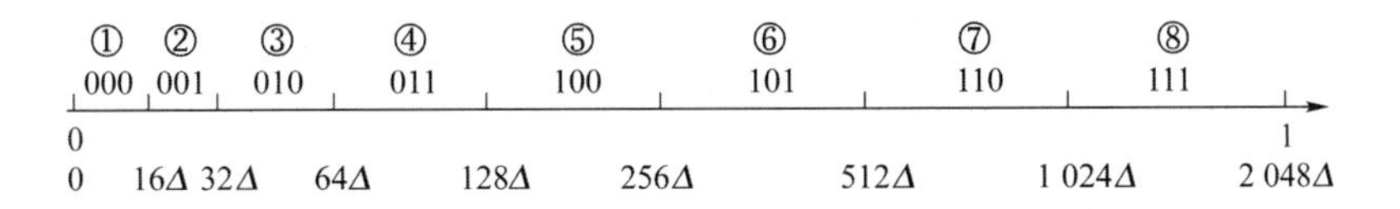

图 3.24　x 轴分成 8 段

段内码编号：$M_5M_6M_7M_8$ 与量化级序号对应情况如表 3.1 所示。

表 3.1　$M_5M_6M_7M_8$ 与量化级序号对应情况表

量化级序号	$M_5M_6M_7M_8$
0Δ	0000
1Δ	0001
2Δ	0010
3Δ	0011
4Δ	0100
5Δ	0101
6Δ	0110
7Δ	0111
8Δ	1000
9Δ	1001

续表

量化级序号	$M_5M_6M_7M_8$
10Δ	1010
11Δ	1011
12Δ	1100
13Δ	1101
14Δ	1110
15Δ	1111

以①段和②段为例,①段和②段如图 3.25 所示。

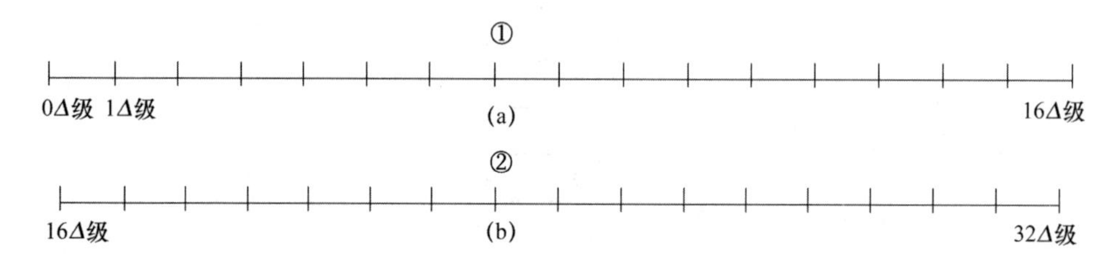

图 3.25 ①段和②段示意图

①至⑧段与 7 位编码对应情况如表 3.2 所示。

表 3.2 ①～⑧段与 7 位码对应情况

量化序列号	均匀量化序号	非均匀量化序号	$M_2M_3M_4$	$M_5M_6M_7M_8$
①	0Δ 1Δ ⋮ 16Δ	0Δ 1Δ ⋮ 16Δ	000	0000 ⋮ 1111
②	16Δ 17Δ ⋮ 32Δ	16Δ 17Δ ⋮ 32Δ	001	0000 ⋮ 1111
③	32Δ 33Δ ⋮ 64Δ	32Δ 34Δ ⋮ 64Δ	010	0000 ⋮ 1111
④	64Δ 65Δ ⋮ 128Δ	64Δ 68Δ ⋮ 128Δ	011	0000 ⋮ 1111

续 表

量化序列号	均匀量化序号	非均匀量化序号	$M_2M_3M_4$	$M_5M_6M_7M_8$
⑤	128Δ 129Δ ⋮ 256Δ	128Δ 136Δ ⋮ 256Δ	100	0000 ⋮ 1111
⑥	256Δ 257Δ ⋮ 512Δ	256Δ 262Δ ⋮ 512Δ	101	0000 ⋮ 1111
⑦	512Δ 513Δ ⋮ 1 024Δ	512Δ 544Δ ⋮ 1 024Δ	110	0000 ⋮ 1111
⑧	1 024Δ 1025Δ ⋮ 2048Δ	1 024Δ 1088Δ ⋮ 2048Δ	111	0000 ⋮ 1111

【例 3.4】 取样值为＋1 270Δ,用查表法求其非线性编码。

解: ＋1 270Δ 落在⑧段,画出⑧段示意图,如图 3.26 所示。

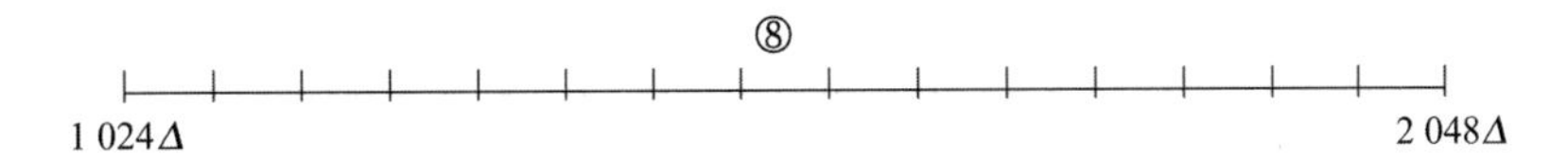

图 3.26　⑧段示意图

通过查表 3.2 可得到表 3.3 所示的信息。

表 3.3　⑧段与 7 位码对应情况

序号	均匀量化	非均匀量化	段落码	段内码
⑧	1 024Δ 1 025Δ ⋮ 1 216Δ 1 217Δ 1 218Δ ⋮ 1 280Δ 1 281Δ ⋮ 2 048Δ	1 024Δ 1 088Δ 1 152Δ 1 216Δ 1 280Δ 1 344Δ 1 408Δ 1 472Δ 1 536Δ 1 600Δ 1 664Δ 1 728Δ 1 792Δ 1 856Δ 1 920Δ 1 984Δ 2 048Δ	111	0000 0001 0010 0011 0100 0101 0110 0111 1000 1001 1010 1011 1100 1101 1110 1111

1 270Δ 落在 1 216Δ～1 280Δ 间，故取信号量化值为 1 216Δ，量化误差为 1 270Δ－1 216Δ＝54Δ，编码输出为 1110011。

【例 3.5】 取样值为－670Δ，其 $M_1=0$，先由 670Δ 查表 3.2，得到表 3.4。

表 3.4 ⑦段与 7 位码对应情况

序号	均匀量化	非均匀量化	段落码	段内码
⑦	512Δ 513Δ ⋮	512Δ	110	0000
		544Δ		0001
		576Δ		0010
		608Δ		0011
		640Δ		0100
		672Δ		0101
		704Δ		0110
		736Δ		0111
		768Δ		1000
		800Δ		1001
		832Δ		1010
		864Δ		1011
		896Δ		1100
		928Δ		1101
		960Δ		1110
		992Δ		1111
		1 024Δ		

可见，670Δ 落在 640Δ～672Δ 之间，取量化值为 640Δ，故编码为 0100100。

3.1.5 译码

译码的作用是把收到的 PCM 信号还原成 PCM 样值信号（或还原成相应的 PAM 信号），即实现数/模变换（D/A 变换）。

1. 译码器

图 3.27 是 13 折线 4 律译码器的原理方框图。

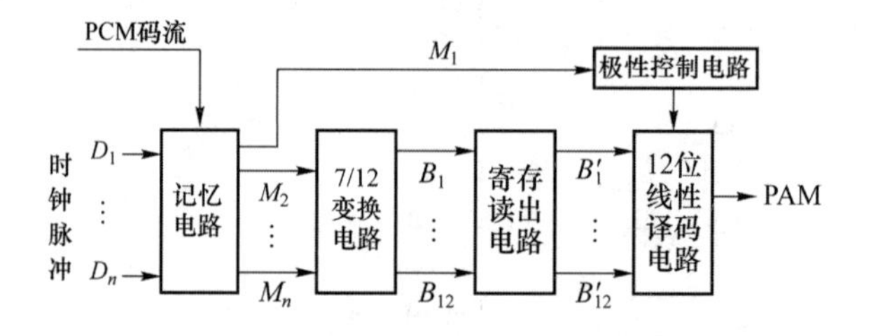

图 3.27 13 折线 A 律译码器的原理方框图

2. 译码器各部分作用

串/并变换记忆电路。它将加进的串行 PCM 变为并行码，并记忆下来，与编码器中译码电路的记忆作用基本相同。

7/12 变换电路。它将 7 位非线性码转变为 12 位线性码。在编码器中的本地译码电路中采用 7/11 位变换，而译码器中采用 7/12 位变换(即将 7 位非线性码转换为 12 位线性码)，使最大量化误差减小。它产生 12 个恒流源 $\Delta/2, \Delta, 2\Delta, 4\Delta, \cdots, 1\,024\Delta$，相当于把 $2\,048\Delta$ 再分成 $2\,048\Delta\times2=4\,096\Delta$ 层，增加一个 $\Delta/2$ 恒流源电流，即补上半个量化级，用以改善信号量化信噪比。

寄存读出电路。它将输入的串行码在存储器中寄存起来，待全部接收后再一起读出，送入解码网络。这实质上是在进行串/并变换。

12 位线性译码电路。它主要由恒流源和电阻网络组成。它在寄存读出电路的控制下，输出相应的 PAM 信号。

极性控制电路。它根据收到的 PCM 码中的 M_1 来控制解码器输出的 PAM 信号的极性正或负，恢复原信号相性。

【例 3.6】 已知信号经抽样后采用 13 折线 A 律编码得到的 8 位代码为 01010011，求该代码的量化电平，并说明译码后最大可能的量化误差。

解：已知非线性代码为 01010011，则段落码为 101，即样值对应 13 折线的⑥大段，起始电平为 256Δ，而段内码为 0011，故样值为

$$
\begin{aligned}
|\mathrm{PAM}| &= 256\Delta+(0\times8+0\times4+1\times2+1\times1+1\times\frac{1}{2})\times16\Delta \\
&= 256\Delta+3.5\times16\Delta \\
&= 312\Delta
\end{aligned}
$$

即在接收端译码输出样值脉冲为 $+312\Delta$。

确定抽样信号落入范围，可参考图 3.28。

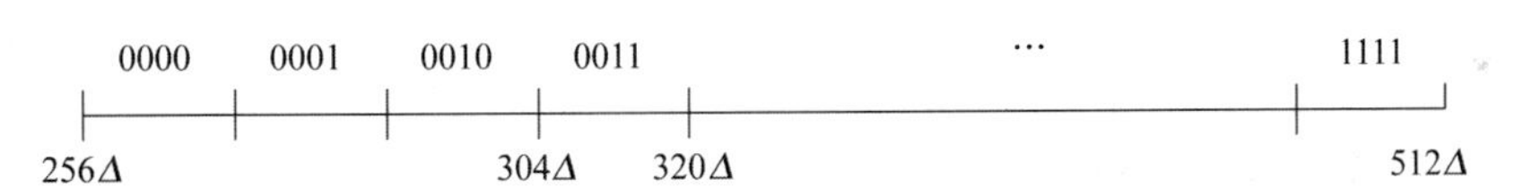

图 3.28　抽样信号落入范围示意图

最大可能误差为 $320\Delta-312\Delta=8\Delta$。

除数	被除数	余数
2	312	0
2	156	0
2	78	0
2	39	1
2	19	1
2	9	1
2	4	0
2	2	0
	1	1

11 位线性码为 00100111000。

3.1.6　PCM 信号的码元速率和带宽

1. 码元速率

设 $x(t)$ 为低通信号，最高频率为 f_{H}，抽样频率 $f_{\mathrm{s}}\geqslant2f_{\mathrm{H}}$，如果量化电平数为 Q，采用二进

制码，每个量化电平需要的码元位数 $n=\log_2 Q$，因此码元速率 $R_{B2}=nf_s$，$R_{B2}=nf_s=f_s\log_2 Q$。

2. 传输 PCM 信号所需的最小带宽

抽样频率的最小值 $f_s=2f_H$，因此最小码元传输速率 $R_B=2f_H n$，此时信道所需提供的带宽有两种。

理想低通信道：

$$B_{PCM}=\frac{R_B}{2}=\frac{2f_H n}{2}=nf_H \tag{3.17}$$

升余弦信道：

$$B_{PCM}=R_B=2f_H\cdot n \tag{3.18}$$

例如，语言信号信道需提供的带宽为

$$B_{PCM}=\frac{2f_H n}{2}=nf_H=8\times 4\ \text{kHz}=32\ \text{kHz}$$

3.2 差分脉冲编码调制

PCM 系统已经在大容量数字微波、光纤通信系统以及市话网局间传输系统中获得广泛的应用。对于有些信号(如图像信号等)，由于信号的瞬时斜率比较大，因此不能采用像音节压扩的方法，而只能采用瞬时压扩的方法。但瞬时压扩实现起来比较困难，因此对于那种瞬时斜率比较大的信号应采用一种新的调制方式，该方式称为差分脉冲编码调制，或称为差值脉码调制。

3.2.1 传输样值差值进行通信

模拟信号 $x(t)$ 经抽样后得到样值序列 $x(i)$，设话音信号样值序列为 $x(0)$，$x(1)$，$x(2)$，…，$x(n)$，设 $q(i)$ 为本时刻样值 $x(i)$ 与前邻样值 $x(i-1)$ 的差值，即得 $q(i)=x(i)-x(i-1)$。样值差值示意图如图 3.29 所示。

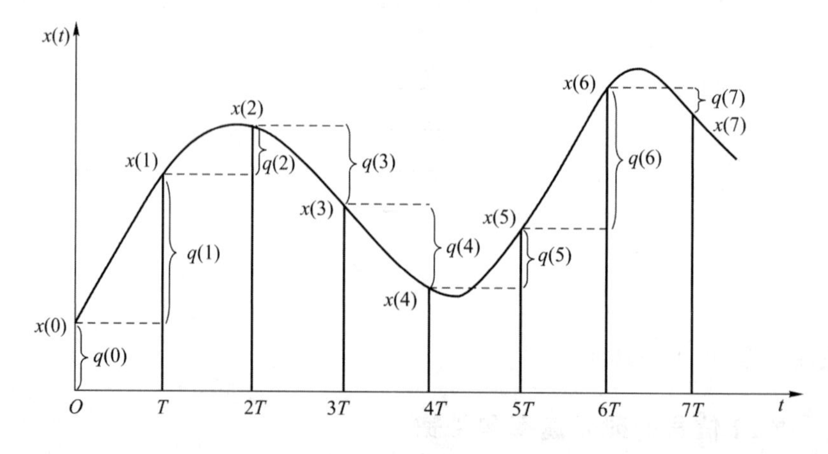

图 3.29　样值差值示意图

由图 3.28 可得 $x(0)=q(0)$；$x(1)=q(0)+q(1)=x(0)+q(1)$；$x(2)=q(0)+q(1)+q(2)=x(1)+q(2)$；…，因此可得式(3.19)。

$$x(n)=\sum_{t=0}^{n}q(t)=x(n-1)+q(n) \tag{3.19}$$

因此收端所得到的恢复信号可用图 3.30 表示。

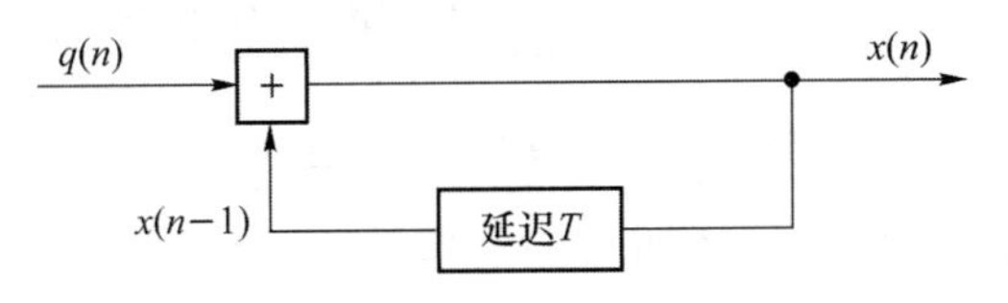

图 3.30　样值序列的恢复

3.2.2　预测值的形成

PCM 是用信号抽样值进行量化、编码后传输的；DPCM 是用信号样值 $x(i)$与 $x(i-1)$的差值进行量化、编码后送到信道传输的。

线性预测的基本原理是利用前面的几个抽样值的线性组合来预测当前的抽样值。当前抽样值和预测值之差称为预测误差。由于相邻抽样值之间具有相关性，预测值和抽样值很接近，即误差的取值范围较小。对较小的误差值编码，可以降低比特率。

线性预测编码器的原理方框图如图 3.31 所示。

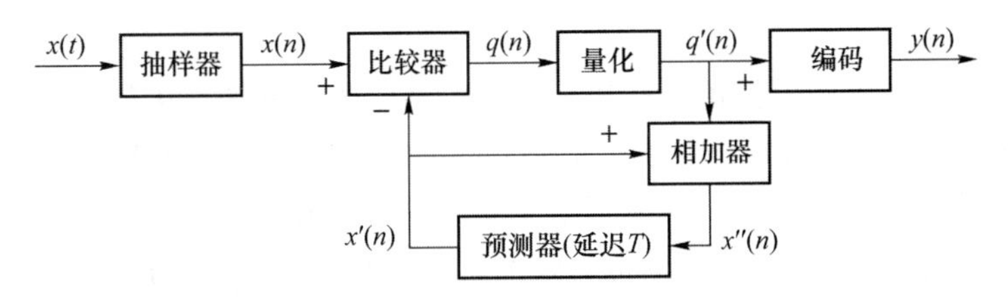

图 3.31　编码器的原理方框图

在图 3.31 中，$x(t)$是输入信号；$x(n)$是 $x(t)$的抽样值；$q(n)$是差值(预测误差)；$q'(n)$是量化值(量化预测误差)；$x''(n)$是预测器输入值；$x'(n)$是预测值；$y(n)$是编码信号。

$x''(n)$的含义：当无量化误差时，$q(n)=q'(n)$，则有

$$\begin{aligned}x''(n)&=q'(n)+x'(n)=q(n)+x'(n)\\&=[x(n)-x'(n)]+x'(n)=x(n)\end{aligned} \tag{3.20}$$

故 $x''(n)$是带有量化误差的 $x(n)$。

DPCM 是对差值进行量化的。因此前邻样值只能由差值的量化值 $q'(n)$来形成，而由量化值 $q'(n)$所形成的前邻样值是一个预测值，以 $x'(n)$来表示预测值，则从图 3.31 可知预测器的输入和输出的关系为

$$x'(n)=\sum_{i=1}^{p}a_i x''(n-i) \tag{3.21}$$

其中，p 是预测阶数，a_i是预测系数。

3.2.3　解码与 DPCM 重建

解码器的原理方框图如图 3.32 所示。

编码器中预测器和相加器的连接电路和解码器中的完全一样。故当无传输误码时，即当

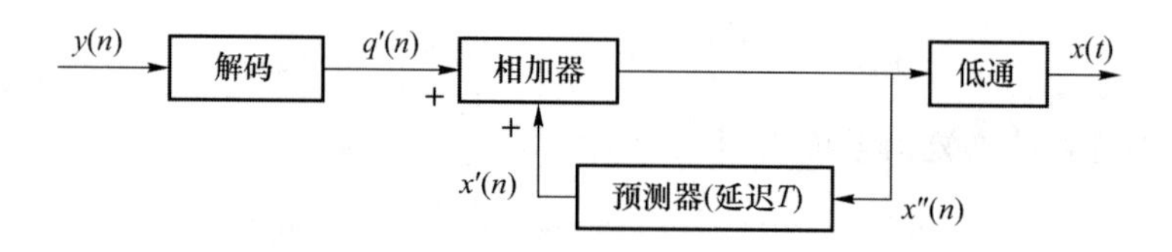

图 3.32 解码器的原理方框图

编码器的输出就是解码器的输入时，这两个相加器的输入信号相同，即为 $q'(n)$。所以，此时解码器的输出信号和编码器中相加器输出信号相同，为 $x''(n)$，也即等于带有量化误差的信号抽样值 $x(n)$。

所以 DPCM 基本原理就是，当 $p=1, a_1=1$ 时，$x''(n)=x''(n-1)$，预测器简化成延迟电路，延迟时间为 T。这时，线性预测就成为 DPCM。

本章小结

本章指出了模拟信号数字化的基本方法，具体讨论了抽样、量化、编码问题。其中抽样定理又称取样定理，这是本章重点，它是通信中十分重要的定理，是模拟信号数字化、时分多路复用及信号处理的理论依据。

抽样是把时间上连续的模拟信号变成一系列时间上离散的抽样值的过程。在接收端能否由此样值序列重建为原信号，正是抽样定理所要解决的问题。这个问题实质上是一个连续时间模拟信号经过抽样变成离散序列后能否由此离散序列样值重建为原始模拟信号的问题。

抽样定理的大意是，如果对一个频带有限的时间连续的模拟信号进行抽样，当抽样速率达到一定数值时，就能根据它的抽样值重建原信号。也就是说，若要传输模拟信号，不一定要传输模拟信号本身，而只需传输按抽样定理得到的抽样值即可。因此，抽样定理是模拟信号数字化的理论依据。

量化内容分为均匀量化和非均匀量化，主要理解量化概念是如何得出的，由于均匀量化存在量化信噪比的问题，故提出非均匀量化概念，以解决均匀量化信噪比的问题，采用 13 折线 A 律方法改善了信噪比的问题。

本章说明了编码的基本思想，给出了逐次反馈法编码的工作原理。编码方法可以利用查表法来解决问题。

最后本章简要介绍了 DPCM 编解码的基本原理。

习题与思考题

1. 低通型抽样定理的内容是什么？为什么解调后采用低通滤波器可使模拟信号获得重建？

2. 设模拟信号的频谱为 0～4 000 Hz，其抽样频率 f_s 和抽样周期各等于多少？

3. 量化的概念是什么？均匀量化是怎样进行量化的？量化后会产生什么噪声？

4. 设信号 $x(t)=9+A\cos wt$，其中 $A=10$ V，$x(t)$ 被均匀量化为 41 个电平，试确定所需

的二进制码组的位数 R 和量化间隔 Δv。

5. 如果传送的信号是 $A\sin\omega t \leqslant 10$ V，那么按线性 PCM 编码，信号将分成 64 个均匀量化级，试问：(1)需要多少位编码？(2)量化信噪比是多少？

6. 设 PCM 系统中信号最高频率为 f_x，抽样频率为 f_s，量化电平数目为 Q，码位数为 k，码元速率 R_B。(1)确定 f_x、f_s、Q、R_B 的相互关系。(2)当 $k=8$ 时，PCM 的数字电话的码元速率和最小信道带宽是多少？

7. 设有在 0～4 V 范围内变化的输入信号〔如图 3.32(a)所示〕，其量化特性如图 3.33(b)所示，将量化后的信号编为两位自然二进制码，假设抽样间隔为 1 s，试画出信号经过图 3.33(c)中的①、②、③点的波形(设③点信号为单极性)。

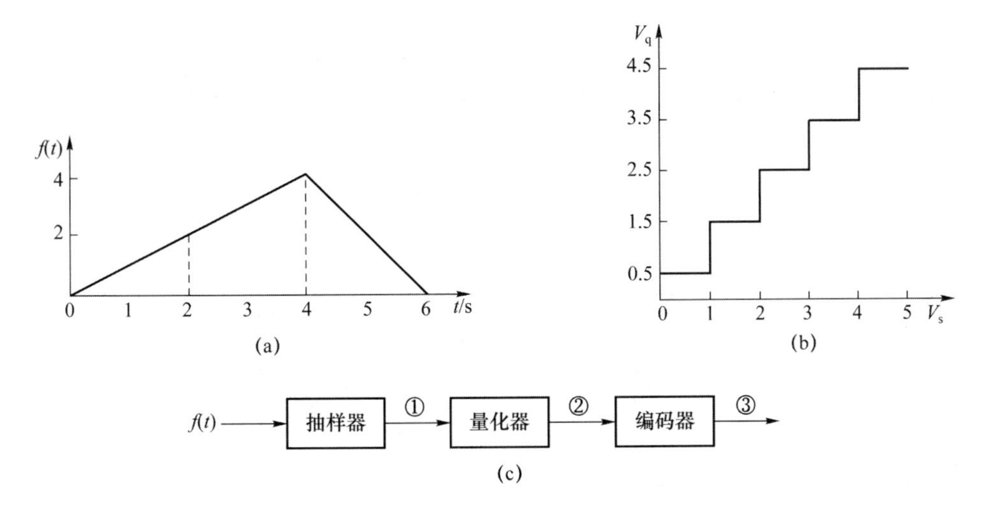

图 3.33　题图

8. 非均匀量化与均匀量化有何区别？采用非均匀量化的目的是什么？

9. 压缩特性是一种什么特性？压缩器和扩张器有什么作用？

10. A 律压缩特性是一种什么特性？A 代表什么意义？它对压缩特性有什么影响？

11. 13 折线压缩特性中各段折线的斜率以及对应的信噪比改善各等于多少？

12. 画出逐次反馈法编码的方框图，并说明它的工作原理。

13. 采用 13 折线 A 律编码，设最小量化级为 1 单位，已知抽样值为＋1 270 单位。

(1) 试求所得编码输出的 8 位码组(段内码采用自然二进制码)，并计算量化误差。

(2) 写出对应该码组中 7 位码(不含极性码)的均匀量化 11 位线性码。

14. 采用 13 折线 A 律编码，已知抽样脉冲值为－95 单位。

(1) 求编码器输出，计算量化误差。

(2) 写出对应 7 位码的 11 位线性码。

15. 说明 11 位线性解码网络的工作原理。

16. 已知某信号经抽样后采用 13 折线 A 律编码，其得到的 8 位代码为 01110101，求该代码的量化电平，并说明译码后最大可能的量化误差？

17. 采用 A 律 13 折线编码，设最小量化级为 Δ，已知抽样脉冲值为＋635Δ。

(1) 试用所得的编码输出，并求出量化误差。

(2) 写出对应于该 7 位码的均匀量化 11 位码。

(3) 接收端解码输出信号为何值?接收端输出信号值与发端抽样脉冲相比,量化误差为多少?

18. 采用A律13折线编码,设最小量化级为Δ,如编码输出码组为00111010,则在发送端本地解码输出和接收端解码输出各代表的信号数值是多少?

实训项目提示

1. 按实验设备给出的PAM电路、仪表连接调测图,测试各点波形,理解低通型抽样定理。

2. 购买D/A、A/D编码器器件,进行采样的输入、输出的测试。

3. 进行PCM传输系统的测量。测量框图如图3.34所示,它是全程误码测试图。

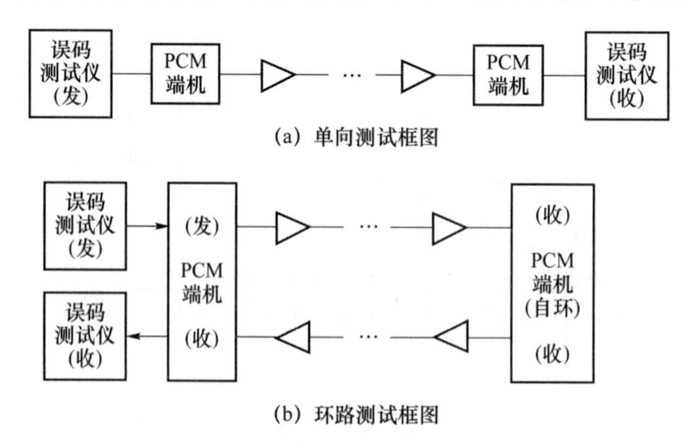

图3.34 测试框图

环路测试法是将误码检测仪都置于一地,所测得的结果是两个传输方向上误码性能的叠加,在估计平均误码率时,取其一半,即可得一个传输方向上的指标,但它不能区分出是哪一个传输方向上的指标和该传输方向上的误码分布情况。这种测试方法的特点是误码测试仪的发、收都在一端,操作方便,主要用来对设备及线路的工作状态进行检查,也可用来计算误码率。

第 4 章　数字信号多路复用与复接

信道是通信系统必不可少的组成部分，是信号传输的媒介，它包括无线信道与有线信道两类。为了提高信道的利用率，往往采用复用复接技术。复用复接是指在基带将若干个彼此独立的信号合并为一个可在同一信道上传输的复合复接信号的方法。

4.1　时分多路复用

时分多路复用（Time Ditision Multiple，TDM）是指通信各路信号在信道上占有不同时间间隙进行的通信。由前文的抽样理论可知，抽样的一个重要特点是将时间上的连续信号变成了时间上的离散信号，离散信号在信道上占用时间的有限性为多路信号在同一信道上传输提供了条件。

4.1.1　时分多路复用概念

具体地说，时分多路复用就是把时间分成一些均匀的时间间隙，将各路信号的传输时间分配在不同的时间间隙内，以达到互相分开，互不干扰的目的。图 4.1 为 3 路信号的时分复用示意图。

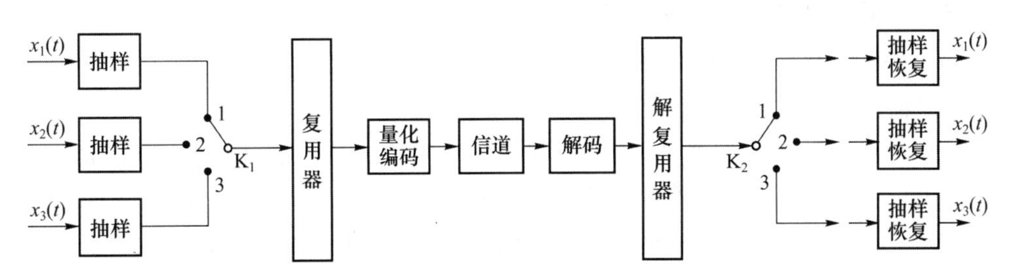

图 4.1　3 路信号的时分复用示意图

K_1 与 K_2 开关转动快慢（周期）完全一致，K_1 与 K_2 不停转动，使各路信号不断轮流接通。以 K_1 为例，K_1 相当于起取样复用作用。

3 路信号时分复用工作过程的波形图如图 4.2 所示。

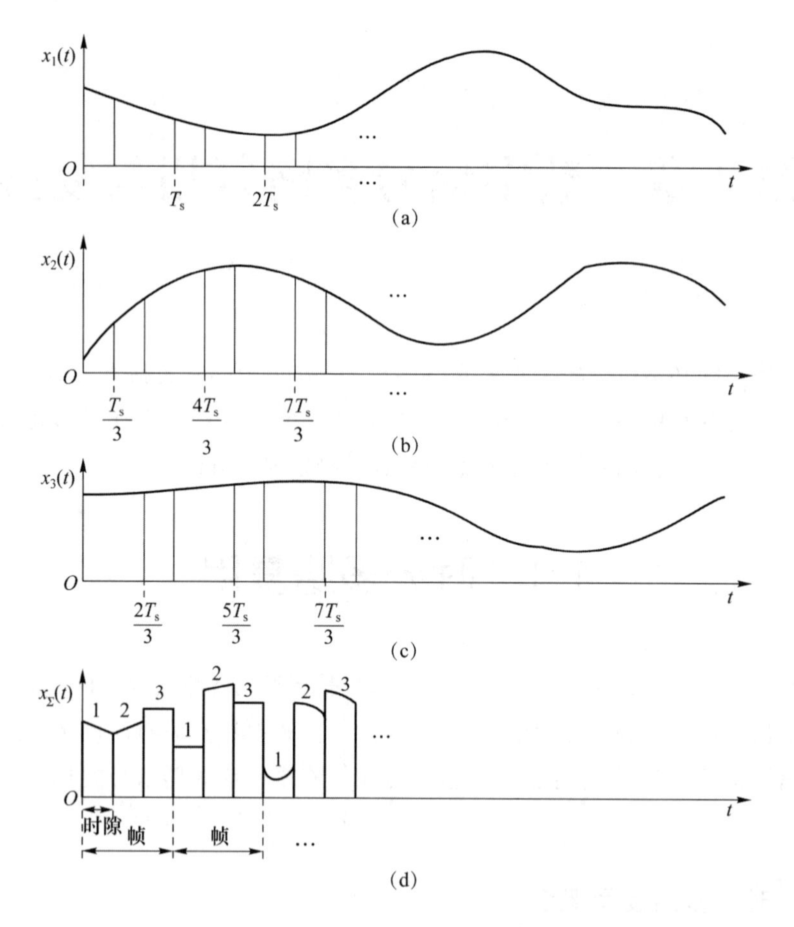

图 4.2　3 路信号时分复用工作过程的波形图

4.1.2　时分多路复用信号的带宽及相关问题

1. 抽样速率 f_s、抽样脉冲宽度 τ 和复用路数 N 的关系

对模拟信号的抽样要按抽样定理来进行，即 $f_s \geqslant 2f_H$。以话音信号 $x(t)$ 为例，通常取 f_s 为 8 kHz，即抽样周期 $T_s=125\ \mu s$，而抽样脉冲的宽度 τ 要比 125 μs 还小。

对于 N 路时分复用信号，在抽样周期 T_s 内要顺序地插入 N 路抽样脉冲，而且各个脉冲间要留出一些空隙作保护时间，若取保护时间 t_g 和抽样脉冲宽度 τ 相等，这样抽样脉冲的宽度 $\tau=T_s/2N$，N 越大，τ 越小，但 τ 不能太小。因此，时分复用的路数不能太大。

2. 信号带宽 B 与路数 N 的关系

时分复用信号的带宽有不同的含义，一种含义是指信号本身具有的带宽。从理论上讲，TDM 信号是一个窄脉冲序列，它应具有无穷大的带宽，但其频谱的主要能量却集中在 $0\sim1/\tau$ 以内。因此，从传输主要能量的观点考虑带宽，带宽的表达式如下：

$$B=\frac{1}{\tau}\sim\frac{2}{\tau}=2Nf_s\sim4Nf_s \tag{4.1}$$

另外，如果我们不是传输复用信号的主要能量，也不要求脉冲序列的波形不失真，那么只要求幅度信息没有损失即可，因为抽样脉冲的信息携带在幅度上，所以，只要幅度信息没有损失，而脉冲形状的失真就无关紧要。

根据抽样定律，一个频带限制在 f_H 的信号，只要有 f_H 个独立的信息抽样值，就可用带宽 $B=f_H$ 的低通滤波器恢复原始信号。若有 N 个频带都为 f_H 的信号复用在一起传输，则它们各自频带的值为 $N\times 2f_H=Nf_s$。如果将信道表示为一个理想的低通滤波器，为了防止组合波形丢失信息，传输带宽必须满足 ：

$$B\geqslant\frac{Nf_s}{2}=Nf_H \tag{4.2}$$

式(4.2)表明，N 路信号时分复用时每秒 Nf_H 中的信息可以在 $Nf_s/2$ 的带宽内传输。总的来说，带宽 B 与 Nf_s 成正比。对于话音信号，抽样速率 f_s 一般取 8 kHz，因此，路数 N 越大，带宽 B 就越大。

对于 TDM 信号，需要注意以下两个问题。

(1) 时分复用后得到的总和信号仍然是基带信号，只不过这个总和信号的脉冲速率是单路抽样信号的 N 倍，即

$$f=Nf_s \tag{4.3}$$

这个信号可以通过基带传输系统直接传输，也可以经过频带调制后在频带传输信道中进行传输。

(2) 在 TDM 系统中，发送端的转换开关与接收端的分路开关必须严格同步，否则系统将会出现紊乱。

4.1.3　时分多路复用信号的结构

把通信过程划分为基本的时间间隔，这个时间间隔称为帧(也称为传输间期)，每一帧时间根据通信路数划分为相应的小间隔，这个小间隔称为时隙。每一个时隙依次传输的一个信息单元如图 4.3 所示。

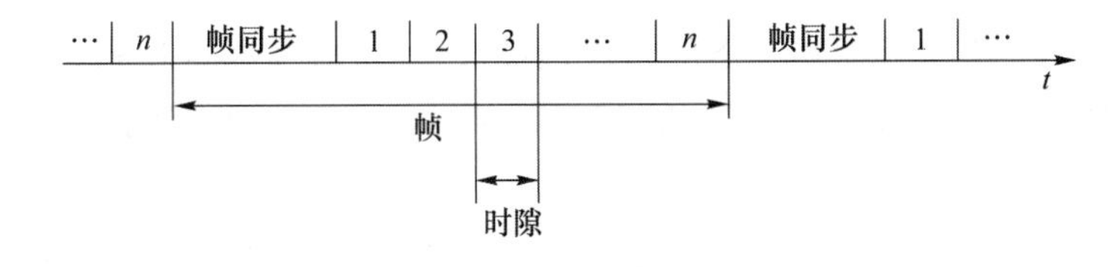

图 4.3　时间间隔安排

每帧的第 1 个时隙传送第 1 路语音的第 1 个抽样值，每帧的第 2 个时隙传送第 2 路语音的第 1 个抽样值，…，每帧的第 n 个时隙传送第 n 路语音的第 1 个抽样值。紧接着一帧的第 1 个时隙传送第 1 路语音信号的第 2 个抽样值，一帧的第 2 个时隙传送第 2 路语音信号的第 2 个抽样值，…，一帧的第 n 个时隙传送第 n 路语音信号的第 2 个抽样值，…。

4.1.4　实例——PCM 13 折线 30/32 路电话复用终端原理

1. 帧与复帧结构

以 PCM 32/30 路典型终端原理的帧结构(如图 4.4 所示)为例来说明。

$T_1\sim T_{15}$ 和 $T_{17}\sim T_{31}$ 为 30 个话路时隙；T_0 为帧同步码，监视码时隙；T_{16} 为信令(振铃、占线、

摘机等各种标志信令)时隙。每个时隙将样值编为 8 位二进制码,每个码元占 3.9 μs/8=488 ns,1 位二进制码元称为一比特。第一比特为极性码,第二至第四比特为段落码,第五至第八比特为段内码。

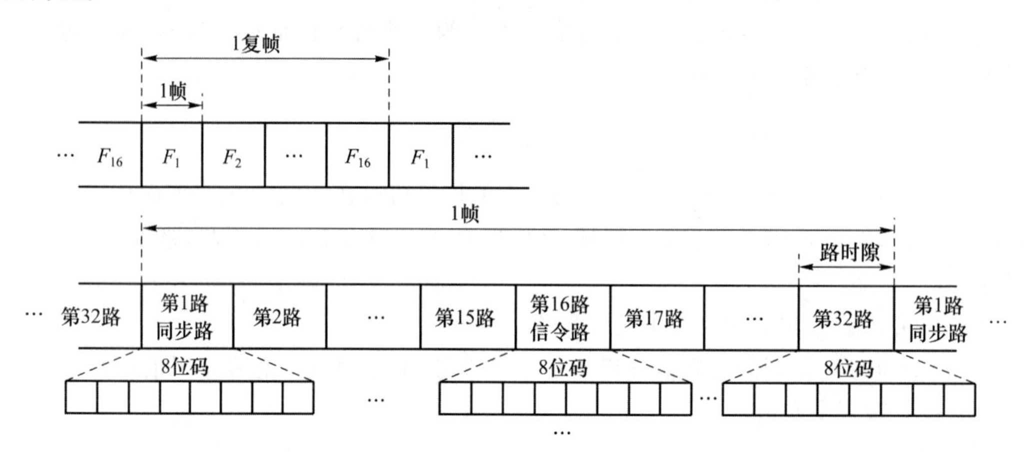

图 4.4 PCM 32/30 路帧结构

为了使收发两端严格同步,每帧都要传递一组特定标志的帧同步码或监视码组,帧同步码组为"0011011",占偶帧($F_0,F_2,F_4,\cdots$)T_0 的第 2～8 码位。T_0 的第 1 比特供国际通信用,不使用时发送 1 码。在奇帧($F_1,F_3,F_5,\cdots$)时,第 3 位为帧失步告警,同步时发送 0 码,失步时 1 码。第 2 位为监视码,固定为 1,第 4～8 位为国内通信用,指定为 1。

在用 A 律 13 折线编码的 30/32 路复用电话系统中,对于 0～3 400 Hz 语音信号,抽样频率 $f_s=2\times3\,400\text{ Hz}=6\,800\text{ Hz}$。但为了留出防卫带,把 f_s 规定为 8 000 Hz,这样 $T_s=\dfrac{1}{f_s}=\dfrac{1}{8\,000}=125\ \mu\text{s}$。

PCM 30/32 系统将 $T_s=125\ \mu\text{s}$ 分成 32 个间隙,每一路信号每隔 125 μs 传送一次,这就是帧周期。一帧内要时分复用 32 路,每路占时隙 125 μs/32=3.9 μs(称为路时隙)。每路编 8 位码,则位时隙为 3.9 μs/8=0.4875 μs。

在 PCM 30/32 系统中,$f_s=8\,000$ Hz,总路数 $N=32$,每路样值编码 $n=8$ 位,故 PCM 30/32 的总传输为 $R_b=\dfrac{32.8}{125\ \mu\text{s}}=\dfrac{256\text{ bit}}{125\times10^{-6}\text{ s}}=2.048\times10^6\text{ bit/s}=2.048\text{ Mbit/s}$。

2. 频带问题

以 30/32 路电话系统来说,在一帧里,每一路就是指一个抽样值,共有 30 个抽样值,由于采用 128 级非均匀量化,所以每一个抽样值量化后将转换成 7 个二进制码元,共有 30×7=210 个码元,另外还有一个同步时隙(8 位码元)、一个信令时隙(8 位码元)。一个抽样值编成 7 位码元加上前一位的极性码元共 8 位码元,这样每帧总的码元数是 30×8+2×8=256 个码元,即 256 bit(每个码元信息量位 $I=\log_2 N$,$I=\log_2 2=1$ bit,256 个码元×1 bit=256 bit),传信率为 $\dfrac{8\times32}{125}=2.048$ Mbit/s。如果把 2.048 Mbit/s 看成是一个重复频率 2.048 MHz,则它的传输频率带宽至少是 2.048 MHz/2=1.024 MHz。

而频分制的 30 路电话共需 30×4 kHz=120 kHz,这比数字信号的频带小得多。

【例 4.1】 设有 12 路信号,每路最高频率 $f_H=4$ kHz 的 PCM 系统,若抽样后量化级数 $Q=64$,每帧增加 1 bit 作为同步信号,试问传输频带宽度与 R_b 为多少?

解: $f_s=2f_H=2\times4\ \text{kHz}=8\ \text{kHz}$

$$T_s=\frac{1}{f_s}=\frac{1}{8\ \text{kHz}}=125\ \mu\text{s}$$

$$n=\log_2 Q=\log_2 64=6$$

$$R_{B2}=\frac{12\times8}{125\ \mu\text{s}}=\frac{96}{125\times10^{-6}\ \text{s}}=768\times10^3\ \text{B}=768\ \text{KB}$$

$$R_{b2}=R_{B2}=768\ \text{kbit/s}$$

$$R_{PCM}=\frac{R_{B2}}{2}=\frac{768\times10^3}{2}\ \text{Hz}$$

4.2　数字复接的概念和方法

是把若干个小容量低速率的数字流合并成一个大容量高速率的数字流,再通过高速信道传输,传到收端后再将其分开,这个过程就称为数字复接。

数字复接是将几个低次群在时间的空隙上迭加合成高次群。例如,将四个一次群合成二次群;将四个二次群合成三次群。

4.2.1　同步的数字复接

同步的数字复接指的是被复接的几个低次群的数码率相同。图 4.5 是两个速率一致的信号 A 和 B 同步的数字复接示意图。

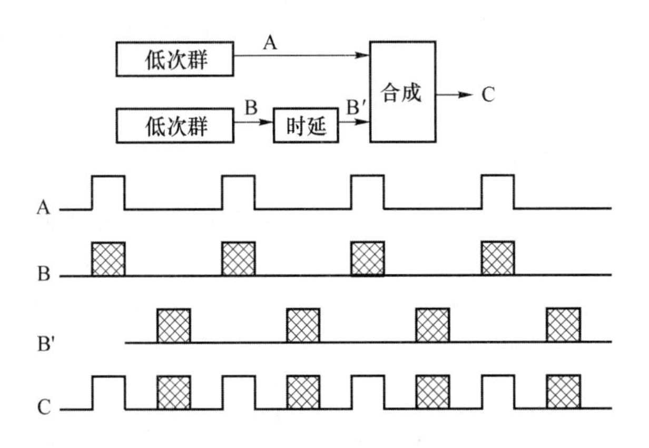

图 4.5　同步的数字复接示意图

1. 按位复接

按位复接是目前最常用的一种方式,这种方式依次复接每一支路的一位码,即在发送端将四个支路的数字信号以比特为单位,依次轮流发往信道;在接收端按发送端的发送结构依次从码流中检出各支路的码元,并分送到相应的支路,使各支路恢复相应的帧结构。按位复接示意图如图 4.6 所示。

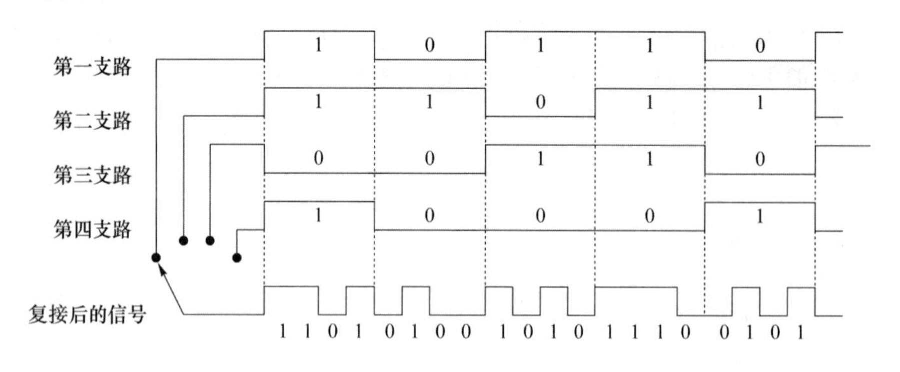

图 4.6 按位复接示意图

2. 按字复接

在 PCM 基群帧结构中，一个路时隙有 8 位码元。按字复接就是指每次按顺序复接每一支路的一个路时隙，即 8 位码。这种方式有利于多路合成的处理与交换，但循环周期长，要求有较大的存储容量，电路比较复杂。

3. 按帧复接

按帧复接就是指每次复接一个支路的一帧码元(每一帧含有 256 个码元)。这种方法不破坏原来各个支路的帧结构，有利于信息的交换处理，但与按字复接相比，其循环周期更长，要求更大的存储容量和更复杂的设备，目前很少应用。

4.2.2 异步的数字复接

如果复接器输入端的各支路信号与本机定时信号是同步的，则称其为同步复接器；如果不是同步的，则称其为异步复接器。如果输入支路数字信号与本机定时信号标称速率相同，但实际上有一个很小的容差，这种复接器称为准同步复接器。准同步复接包括码速调整与同步复接。

1. 引入的问题

如图 4.7 所示，如果低次群的数码率 R_{b1} 和 R_{b2} 不同，在复接时会产生重叠和错位。当几个低次群数字信号复接成一个高次群数字信号时，如果各个低次群(如 PCM 30/32 系统等)的时钟是各自生产的，即使它们的标称数码率相同(如都是 2 048 kbit/s)，它们的瞬时数码率也是不相同的，因为各个支路的晶体振荡器频率不可能完全相同(CCITT 规定 PCM 30/32 系统的数码率为 2 048 kbit/s±100 bit/s)。

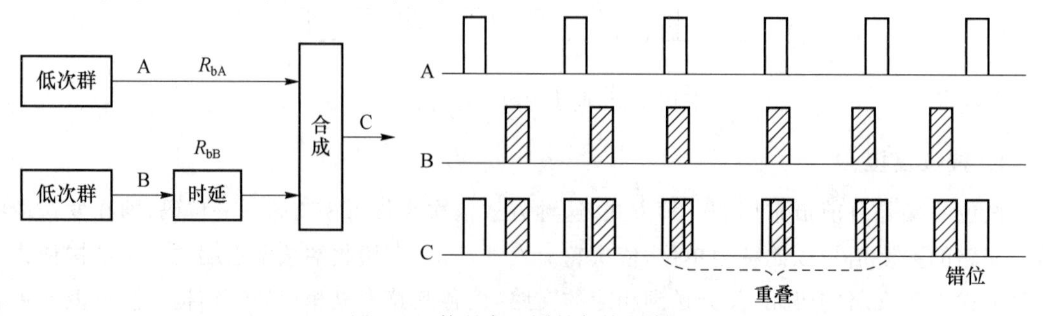

图 4.7 数码率不同的复接示意图

异步复接是指各低次群各自使用自己的时钟，由于各低次群的时钟频率不一定相等，使得各低次群的数码率不完全相同(这是不同步的)，因而先要进行码速调整，使各低次群获得同步，再复接。

2. 异步的数字复接与分接设备

数字复接与分接设备框图如图 4.8 所示。

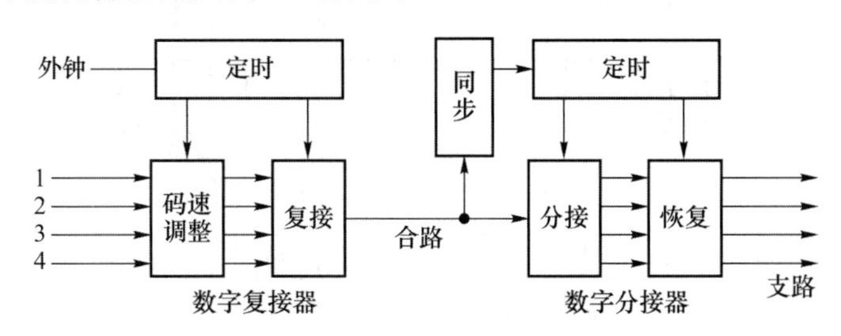

图 4.8　数字复接与分接框图

(1) 各部分作用

①数字复接器。数字复接器是指经过定时控制、码选调整、同步复接，把两个以上的低速数字信号合并成一个高速数字信号的设备。

码速调整单元，码速调整单元把各准同步输入支路的数字信号的频率和相位进行必要调整，形成与定时单元信号完全同步的数字信号。若各支路输入信号是同步的，那么只需要调整相位即可。

同步复接单元。输入端的各支路信号与本机定时信号是同步的，使各支路数字脉冲变窄才能提高速率，同步复接单元将相位调整到合适位置，并按定帧结构排列起来。复接完成后的各路信号和相应时钟同时送给分接器。

定时单元。定时单元受内、外时钟控制，产生各种控制信号，控制码速调整单元和复接单元。

② 数字分接器。数字分接器任务是经过定时控制、码速调整、支路恢复，把高速数字信号分解成相应低速数字信号的设备。

同步分接单元。同步分接单元负责从同步合路信号中提取出各支路信号与帧定时信号。

恢复单元。恢复单元从同步合路信号中提取出各支路信号，再将其转化为发送端码速调整前的各准同步信号。

定时单元。定时单元先提取从发送端发送过来的帧定时信号，再去控制同步分接单元和恢复单元，把合路信号分解为支路信号。

(2) 码速调整

各低次群的时钟频率不一定相等，使得各低次群的数码率不完全相同(这是不同步的)，因而先要进行码速调整，使各低次群获得同步，再复接。

码速调整技术可分为正码速调整、正/负码速调整和正/零/负码速调整三种。其中正码速调整应用最普遍，下面对其详细介绍。

① 正码速调整的基本概念

调整后速率比任一支路可能出现的最高速率还要高。例如，二次群码速在调整后每一支路速率均为 2 112 kbit/s，而一次群在调整前的速率在 2 048 kbit/s 上下波动，但总不会超过 2 112 kbit/s。根据支路码速具体变化，适当在各支路插入一些调整码元，使其瞬时码速都达到 2 112 kbit/s(这个速率还包括帧同步、业务联络、控制等码元),这是正码率调整的任务。在码率恢复过程中,需把用调整速率插入的调整码元及帧同步码元等去掉,恢复原来支路码流,我们在此看一个频率与速率关系的概念,如图 4.9 所示。在 1 和 0 交替周期出现时频率与速率是同等的概念。

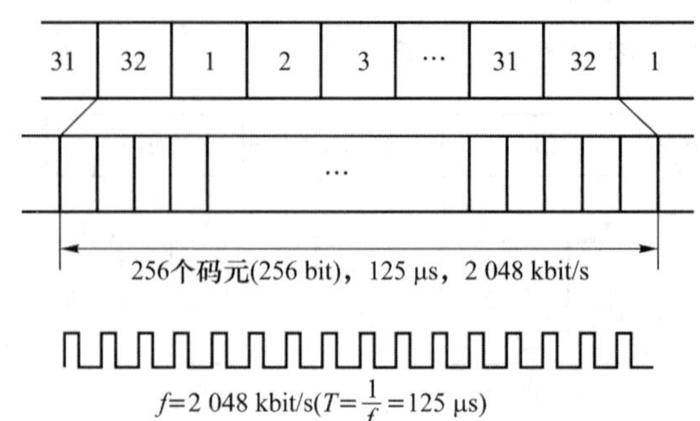

图 4.9　频率与速率关系例图

② 正码速调整实现

以二次群为例,二次群是按规定的帧结构进行的。二次群在异步复接时是按 PCM 30/32 的帧结构(一次群)实现的。图 4.10 所示的是复接前各支路进行码速调整的帧结构,其长为 212 bit,共分成 4 组,每组都是 53 bit。第 1 组的前三比特 F_{11}、F_{12}、F_{13} 用于帧同步和管理控制;后 3 组的第一比特 C_{11}、C_{12}、C_{13} 作为码速调整控制比特;第 4 组的第二比特 V_1 作为码速调整比特。

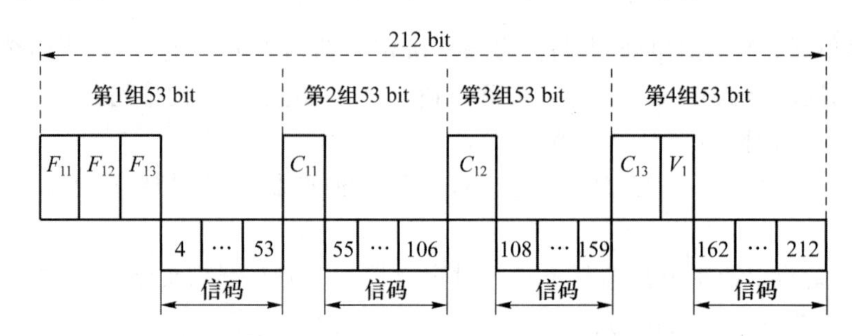

图 4.10　异步复接前的二次群帧结构

在第 1 组末了进行是否需要调整判决。如果需要调整,C_{11}、C_{12}、C_{13} 为 3 个 1 码,V_1 为调整比特,为 1 或 0;如果不需要调整,C_{11}、C_{12}、C_{13} 为 3 个 0 码,V_1 为传信码。正码速调整原理如图 4.11 所示。

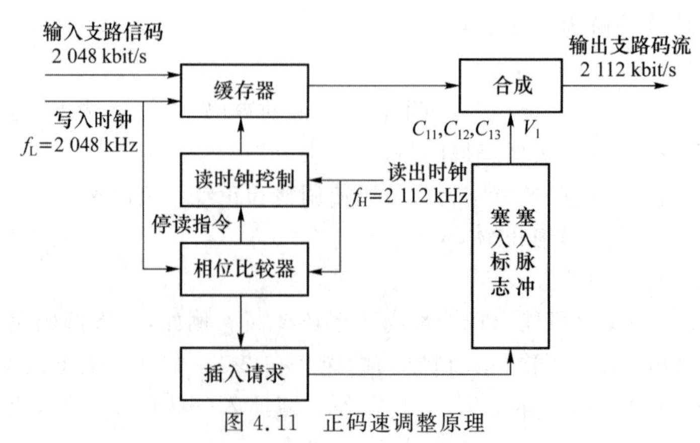

图 4.11　正码速调整原理

缓存器的支路信码由 2 048 kHz 写入(一个时钟脉冲,写入一个信息码即 1 bit),由 2 112 kHz(复接器提供)的时钟读出(一个时钟脉冲读出一个码元),因此写入慢,读出快。(2 048 kHz 与 2 112 kHz 是高稳定时钟,它们之间是允许的容差。)

写脉冲 f_1 与读脉冲 f_m 存在一个细微的相位差,且这个相位差是逐位积累的。相位比较器随时检测这个相位差,当积累到一比特时,比较器(比相)在缓存器快要读空时发一个指令,命令停读一次,使缓存器存储量增加,这一停相当于使 V_1 比特位置作为码速调整比特,V_1 位置不置入信码。这样缓存器不会出现“取空”现象,在对缓存器禁读一位期间人为地塞入一个填充脉冲到输出数字流中,见图 4.12 中涂黑的脉冲。塞入脉冲须在规定位置插入,当不需要插入脉冲的位置仍传信息码。为检查该位置是否插入塞入脉冲,该位置会给出一个“塞入标志”,当分接端检测到这个塞入标志时就在规定位置去掉塞入脉冲,没有检测到就不扣除脉冲。

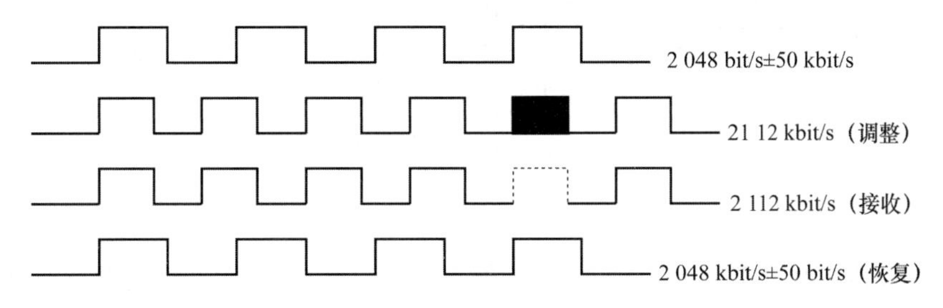

图 4.12　正脉冲塞入法示意图

异步复接后的二次群帧结构的意义在于对每 212 bit 进行比相一次,判决结果中需要停读时 V_1 为调整比特,不需要停读时 V_1 为信码,这样就把 2 048 kbit/s 上下波动的支路码流变成同步的 2 112 kbit/s 码流。图 4.13 是把图 4.10 中的 4 个支路比特流按比特复接的方法复接得到的二次群帧结构。

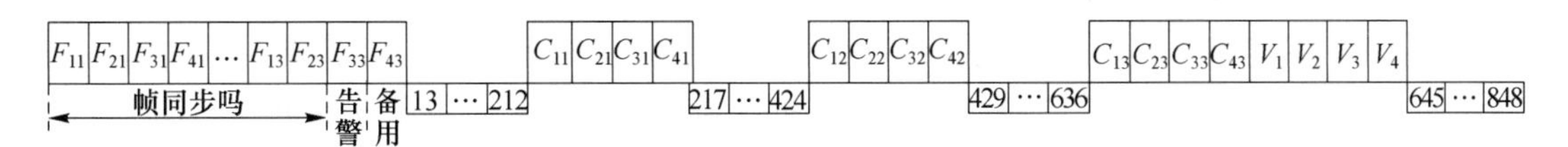

图 4.13　异步复接后的二次群帧结构

基群复接为二次群的异步复接系统是以每 212 bit 为一个码速调整段,其码速调整帧结构如图 4.10 所示。所谓按比特复接,就是将复接开关旋转一周,在各个支路取出一比特,也有按字节复接的,即旋转开关一周,在各支路上取出一字节。比特复接示意图如图 4.14 所示。

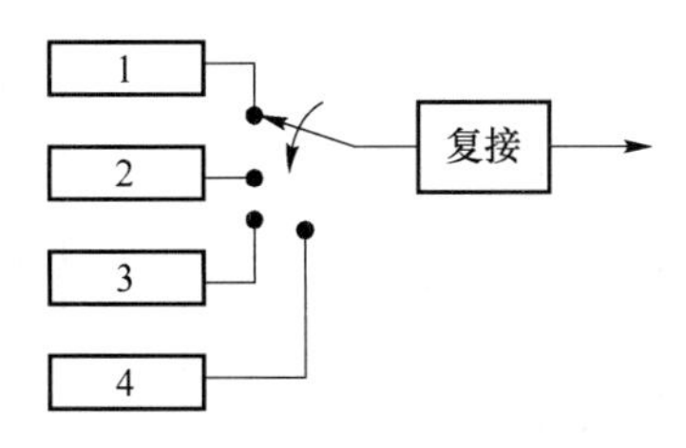

图 4.14　比特复接示意图

在复接器中经调整后的 4 个支路的瞬时速率均相同,都为 2 112 kbit/s。PCM 二次群同步复接电路框图如图 4.15 所示。

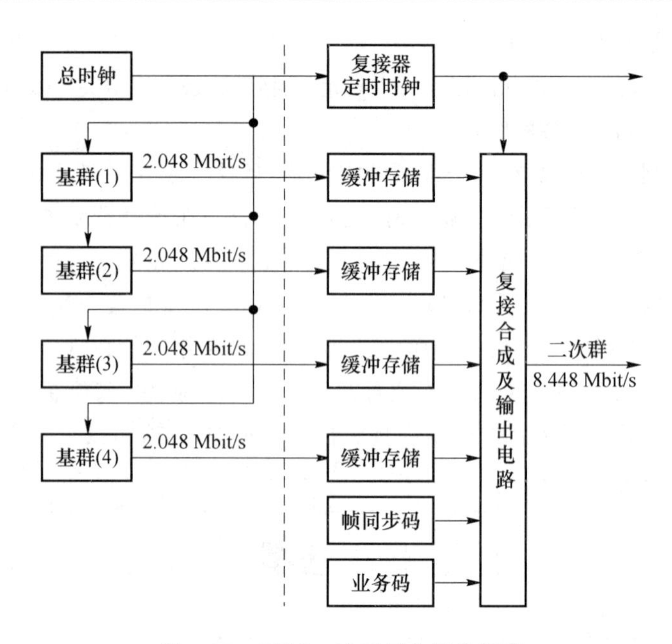

图 4.15　PCM 二次群同步复接框图

复接后的大容量高速数字流可通过光纤、微波等信道传输。复接器、分接器使用通信专用的超大规模值域芯片 ASIC。

3. 复接等级和速率系列

国际上主要有两大准同步数字系列(Plesiochronous Digital Hierarchy, PDH),它们都经原 CCITT 推荐,即 PCM 24 路系列和 PCM 30/32 路系列。北美和日本采用以 1.544 Mbit/s 作为第一级速率(即一次群)的 PCM 24 路数字系列,欧洲和中国则采用以 2.048 Mbit/s 作为第一级速率(即一次群)的 PCM 30/32 路数字系列。

我国统一采用以 2 048 kbit/s 为基群的数码率系列,它既可以从 n 次群到 $n+1$ 次群逐级复接,也可以从 n 次群到 $n+2$ 次群隔级复接(也称为跳群),隔级复接示意图如图 4.16 所示。

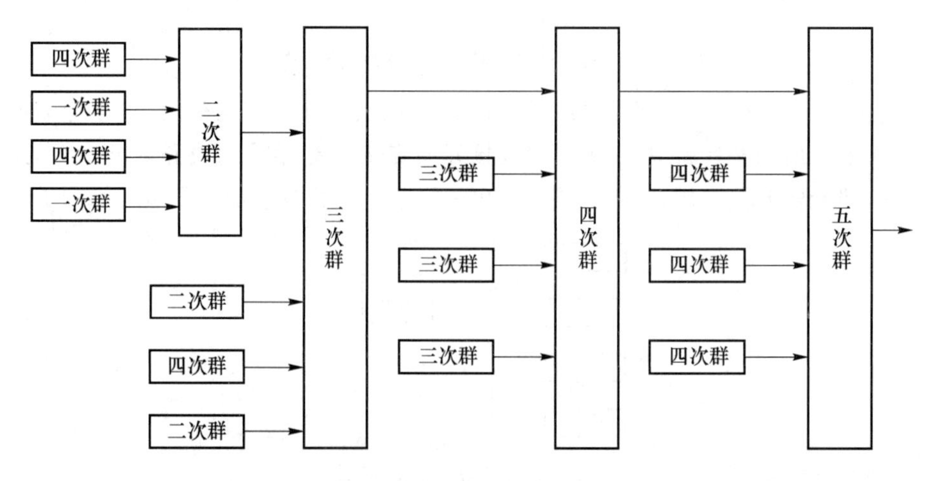

图 4.16　隔极复接示意图

例如,对于可视信号 $R_b=8.192$ Mbit/s,它可作为二次群信号在二次群信道中传输,经压缩后也可作为一次群信号传输,而对于电视信号,它的频率在 0～6 MHz,$f_s=13.3$ MHz,

$n=9$，$R_b=119.7$ Mbit/s，它可作为三次群信号在三次群信道中传输。

为了便于国际通信的发展，CCITT 推荐了表 4.1 所示的两种标准系列和各种高次群速。

表 4.1　两种标准系列和高次群速率

标准	一次群(基群)速率	二次群速率	三次群速率	四次群速率	五次群速率
第一种标准系列	24 路 1 554 kbit/s	96 路(24×4)	672 路(96×7) 44 736 kbit/s 480 路(96×5) 3 206 kbit/s	1 440 路(480×3) 97 728 kbit/s	
第二种标准系列	30 路 2 048 kbit/s± 50 bit/s	120 路(30×4) 6 448 kbit/s± 30 bit/s	480 路(120×4) 34 368 kbit/s± 20 bit/s	1 920 路(480×4) 1 392 648 kbit/s± 16 bit/s	7 680 路(1 920×4) 5 649 928 kbit/s± 15 bit/s

采用这种数码率和复接等级有如下一些优点。

(1) CCITT 关于 2 048 kbit/s 系列的建议比较完善和单一。

(2) 数字复接技术性能比较好，比特序列独立性也比较好。

(3) 2 048 kbit/s 系列的帧结构与目前数字交换用的帧结构是统一的，这便于向数字传输和数字交换统一化方向发展。

4.3　光纤通信复用技术简介

光纤通信优良的宽带特性、传输性能和低廉的价格正使之成为电信网的主要传输手段。然而，随着电信网的发展和用户要求的提高，光纤通信中的传统准同步数字系列暴露出了一些固有的弱点。

4.3.1　同步数字系列复用技术

1. 准同步数字系列存在的主要问题

准同步数字系列有两大体系、3 种地区性标准，这使国际间的互通存在困难。例如，北美和日本采用以 1.544 Mbit/s 为基群速率的 PCM 24 路系列，而中国采用以 2.048 Mbit/s 为基群速率的 PCM 30/32 路系。准同步数字系列存在的问题：无统一的光接口，无法实现横向兼容；复用结构复杂，上下电路不便。

2. 同步数字系列复用技术介绍

同步数字系列(Synchronous Digital Hierarchy，SDH)是一种传输体制协议。SDH 技术是解决通信网中传输网的技术问题。SDH 网络的基本网元有终端复用器(TM)、分插复用器(ADM)、同步数字交叉连接设备(SDXC)和再生中继器(REG)等。

同步复用是 SDH 最有特色的内容之一。它使数字复用由 PDH 僵硬的大量硬件配置转变为灵活的软件配置。它可将 PDH 两大体系的绝大多数速率信号都复用进 STM-N 帧结构中。

(1) SDH 的速率。SDH 采用一套标准化的信息结构等级，称为同步传送模块 STM-N (N=1,4,16,64,…)，相应各 STM-N 等级的速率为

STM-1 等级的速率是 155.520 Mbit/s；

STM-4 等级的速率是 622.080 Mbit/s；

STM-16 等级的速率是 2 488.320 Mbit/s；

STM-64 等级的速率是 49 953.280 Mbit/s。

SDH 的速率与帧结构如图 4.19 所示。

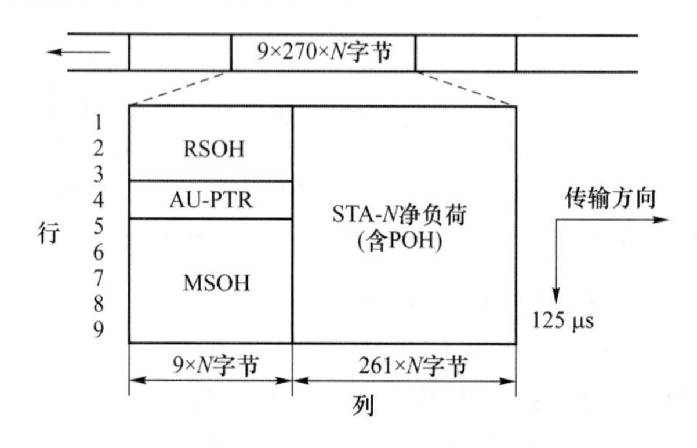

图 4.17 STM 的速率与帧结构

(2) SDH 的复用技术。我国采用的复用结构使得每种速率的信号只有唯一的复用路线到达 STM-N，接口种类为 3 种，主要包括 C-12、C-3 和 C-4 三种进入方式。

我国 SDH 复用结构如图 4.18 所示，它使得每种速率的信号只有唯一的复用路线到达 STM-N，接口种类由原来的 5 种国际标准简化为 3 种，我国自有的标准主要包括 C-12、C-3 和 C-4 三种进入方式。

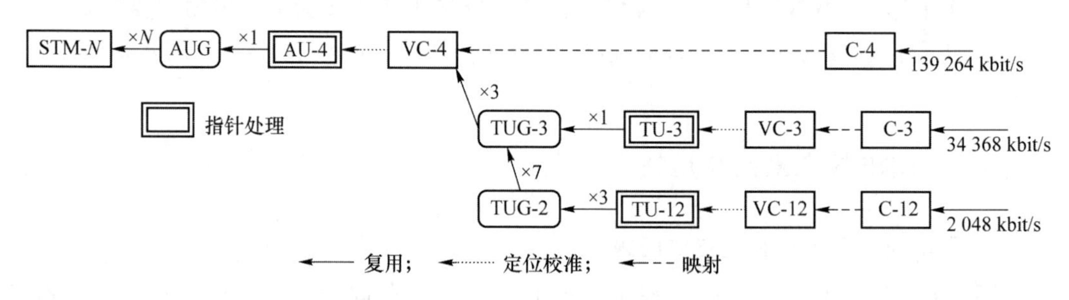

图 4.18 我国的 SDH 复用结构

复用是指将多个低阶通道层的信号适配进高阶通道或者把多个高阶通道层信号适配进复用段层的过程，即指将多个低速信号复用成一个高速信号。其方法是采用字节间插的方式将 TU 组织进高阶 VC 或将 AU 组织进 STM-N。复用过程为同步复用，复用的路径可参见图 4.18。在图 4.18 上复用的三条路径的表示如下：

1×STM-1=1×AUG=1×AU-4=1×VC-4=3×TUG-3=21×TUG-2=63×TU-12=63×VC-12；

1×STM-1=1×AUG=1×VC-4=3×TUG-3=3×TU-3=3×VC-3；

1×STM-1=1×AUG=1×VC-4；

最后的复用是 STM-N=N×STM-1。

4.3.2 SDH 复用技术与 PDH 复用技术的比较

下面比较 PDH 和 SDH 复用技术，以 140 Mbit/s 码源中分插一个 2 Mbit/s 支路信号的任务加以说明，PDH 和 SDH 比较的示意图如图 4.19 所示。

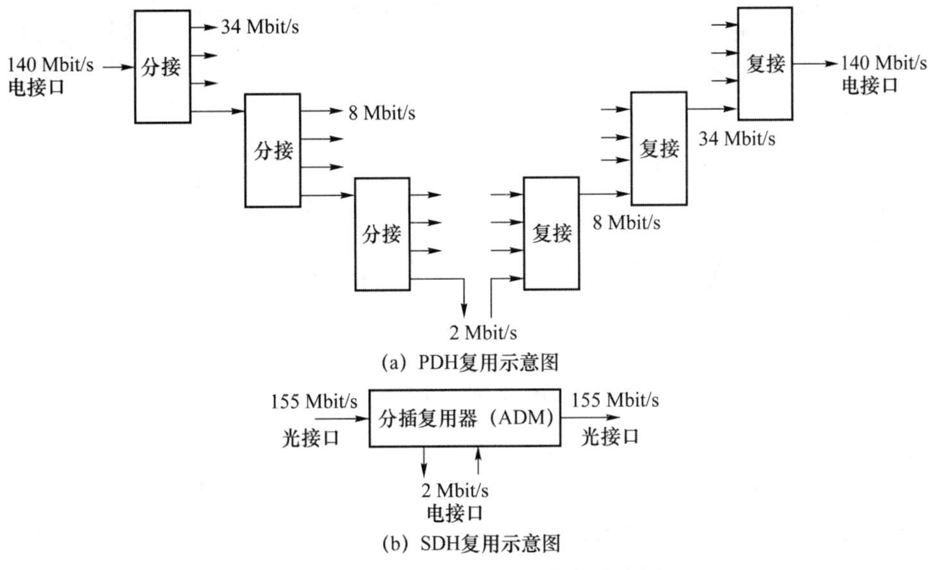

图 4.19　PDH 和 SDH 比较的示意图

由图 4.19 可见，在高速信号 140 Mbit/s 中分接/插入 2 Mbit/s，PDH 要经 3 级分接或复用设备（背靠背设备），这使得设备成本和功耗增加，还降低设备的可靠性。在多级分接/复用过程中信号损伤，传输性能劣化，在大容量传输时，此缺点不能容忍，这就是 PDH 体制传信率不能进一步提高的原因。

SDH 的 ADM 利用软件可直接一次分接/插入 2 Mbit/s 支路信号。

4.4　波分复用技术

传统的传输网络扩容方法采用空分多路复用（SDM）和时分多路复用（TDM）两种方式。SDM 靠增加光纤数量的方式线性增加传输系统的容量，传输设备线性增加。SDM 的扩容方式十分受限。TDM 是比较常用的扩容方式是 PDH 的一次群至四次群的复用或 SDH 的 STM-1、STM-4、STM-16 至 STM-64 等的复用。无论是 PDH 还是 SDH，当达到一定的速率等级时，它都会受到器件和线路等特性的限制，这是 TDM 扩容方式的缺陷。波分复用技术（WDM）技术可以解决 TDM 扩容方式的这个缺陷，不仅大幅度地增加了网络的容量，而且还充分利用了光纤的宽带资源，减少了网络资源的浪费。WDM 系统的构成及频谱示意如图 4.20 所示。

WDM 技术利用的是单模光纤的带宽以及低损耗的特性，采用多个波长作为载波，允许各载波信道在一条光纤内同时传输。通常把光信道间隔较大（甚至在光纤的不同窗口上）的复用称为光波分复用（WDM），而把在同一窗口中信道间隔较小的 WDM 称为密集波分复用（DWDM）。

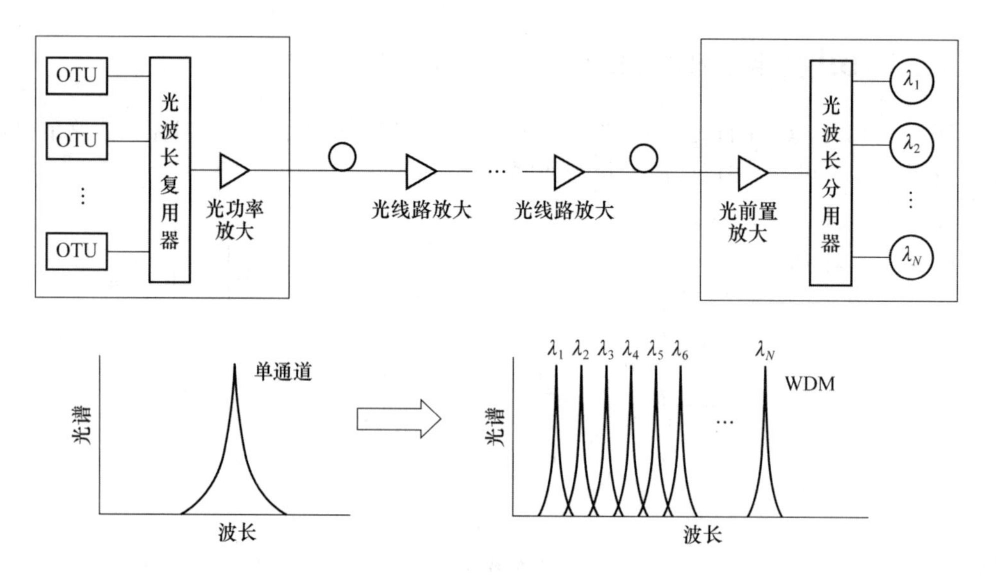

图 4.20　WDM 系统的构成及频谱示意图

DWDM 的应用形式有开放式 DWDM 和集成式 DWDM。开放式 DWDM 系统采用波长转换技术，将复用终端的光信号转换成符合 ITU-T 建议的波长，然后进行合波。集成式 DWDM 系统没有采用波长转换技术，它要求复用终端的光信号符合 ITU-T 建议的波长，然后进行合波。

本章小结

本章主要分析了数字信号的时分复用结构原理方法，并举例 PCM 13 折线 30/32 路电话复用，同时详细介绍了数字复接系统的方框图，包括数字复接设备包括数字复接器和数字分接器，数字复接器是把两个以上的低速数字信号合并成一个高速数字信号的设备；数字分接器是把高速数字信号分解成相应的低速数字信号的设备。一般把数字复接器和数字分接器做成一个设备，简称数字复接器。数字复接器由定时单元、调整单元和同步复接单元组成；数字分接器由定时单元、分接单元和支路码速恢复单元组成。

本章简要介绍了 PDH 复用技术和 SDH 复用技术，并对它们进行了比较。本章还介绍了波分复用技术（WDM）的简单概念。

学习完本章的内容将使读者对数字复接原理概念有深刻的理解和认识。

习题与思考题

1. 设以 8 kHz 的速率对 12 个信道和一个同步信道进行抽样，并按时分复用组合，每个信道的频带限制在 3.3 kHz 以下，试计算在 PCM 系统内传输这个多路组合信号所需要的最小带宽。

2. 如果采用 PCM 24 路复用系统，每路抽样速率 $f_s=8$ kHz，每组样值用 8 bit 表示，每帧共有 24 个时隙,并加 1 bit 作为帧同步信号,试求每路时隙宽度与总群路的数码率。

3. 设有 24 路最高频率 $f_m=4$ kHz 的 PCM 系统,若抽样后量化级数为 128,每帧增加 1 bit作为帧同步信号,试求传输频带宽度及信息速率为多少?若有 30 路最高频率 $f_m=4$ kHz 的 PCM 系统,抽样后量化级数为 256,若输入两路同步信号,每路 8 bit,此时传输带宽和信息速率为多少?

4. 设有 $S_1(t)$,$S_2(t)$,$S_3(t)$三个信号,要求组成时分多路通信,其中 $S_1(t)$,$S_2(t)$的带宽为 0～5 kHz,$S_3(t)$的带宽为 0～10 kHz,试画出一个时分制复用示意电路框图,并计算取样综合信号的波特数(假定不输入其他脉冲)。

5. 对 12 路(每路模拟带宽为 0～108 kHz)模拟信号进行 PCM 编码复用处理,若每一个抽样值编 12 位码,试求抽样频率和总数码率。

6. 数字复接系统由哪几部分构成?各部分的作用是什么?

7. 数字复接有几种复接方式?各方式的优、缺点是什么?

8. 说明同步复接和异步复接的基本工作原理。

9. 正码速调整是如何实现的?

10. 简述异步时钟复接器的工作过程。

11. SDH 与 PDH 相比有哪些优越性?

12. 不同等级的 STM-N 的速率是多少?

实训项目提示

1. 在实验箱上,搭建电路连线,用几路电话机进行频分复用的试验。
2. 在实验箱上,搭建电路连线,用几路电话进行时分复用的试验。
3. 进行 SDH 数字复接器的连接与测试。

第 5 章　数字基带信号的传输

由于未经调制的电脉冲信号所占据的频带通常从直流和低频开始，因而称之为数字基带信号。在某些有线信道中，特别是传输距离不太远的情况下，数字基带信号可以直接传送，我们称之为数字基带信号的传输。

5.1　数字基带信号的波形与频谱

所谓数字基带信号，就是消息代码的电脉冲表示。为了分析消息在数字基带传输系统的传输过程，分析数字基带信号的波形及频谱特性是十分必要的。数字基带信号既可用波形(时间域)表示，又可用频谱(频率域)表示。

5.1.1　数字基带信号的常用典型码型

传输码型的选择主要考虑以下几点：码型中的低频、高频分量尽量少；码型中应包含定时信息，以便定时提取；码型变换设备要简单可靠；码型要具有一定检错能力，若传输码型有一定的规律性，则可根据这一规律性来检测传输质量，以便做到自动监测。编码方案对发送消息类型不应有任何限制，应适合于所有的二进制信号。这种与信源的统计特性无关的特性称为对信源具有透明性，低误码增值，高的编码效率。

它们常用码型有单极性不归零(NRZ)码、双极性不归零(NRZ)码、单极性归零(RZ)码、双极性归零(RZ)码、差分码、交替极性(AMI)码、三阶高密度双极性(HDB3)码、双相码、Miller码、信号反转(CMI)码、DMI 码等。

以脉冲表示的码型有如下特点。第一，脉冲宽度越大，发送信号的能量越大，这对于接收端的信噪比是有利的。第二，脉冲时间宽度与传输频带宽度成反比关系。归零码的脉冲比全宽码的脉冲窄，它们在信道上占用较宽的带宽，并且在频谱中间包含码速的频率。就是说，发送频谱中包含码位定时信息。第三，双极性码与单双性码相比，直流分量和低频成分减少了。如果数据序列中 1 码的位数的和 0 码的位数相等，双极性码就根本没有直流输出了。对于交替双极性码，当然也没有直流输出，这对于实线上传输数据有利。图 5.1 是几种典型码型的波形示意图。

1. AMI 码

AMI 码的全称是交替极性码，这是一种将消息代码 0(空号)和 1(传号)按如下规则进行编码的码，即代码的 0 仍变换为传输码的 0，而把代码中的 1 交替地变换为传输码的＋1，－1，＋1，－1，…。例如，

消息代码：	0	1	0	1	1	1
AMI 码：	0	＋1	0	－1	＋1	－1

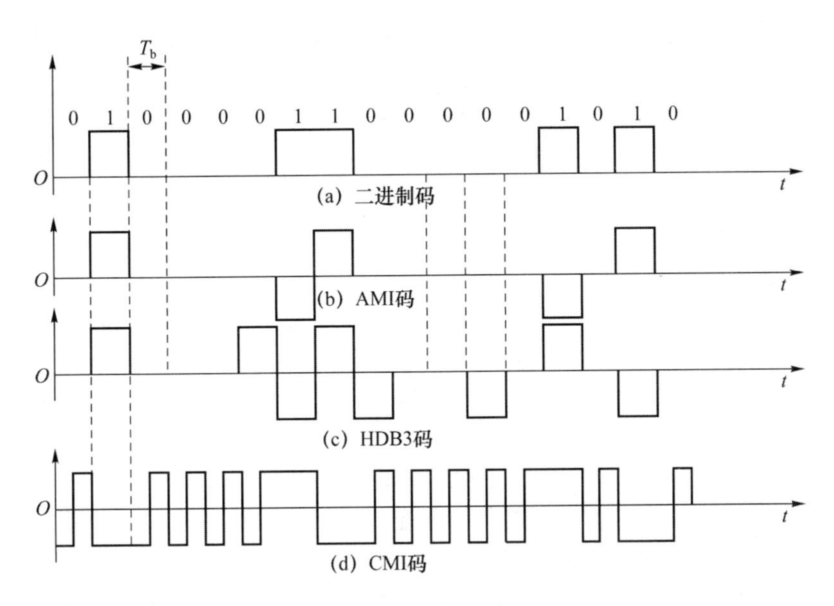

图 5.1　几种典型码型的波形示意图

由于 AMI 码的传号交替反转,因此由它决定的数字基带信号遵循正负脉冲交替的规则,而 0 电位保持不变的规律。由此看出,这种基带信号无直流成分,且只有很小的低频成分,因而它特别适宜在不允许这些成分通过的信道中传输。

由 AMI 码的编码规则可以看出,信息代码从一个二进制符号序列变成了一个三进制符号序列,如图 5.1(b)所示。

2. HDB3 码

AMI 码有一个很大的缺点,即在连 0 码过多时提取定时信号有困难。这是因为在连 0 时 AMI 码输出均为零电平,连 0 码在这段时间内无法提取同步信号,而在前面非连 0 码时提取的位同步信号又不能保持足够的时间。为了克服这一弊病可采取几种不同的措施,广泛为人们接受的解决办法是采用高密度双极性码。HDB3 码是一系列高密度双极性码(HDB1 码、HDB2 码、HDB3 码等)中最重要的一种。其编码原则如下:先把消息变成 AMI 码,然后检查 AMI 码的连 0 情况,当无 3 个以上连 0 串时,这时的 AMI 码就是 HDB3 码。若出现 4 个或 4 个以上连 0 情况,则将每 4 个连 0 小段的第 4 个 0 变换成 1 码。这个由 0 码变换来的 1 码称为破坏脉冲(符号),用符号 V 表示,而原来的二进制码元序列中所有的 1 码称为信码,用符号 B 表示。当信码序列中加入破坏脉冲以后,信码 B 和破坏脉冲 V 的正负必须满足如下两个条件。

条件一是信码 B 和破坏脉冲 V 各自都应始终保持极性交替变化的规律,以便确保编好的码中没有直流成分。

条件二是破坏脉冲 V 必须与前一个码(信码 B)同极性,以便和正常的 AMI 码区分开来。如果这个条件得不到满足,那么应该在四个连 0 码的第一个 0 码位置上加一个与破坏脉冲 V 同极性的补信码,这个补信码用符号 B′表示。此时 B 码和 B′码合起来就可保持条件一中信码极性交替变换的规律。

根据以上两个条件,假设一个二进制码元的,第一个信码 B 为正脉冲(用 B+表示),它前面一个破坏脉冲 V 为负脉冲(用 V−表示)。这样根据上面两个条件就可以得出信码 B、补信码 B′和破坏脉冲 V 的位置以及它们的极性。在编好的 HDB3 码中,+1 表示正脉冲,−1 表示负脉冲。

一个二进制码元序列对应的AMI码、HDB3码、补信码B′以及信码B和破坏脉冲V的位置如下所示。

(1) 代码：

0　1　0　0　0　0　1　1　0　0　0　0　0　1　0　1　0

(2) AMI码：

0　+1　0　0　0　0　−1　+1　0　0　0　0　0　−1　0　−1　0

(3) B码和破坏脉冲V：

0　B　0　0　0　V　B　B　0　0　0　V　0　B　0　B　0

(4) B′码：

0　B+　0　0　0　V+　B−　B+　B−　0　0　V−　0　B+　0　B−　0

(5) HDB3码：

0　+1　0　0　0　+1　−1　+1　−1　0　0　−1　0　−1　0　−1　0

是否添加补信码B′还可根据如下规律来决定。当两个破坏脉冲V间的信码B的数目是偶数时，应该把后面的这个破坏脉冲V所表示的连0码中的第一个0变为补信码B′，其极性与前相邻信码B的极性相反，破坏脉冲V的极性做相应变化。如果两码破坏脉冲V之间的信码B数目是奇数，就不要再加补信码B′了。

在接收端译码时，由两个相邻同极性码找到破坏脉冲V，即在同极性码中后面的那个码就是V码。由破坏脉冲V向前的第3个码如果不是0码，表明该码是补信码B′。把破坏脉冲V和补信码B′去掉后留下的全是信码，把它全波整流后得到的是单极性码。

HDB3编码的步骤可归纳为以下几点。

(1) 从信息码流中找出四连0，使四连0的最后一个0变为V(破坏脉冲)。

(2) 使两个V之间保持奇数个信码B，如果不满足，则使四连0的第一个0变为补信码B′，若满足，则无须变换。

(3) 使B连同B′按+1和−1交替变化，同时V也要按+1和−1规律交替变化，且要求V与它前面的相邻的B或者B′同极性。

其解码的步骤如下。

(1) 找V。从HDB3码中找出相邻两个同极性的码元，后一个码元必然是V。

(2) 找B′。V前面第三位码元如果为非零，则表明该码是补信码B′。

(3) 将V和B′还原为0，将其他码元进行全波整流(即将所有+1和−1均变为1)，这个变换后的码流就是原信息码。

HDB3码的优点是无直流成分，低频成分少，即使有长连0码时也能提取位同步信号；缺点是编译码电路比较复杂。HDB3码是由CCITT建议的，属于欧洲系列一、二、三次群的接口码型。

3. CMI码

信号反转码(Coded Mark Intersion，CMI)的编码规则：当为0码时，用01表示，当出现1码时，交替用00和11表示。它的优点是没有直流分量，且频繁出现波形跳变，便于定时信息提取，具有误码监测能力。CMI码同样有因极性反转而引起的解码错误问题。

由于CMI码具有上述优点，再加上编、解码电路简单，容易实现，因此，它在高次群脉冲码调制终端设备中广泛用作接口码型，在速率低于8 448 kbit/s的光纤数字传输系统中也被建议作为线路传输码型。在国际电联(ITU)的G.703建议中，规定CMI码为PCM四次群的接口码型。日本电报电话公司在32 kbit/s及更低速率的光纤通信系统中也采用CMI码。

5.1.2 数字基带信号的波形变换方法

如欲从全宽码波形变换为归零码波形，只需使用与门，让单极性全宽码和定时信号加在与门的输入端，输出端则得到归零码，输出的窄脉冲宽度和定时信号脉冲宽度相等。图 5.2 所示的是这种变换的方框图和过程。

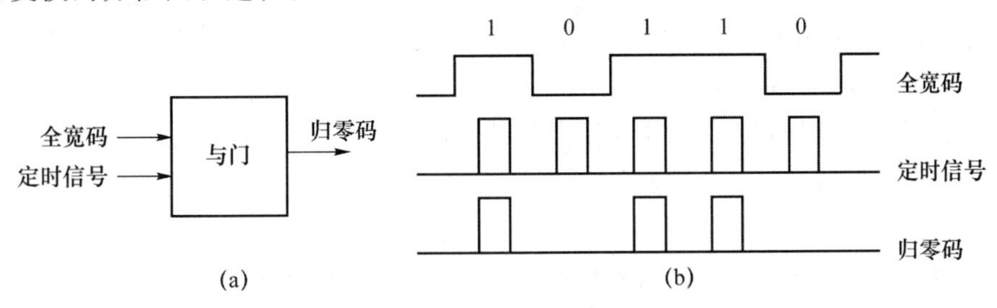

图 5.2　全宽码变换为归零码的方框图和过程

如果要从归零码波形变换为全宽码，需使用移位寄存器，并且将定时信号加至移位寄存器。定时信号脉冲的下降沿对准归零码窄码的中心(或对准归零码的下降沿)，这样移位寄存器的输出就是所需要的全宽码。图 5.3 所示的是这种变换的工作过程。

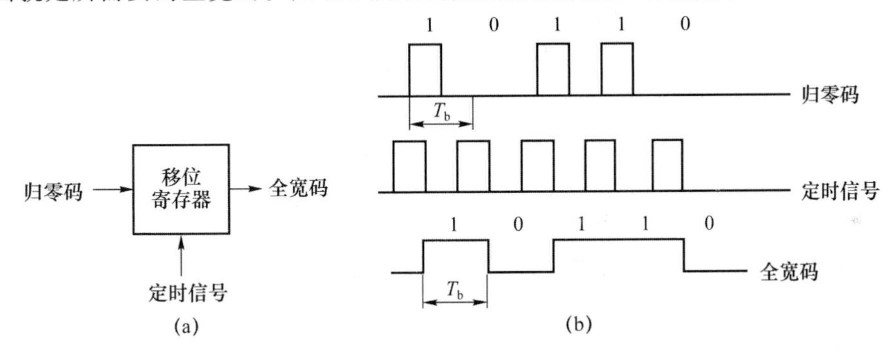

图 5.3　归零码变换为全宽码的工作过程

如欲调整归零码的每一个脉冲宽度，就是说，从较窄的归零码变换为较宽的归零码，可使用双稳触发器。窄归零码和定时信号都加到双稳触发器的两个输入端，定时信号与窄归零码的间隔预先设计好，这个间隔恰等于较宽归零码的脉冲宽度，那么双稳触发器输出的就是所需要的宽归零码。这种变换的方框图和过程如图 5.4 所示。

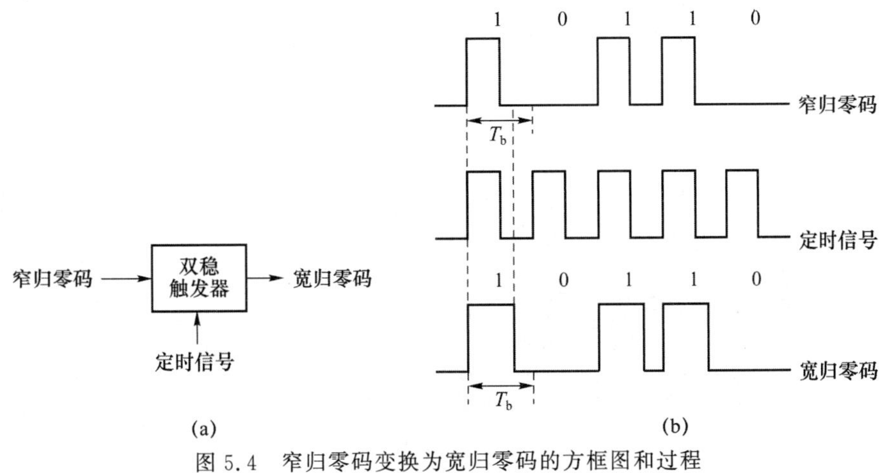

图 5.4　窄归零码变换为宽归零码的方框图和过程

5.1.3 常用数字基带信号的频谱

上节介绍了数字基带信号的波形，介绍了波形随时间的变化。本节要介绍数据基带信号的频谱，介绍波形随频率的变化。为了对数据信号准备适当的传输信道，了解数据信号的频谱情况是完全有必要的。信号的波形或时间函数用 $g(t)$ 表示，信号的频谱或频率函数用 $G(\omega)$ 表示。事实上，数据传输不仅要在频域上运算，而且要在时域上运算，波形和频谱是表示信号的两个方面，我们都要了解和掌握。

这里我们以单极性矩形脉冲二进制码、单极性归零半占空二进制码、双极性矩形脉冲码、双极性半占空矩形脉冲码、AMI 码和 HDB3 码为例。通过变换计算得到了单极性矩形脉冲二进制码，其频谱如图 5.5(a)所示，只有直流成分和连续频谱。同样通过变换计算还可以得到单极性归零半占空二进制码，其频谱不仅具有直流成分和连续频谱，而且还有 $mf_b(m=1,3,5,\cdots)$ 个离散频谱，它的连续频谱密度展宽了，如图 5.5(b)所示。双极性矩形脉冲码和双极性半占空矩形脉冲码的频谱分别如图 5.5(c)、5.5(d)所示，它们都没有直流成分和离散频谱，只有连续谱。AMI 码和 HDB3 码都是一种伪三进制码，除了正电平和负电平以外，还有零电平。AMI 码只有连续频谱，没有直流和离散频谱，如图 5.5(e)所示。HDB3 码的频谱与 AMI 码的频谱的形状一样。

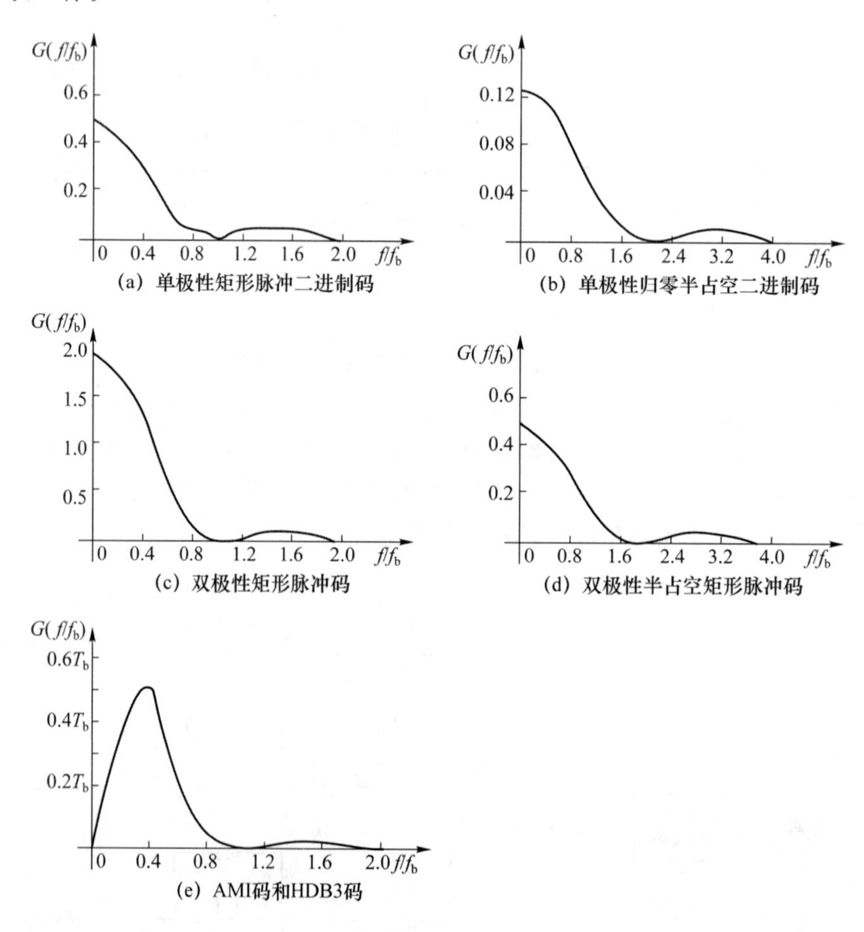

图 5.5 各种码型的频谱示意图

5.2 数字基带传输系统

从上述的数字基带信号的频谱分析可知，数字基带信号所占频带非常宽，从直流一直到无限宽的频率，但其主要能量集中在直流到频谱中的第一个零点以内的频带上，我们将这一频带称为数字基带信号的基本频带，简称基带。在某些信道中(如在电缆中)，数字基带信号可以直接传输，称为数字信号的基带传输。讨论数字信号传输所要研究的主要问题是信号的频谱特性、信道的传输特性以及经信道传输后的数字信号波形。

数字基带传输系统的基本框图如图 5.6 所示，它通常由脉冲形成器、发送滤波器、信道、接收滤波器、抽样判决器与码元再生器组成。

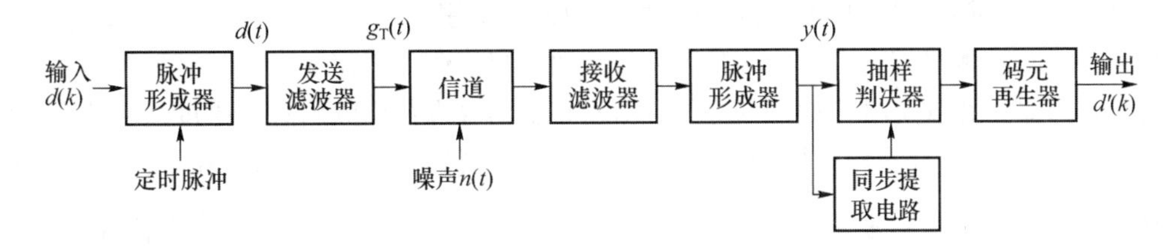

图 5.6　数字基带传输系统框图

5.2.1 理想基带传输系统

如图 5.6 所示，对于基带传输，信道主要是指线路，也包含发送端和接收端的滤波器。发送滤波器的作用是将信源输出的信号形成适合于在信道中传输的信号波形，接收滤波器的作用是限制带外噪声进入接收系统，以提高判决点的信噪比。整个基带信道总是具有低通滤波的特性。

理想基带传输系统的传输特性具有理想低通特性，其传输函数为

$$H(\omega)=\begin{cases}K\mathrm{e}^{-\mathrm{j}\omega_b\tau_0} & -\omega_b\leqslant\omega\leqslant\omega_b\\ 0 & \omega<\omega_b,\omega>\omega_b\end{cases} \tag{5-1}$$

如图 5.7(a)所示，$\omega_b\tau_0$ 表示信道相移特性，其带宽 $B=\omega_b/2\pi=f_c$，令 $k=1$，对其进行傅里叶反变换得

$$\begin{aligned}h(t)&=\frac{1}{2\pi}\int_{-\infty}^{\infty}H(\omega)\mathrm{e}^{\mathrm{j}\omega t}\mathrm{d}\omega=\frac{1}{2\pi}\int_{-\omega_b}^{\omega_b}\mathrm{e}^{\mathrm{j}\omega(t-\tau_0)}\mathrm{d}\omega\\&=\frac{\omega_b}{\pi}\frac{\sin[\omega_b(t-\tau_0)]}{\omega_b(t-\tau_0)}=\frac{\omega_b}{\pi}\frac{\sin x}{x}\end{aligned} \tag{5-2}$$

画出 $h(t)$，如图 5.8(b)所示。

从图 5.7(b)可以看出，响应特性 $h(t)$ 在时间轴上移动了时延 τ_0，仍然具有 $\frac{\sin x}{x}$ 形，在每隔 $\frac{f_b}{2}$ 的时间出现零点。具体地说，例如，当 $t=\tau_0+\frac{f_b}{2}$ 时，$\sin\omega_b(t-\tau_0)=\sin\pi=0$，$h(t)=0$，当 $t=\tau_0+f_b$ 时，$\sin\omega_b(t-\tau_0)=\sin 2\pi=0$，$h(t)=0$，等等。当 $t=\tau_0$ 时，可得最大幅度 $\frac{\omega_H}{\pi}$。

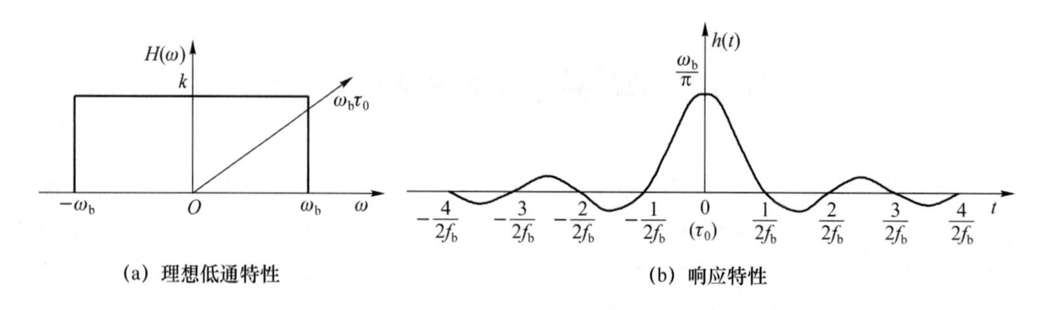

图 5.7 基带传输系统的理想低通特性和响应特性

5.2.2 数字基带信号传输的基本准则

数字信号(二进制)只有离散的两个幅度,其中低电平用 0 表示,而高电平用 1 表示,因此对数字信号传输的检测只需识别所传输数字信号的离散幅度值而不需要识别是何种波形。对于数字信号传输可采用在规定时刻抽样判决的方法对传输信号进行检测判决。通过适当地选择信号传输速率与传输频带,并采用抽样判决的方式,就可以实现符号间干扰为最小的数字信号传输。

图 5.7(b)很重要,它表示窄脉冲传输经过矩形的信道时,接收端出现$\frac{\sin x}{x}$形的波形,每隔一定时间$\frac{1}{2f_b}$出现零点。这个波形图的重要性在于它表明,如果每隔$\frac{1}{2f_b}$时间(常称奈氏时段)发送数据脉冲,不管发 0 码或者 1 码,只要准确地按照这种间隔时间$\frac{1}{2f_b}$发送脉冲。就不会发生码间干扰(即符号间干扰),因为这一位码(符号)的接收波形峰值正是前后码(符号)的零点。

不过,应该注意图 5.8 所示的波形频谱,在这种矩形频谱所产生的$\frac{\sin x}{x}$形时间响应中第一个零点以后的尾巴振荡较为剧烈,振荡幅度较大,这意味着,发送端发出脉冲的间隔时间必须很准确,接收端取样判决时间也必须很准确,低通滤波特性载止频率 f_H 必须很稳定。就是说,对三个条件的要求都很严格,稍差一点就可能引起码间干扰,这就是矩形频谱的缺点。

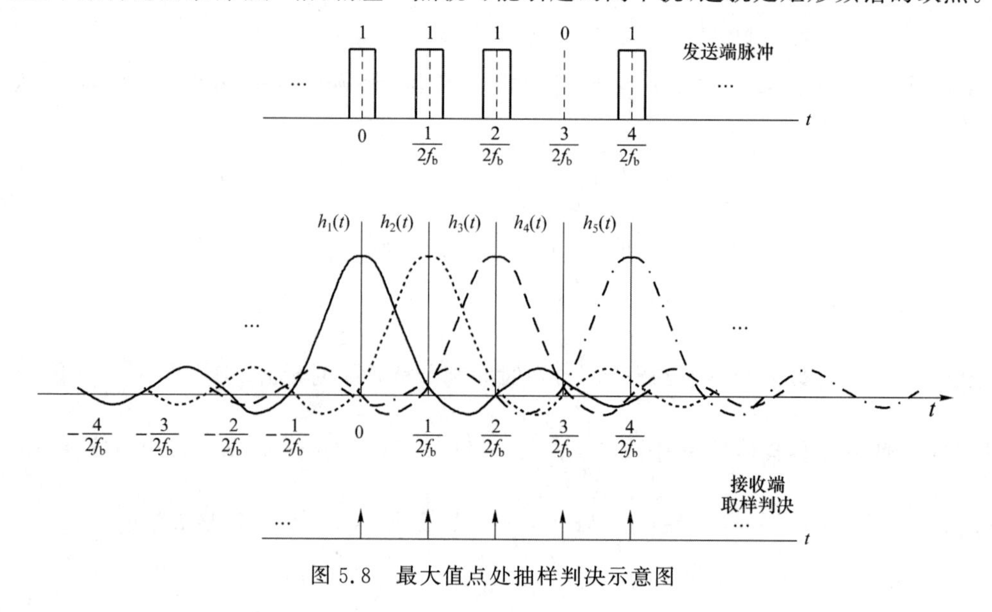

图 5.8 最大值点处抽样判决示意图

同时，从图 5.8 可以看出，邻近脉冲的间隔时间为$\frac{1}{2f_b}$，也就是，每秒传送 $2f_b$ 个码元，即码速等于 $2f_b$，而 f_b 为低通滤波器的截止频率，这意味着，信道如果有理想的矩形频谱，则频带每赫兹传送信息的速率可以达到 2 bit/s/Hz，这是频谱的优点。

例如，低通滤波器的截止频率 $f_b=4$ kHz，发送脉冲的间隔时间为$\frac{1}{2f_b}=\frac{1}{8\,000}$ s，如为二进制脉冲，每个脉冲有 1 bit 信息，每秒就传送信息 8 kbit。在 4 kHz 带宽内传送信息 8 kbit，就是每赫兹传送信息 2 bit/s/Hz。

从图 5.8 可以看出，当传输的脉冲序列满足$\frac{1}{2f_b}$的条件，或者说以 $2f_b$（f_b 是等效理想低通滤波器的截止频率）的速率发送脉冲序列时，在输出响应的最大点处的数值仅由发射端脉冲所决定，因此，在最大值点处进行抽样判决就可以消除符号间干扰了。图 5.8 所示的就是以 $2f_b$ 的速率发送脉冲序列 11101…时的情况。

由此可见，当满足传输速率是 $2f_b$，而信道带宽是 f_b 时，就可以做到没有符号间干扰的传输，这一关系就是数字信号传输的一个重要准则——奈奎斯特第一准则。其含义是当数字信号序列通过某一信道传输时，码元响应的最大值处不产生符号间干扰的极限速率是 $2f_b$，这时的传输效率是 2 bit/s/Hz。根据奈奎斯特第一准则，在理想情况下传输数字信号所要求的带宽是所传数字信号速率的一半。例如，传输速率为 2.048 Mbit/s 的数字信号在理想情况下要求最小的通路带宽是 1.024 MHz。

5.2.3　信道的影响

上述采用理想低通传输特性传输信号是一种理想极限情况，而在实际传输网络中采用这种理想特性传输信号是不能实现的。

原来发送的数据是矩形脉冲，经过低通滤波特性的信道后，波形就不再是矩形了。

此时实际抽样判决值是本码元的值与几个邻近脉冲拖尾及加性噪声的叠加。这种脉冲拖尾的重叠，并在接收端造成判决困难的现象称为码间串扰（或码间干扰），如图 5.9 所示。

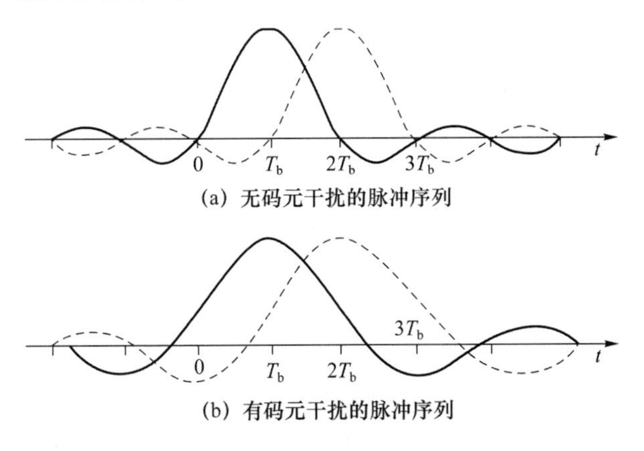

图 5.9　无码元干扰和有码元干扰向脉冲序列

基带传输系统各点的波形如图 5.10 所示。显然，在传输过程中第 4 个码元发生了误码。误码的原因是信道加性噪声和频率特性不理想引起了波形畸变。其中在频率特性不理想引起波形畸变的情况下，此时的码间串扰示意图如图 5.11 所示。

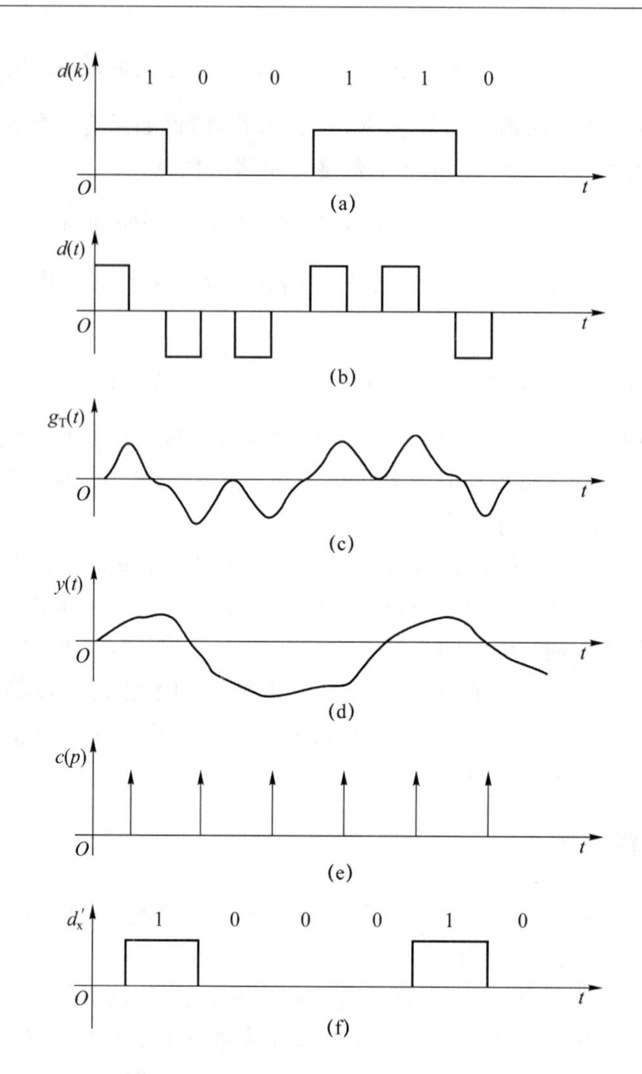

图 5.10 基带传输系统各点的波形 $g_{\mathrm{T}}(t)$

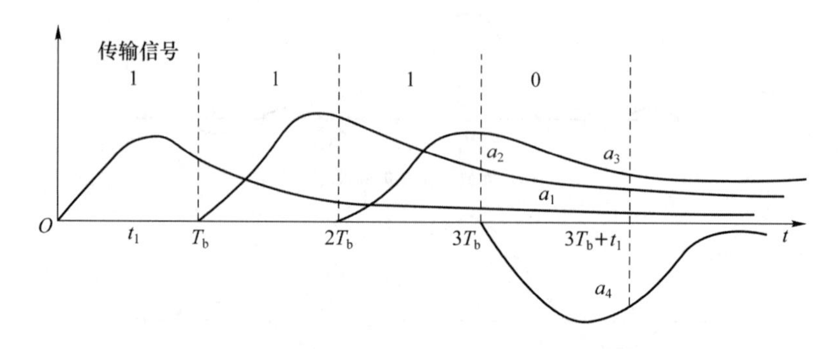

图 5.11 码间串扰示意图

如图 5.10 中的 $g_{\mathrm{T}}(t)$波形所示，如果信号经过信道后不产生任何失真和延迟，那么接收端应在它信号最大值出现的时刻($t=\frac{t_1}{2}$)进行判决。下一个码元应在 $t=\frac{2t_1}{2}$时刻判决，由于前一个码元在下一个码元判决时刻已经为零，因而前一个码对下一个码元判决不会产生任何影响。但在实际信道中，信号会产生失真和延迟，信号最大值出现的位置也会发生延迟，信号波形也会拖得很宽,假设这时对码元的抽样判决时刻出现在信号最大值的位置 $t=t_1$ 处,那么对下一个码元判决的时刻应选在 $t=(t_1+T_b)$ 处。

一个矩形脉冲通过不同长度的市话电缆等信道后,它的失真主要反应为脉冲波形底部展宽,产生拖尾。从理论上讲,这一拖尾失真的产生就是带限传输对传输波形的影响。假设图 5.11 传输的一组码元为 1110,现在考察前三个 1 码对第四个 0 码在其抽样判决时刻产生的码间串扰的影响。如果前三个 1 码在 $t=(t_1+3T_b)$ 时刻产生的码间串扰分别为 a_1,a_2,a_3,第四个码(0 码)在 $t=(t_1+3T_b)$ 时刻的值为 a_4。那么,当 $a_1+a_2+a_3+a_4<0$ 时判为 0,判决正确,不产生误码,反之,当 $a_1+a_2+a_3+a_4>0$ 时判为 1,这就是错判,会造成误码。

要想通过各项互相抵消使码间串扰为 0 是不行的。从码间串扰各项影响来说,当然前一码元的影响最大,因此,最好让前一个码元的波形在到达后一个码元抽样判决时刻时已衰减到 0〔如图 5.12(a)所示的波形〕。但这样的波形也不易实现,因此比较合理的是采用图 5.12(b)所示的这种波形,虽然到达 t_0+T_b 以前并没有衰减到 0,但可以让它在 t_0+T_b,t_0+2T_b,…(即后面码元的取样判决时刻)时正好为 0,这也是消除码间串扰的物理意义。在实际应用时,定时判决时刻不一定非常准确,如果像图 5.12(b)这样的 $h(t)$ 尾巴拖得太长,当定时不准时,任何一个码元都要对后面好几个码元产生串扰,或者说后面任意一个码元都要受到前面几个码元的串扰。因此,除了要求 $h(nT_b+t_0)=0$ 以外,还要求 $h(t)$ 适当衰减得快一些,即尾巴不要拖得太长。

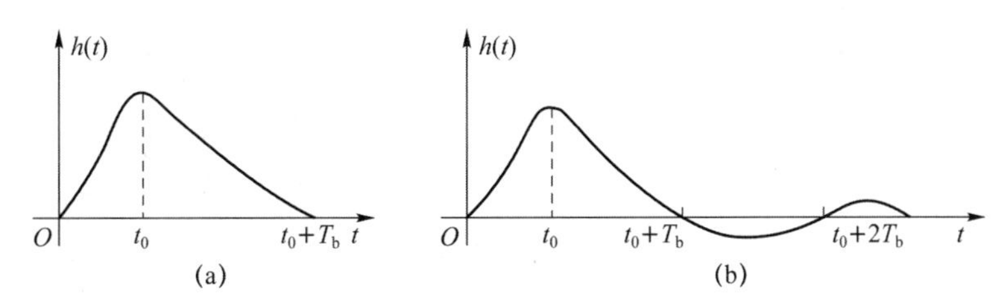

图 5.12　理想的传输波形

5.2.4　均衡方法

均衡分为时域均衡和频域均衡。频域均衡是从频率响应考虑,使包括均衡器在内的整个系统的总传输函数满足无失真传输的条件,而时域均衡则是直接从时间响应考虑,使包括均衡器在内的整个系统的冲击响应满足无码间串扰的条件。由于目前数字基带传输系统中主要采用时域均衡,因此这里仅介绍时域均衡原理。

实际的数基带传输系统不可能完全满足无码间串扰传输的条件,因而码间串扰是不可避免的。当串扰严重时,必须对系统的传输函数 $H(\omega)$ 进行校正,使其接近无码间串扰要求的特性。理论和实践均表明,在基带系统中插入一种可调(或不可调)滤波器就可以补偿整个系统的幅频和相频特性,这个对系统校正的过程称为均衡。实现均衡的滤波器称为均衡器。时域均衡的基本思想可用图 5.13 所示的波形来简单说明。它是利用波形补偿的方法将失真的波形直接加以校正,这可以利用观察波形的方法直接调节。

时域均衡器又称为横向滤波器。现在我们以只有三个抽头的横向滤波器〔如图 5.14(a)所示〕,说明横向滤波器消除码间串扰的工作原理。

假定滤波器的一个输入码元 $x(t)$ 在抽样时刻 t_0 达到最大值 $x_0=1$,而在相邻码元的抽样

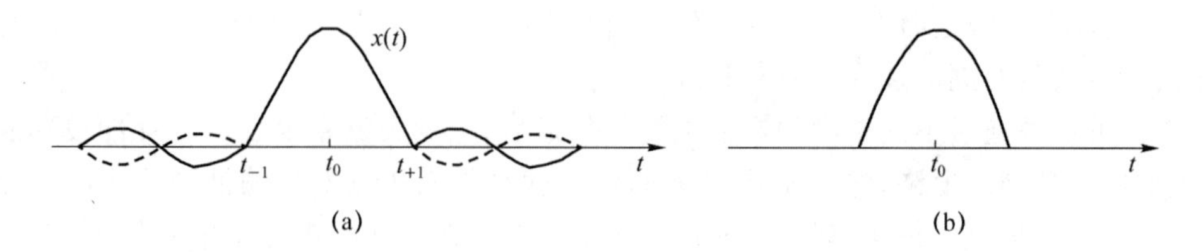

图 5.13 时域均衡基本波形

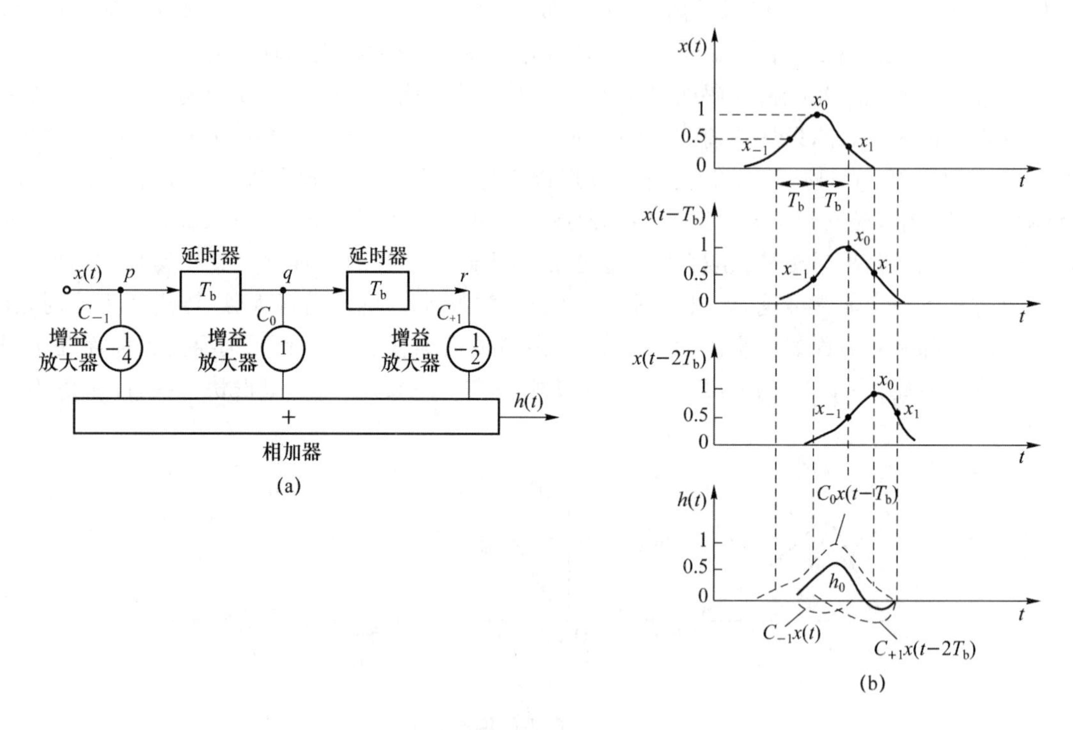

图 5.14 横向滤波器的工作原理

时刻 t_{-1} 和 t_1 上的码间串扰值分别为 $x_{-1}=\frac{1}{4}$,$x_1=\frac{1}{2}$,如图 5.14(b)所示。$x(t)$经过延迟后，在 q 点和 r 点分别得到 $x(t-T_b)$和 $x(t-2T_b)$，如图 5.14(c)和图 5.14(d)所示。若此滤波器的三个增益放大器的增益值为 $C_{-1}=-\frac{1}{4}$,$C_0=+1$,$C_{+1}=-\frac{1}{2}$,则调整后的三路波形如图 5.14(e)中的虚线所示。三者相加得到最后输出 $h(t)$。其最大值 h_0 出现的时刻比 $x(t)$的最大值滞后 T_b,此输出波形在各抽样点上的值如下：

$$h_{-2}=C_{-1}x_{-1}=-\frac{1}{4}\times\frac{1}{4}=-\frac{1}{16}$$

$$h_{-1}=C_{-1}x_0+C_0x_{-1}=-\frac{1}{4}\times1+1\times\frac{1}{4}=0$$

$$h_0=C_{-1}x_1+C_0x_0+C_1x_{-1}=-\frac{1}{4}\times\frac{1}{2}+1\times1+\left(-\frac{1}{2}\times\frac{1}{4}\right)=\frac{3}{4}$$

$$h_{+1}=C_0x_1+C_1x_0=1\times\frac{1}{2}+\left(-\frac{1}{2}\right)\times1=0$$

$$h_2=C_1x_1=-\frac{1}{2}\times\frac{1}{2}=-\frac{1}{4}$$

由结果可见，输出波形的最大值 h_0 降为 3/4，相邻抽样点上消除了码间串扰（即 $h_{-1}=h_1=0$），但在其他点上产生了串扰（即 h_{-2} 和 h_2 不为 0），但总码元串扰降低了。

一般地说，如图 5.15 所示，横向均衡器的抽头越多，控制范围越大，均衡的效果就越好。但抽头越多，成本越高，调整也越困难，太多的抽头是不现实的。

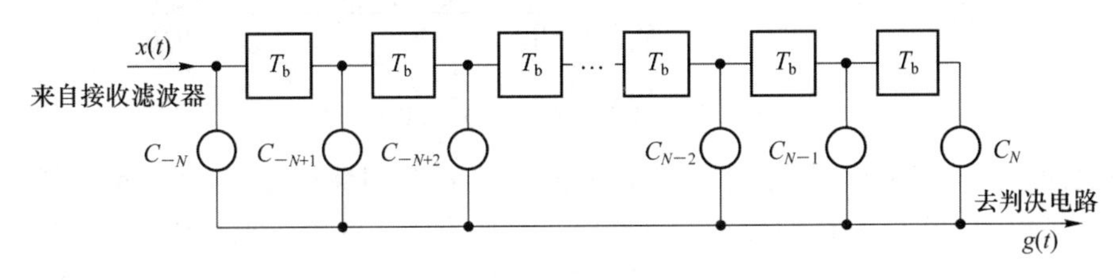

图 5.15　横向滤波器的方框图

5.3　实线上的基带传输

在明线和电缆组成的长途通信网中，数据信号要在系统中传输，必须先经过调制，搬移至载波上才能进行传输。

5.3.1　短距线路传输

在短距电缆和市话中继电缆中，常常采用 24 路至 120 路的时分多路电话。它们是先把语音数字化，然后经过脉冲调制，编成二进制数码在电缆上传输。现在讲的实线传输是指在那些没有装置载波系统的短矩电缆、市话中继电缆、用户电缆等线路中，让数字序列在这些实线上直接传输，这时，数据信号是原始的二进制数据信号，没有经过任何数字调制过程，因而称为数字基带信号。当然，同轴电缆上可以不装载波系统，让大容量、宽频带、高速度的数据信号直接在电缆上传输，由电缆构成数字通信网，这完全可能实现，其范围可能普及全国。但是，本节不涉及大容量的电缆数据传输，只是谈谈普通电缆或其他简单形式上的数据传输。

在实线上传输数据基带信号时，线路距离较短，需要的再生中继机数量不多，但必须要有再生中继机，再生中继机是需要远距供电的。在这样的实际情况下传输数据基带信号，须对数字基带信号提出一些要求。第一，数据基带信号中应没有直流和很低频率的分量，以使信号能顺利通过变压器，并能与供电电流分隔开来。第二，数据基带信号中应包含定时信号，使再生中继机提取这种信号后可供取样判决之用。为此，实线上传输数据基带信号，常常采用前面讲过的交替双极性归零码，即 1 码发脉冲，0 码不发脉冲。1 码发脉冲规则：如果前一个 1 码发正脉冲，则后一个 1 码不管与前一个 1 码相隔多少时间，总是发负脉冲。这样在交替双极码的序列中，正脉冲数目与负脉冲数目相等，平均下来没有直流分量，而且很低频率成份的能量也较弱，满足了实线传输的要求。图 5.16 所示的是交替双极性码及其频谱，这是相当于半宽码 $\tau=\frac{T_b}{2}$ 的幅度频谱。其第一个零点代表所占的频带宽度（等于码速 f_b），频谱中幅度最大的频率大约为码速的一半，即 $f_b/2$。

在发送端，发往线路的交替双极码有明显的矩形脉冲，但是经过一定距离的线路传输后，波形完全变了。如果任其继续传输下去，那连识别它们都有困难，这是由于实线线路每单位长

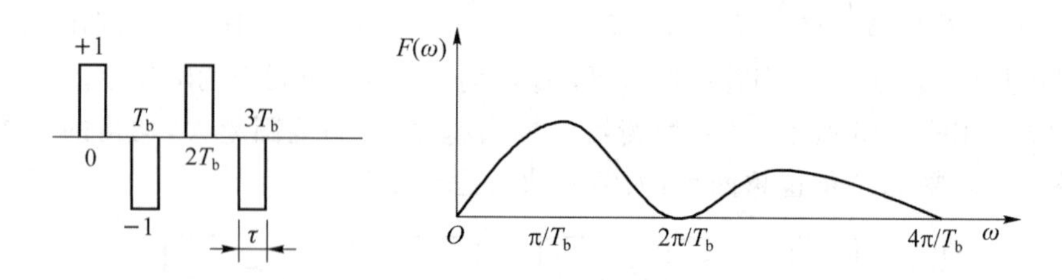

图 5.16　交替双极性码及其频谱

度都有一定的衰耗和相移(相当于时延),线路越长,衰耗和相移越大,而且这种衰耗和相移是随频率的升高而加大的。衰耗与频率特性和时延与频率特性往往出现畸变,而且,线路有叠加的噪声干扰,这些噪声会随同信号一起传输。随着传输距离的延长,信号电平逐渐降低,信噪比也降低。例如,对称电缆中的一根铅包电缆里有许多对芯线,各对芯线间还有电话干扰。由于这些原因,在沿线路的适当距离上必须设置再生中继机。

图 5.17 所示的是沿电缆线路设置了一个再生中继机后的电平图。以 0.65 mm 线径、低绝缘的中继电缆传输数字信号 1.544 Mbit/s 为例,选取 2 km 作为每一个中继机线路的设计长度,发出双极性脉冲电压幅度为±3.0 V,线路阻抗为 110 Ω,折算发送电平为+19.3 dBm,经过 2 km 的线路衰耗,电平下降至−19.3 dBm。再生中继机能把接收信号放大和再生,使发送电平恢复至+19.3 dBm。

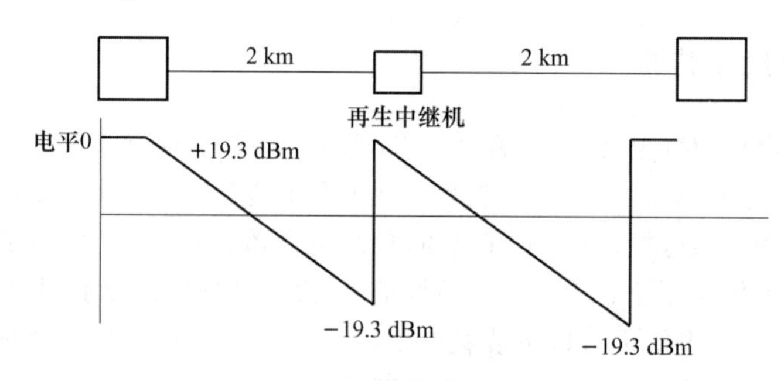

图 5.17　设置再生中继机后的电平图

5.3.2　再生中继系统

当 PCM 数字信号在实际信道中以基带方式传输时,由于信道的不理想以及噪声的干扰,传输波形时受到各种干扰,使信码的幅度变小,波形变坏。再生中继系统对失真的波形及时识别判决,识别出 1 码和 0 码。只要不误判,经过再生中继系统后的输出脉冲会完全恢复为原数字信号序列。再生中继系统框图如图 5.18 所示。

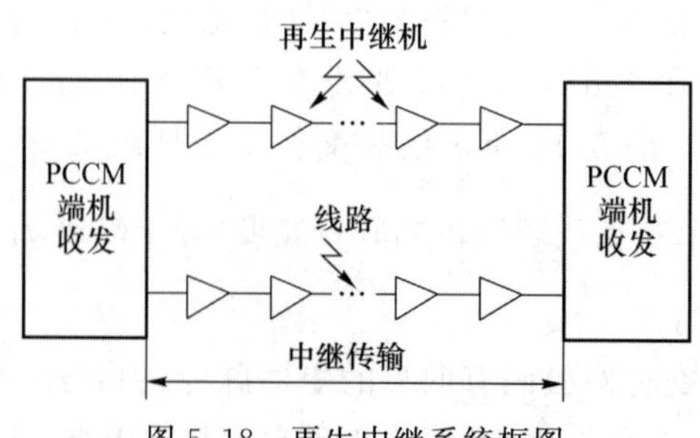

图 5.18　再生中继系统框图

由图 5.18 可见，再生中继系统在信号传输了一段距离后，信道信噪比变得不太大时，会及时识别判决，以防止信道误码。

再生中继系统需要进行三个主要过程，即均衡放大、定时提取、再生，如图 5.19 所示。

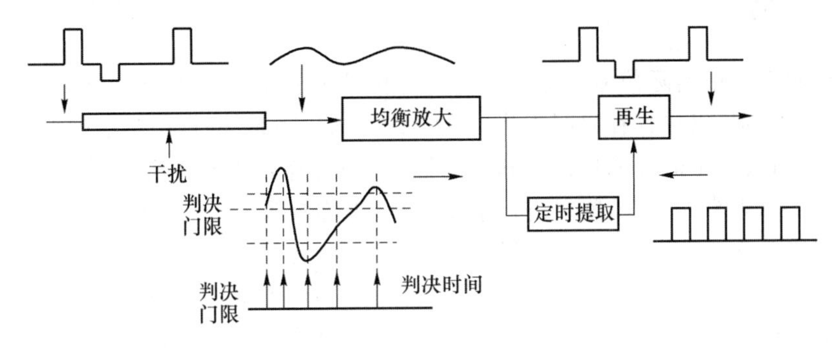

图 5.19　再生中继系统

1. 均衡放大

均衡放大器为了补偿一定长度线路的衰耗，会根据频率特性来提供一定的增益。如果实际的线路长度没有达到设计长度(即上述例子中的 2 km)，那就在线路与均衡放大器之间接入仿真线网络，补足线路长度。发往线路的双极性脉冲原来是半宽归零的矩形，经过线路传输后，波形受到严重畸变，经过均衡放大以后，波形变成全升余弦形，然后才被送往取样判决，这样可以把码间干扰减至最小，从而使误码率小。

2. 定时提取

再生中继系统取样判决和再生脉冲是需要再定时的。因为定时脉冲一般从线路传来的信息码序列中直接提取，所以这种方法也称为直接提取法。直接提取的技术包含整流、削波、谐振、限幅、微分等。

3. 再生

再生器可以分为两类：其一是中继站的再生器，用来重新产生前一站发送的双极交替码脉冲；其二是线路接收端的再生器，用来恢复原始数据序列的全宽码脉冲。两者的取样判决是一样的，只是产生脉冲的部份设备不同。

不论哪一类再生器，都需要在定时信号提供的取样时刻把接收的、经过均衡放大的波形幅度与预定的参考值做比较，这参考值就是电平判决门限。判决门限一般是正常幅度的一半值。对于双极交替码，应该有两个判决门限，上门限定在正幅度的一半值，下门限定在负幅度的一半值。凡是接收脉冲在取样时刻高于上门限，就由再生器发出正脉冲；凡是接收脉冲在取样时刻低于下门限，就由再生器发出负脉冲。

判决电路可以采用其他形式(如用差分放大器作为比较器)，均衡放大器的输出一方面经过分压和滤波，形成适当的直流电压(当作参考门限值)，并加上差分放大器的一个输入；另一方面，均衡放大器的输出直接加上(经过二极管)差分放大器的另一个输入，它与前一输入的门限值相减，就是比较器的输出。当再生器用于线路接收时，比较器的输出可以直接接至触发器，根据定时信号脉冲的触发，形成全宽信息码，恢复为原始的数据序列。因为数据不再需要进行发射传输，所以没有必要变成双极交替码。

在实际场合，可能有二种原因使再生中继系统不能达到理想要求：第一，如果在判决时间有足够大的干扰，就可能引起错误判决，发生误码；第二，如果各脉冲的间隔不准确，下一个再生中继机发生差错的概率很大。

5.3.3 眼图

在基带传输系统中实际信道中存在波形畸变和码间干扰，必须采取均衡措施，故再生中继机中含有放大均衡器，以致存在码间干扰。在设计数据传输系统时，很难准确地预测到信道的全部特性，无法制成完全适合的均衡器和滤波器。因此，有必要通过实验，用示波器观察所谓的眼图。根据实际观察的情况，临时进行手动均衡，以弥补预先设计的固定均衡器的不足。

示波器跨接在均衡放大器之后，取样判决电路之前。外同步使水平扫描频率与码速频率同步，周期为 T_0 的荧光屏上出现一个或几个重叠的波形，当第一个波形过去后，由于荧光屏会把这些波形保留一段时间，所以当第二个时段的脉冲波形到达时，它与第一个波形重叠出现。对于二进制信号，示波器荧光屏显示好像人的眼睛，所以称它为眼图。图 5.20 画出两个没有噪声的波形，和它们相应的眼图。图 5.20(a)示信号没有失真，即没有码间干扰的情形，图 5.20(b)所示的是信号有失真的情况，即有码间干扰的情形。眼图中央的垂直线表示取样时刻，当信号波形没有失真时，眼图显出一只完全张开的眼睛，轮廓很清楚，取样时刻可能的取样值只有两个，即+1 和−1。如果有噪声存在，眼睛的轮廓不再是那样清楚的细线，不过仍然张开得比较大。当信号波形有失真，存在码间干扰时，每一个接收波形的高低不一样，即使没有噪声，波形也不会重叠得很好，取样时刻可能的取样值处在小于+1 或大于−1 的附近，眼睛部份闭合。如有噪声，则眼睛轮廓更模糊，张开得更小些，这直接表明码间干扰和噪声干扰的程度较大，此时需要临时增加手动均衡，以便尽量使眼睛从张开得小变得张开得大。当眼睛张开小时，表示正确判决所容许的噪声边际减小了。当噪声绝对值在取样的时刻大到眼睛上下间隔的一半时，就表示判决错误。这就是说，在给定的随机噪声功率下，眼睛张开得小将使接收出现的误码增多。

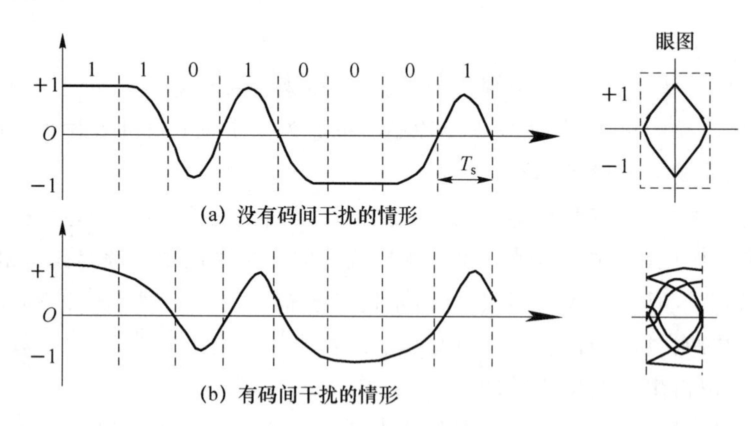

图 5.20 两个波形的相应眼图

为了便于说明眼图和数传系统性能的关系，可把眼图画成图 5.21，由此图看出，最佳取样时刻应选择在眼睛张开得最大的时刻；眼睛中间的水平线代表判决门限；当眼睛在取样时刻的上下最接近两点间距离的一半时，此处被认为是最大容许的噪声边际，噪声瞬时值如超过这容许边际就有可能使判决发生错误；眼图内部人字形的斜率表示对定时误差的灵敏度，斜边越陡，对定时误差越敏感；两个人字形的交叉区域代表信号零点位置的变动范围，它对于从信号平均零点位置提取定时信息有重要影响；眼图上下两条横区的高度代表最大失真量。

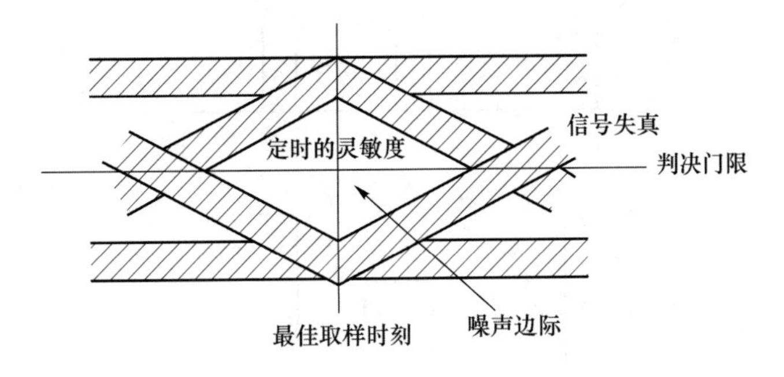

图 5.21　眼图和数传系统性能的关系

图 5.21 是普通双极码(即 1 码发正脉冲，0 码发负脉冲)的眼图，如果线路上传输的是双极交替码(即第 1 个 1 码发正脉冲，第 2 个 1 码发负脉冲)，那么眼图将如图 5.22 所示，示波器上显示两只眼睛，各有高度 h，宽度 W。

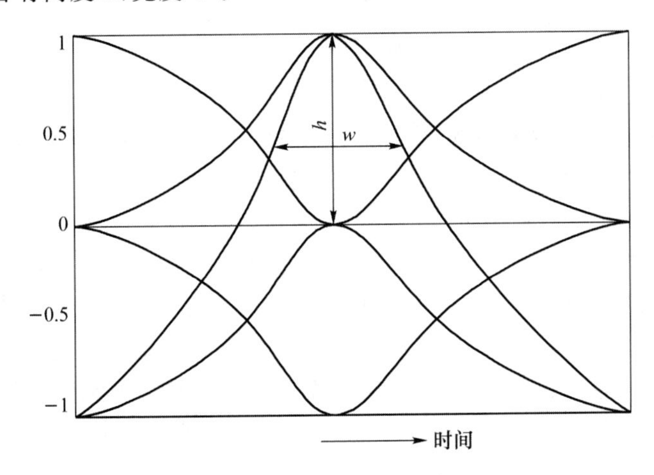

图 5.22　双极交替码的眼图

5.3.4　多电平传输

前面讲的都是二进制数据信号传输，一般地，它们只有两种状态，即 1 和 0(常称 1 码和 0 码)。1 码发一个正电平，0 码发零电平或者发一个负电平，总之只有两个电平值，所以它们既称为二进码，又称为二电平码。只有少数情形，如交替双极码和相关码等，它们有三种状态，即 +1、0、−1 三个电平值。然而它们仍然传送二进制数据，它们称伪三进码本节的介绍对象是多进码。这里我们仍然讲数字基带信号传输，经过各种不同的调制方式后的信号传输将在后面讨论。

四电平传输就是把信号电平(幅度)范围分成四层，每层由一个码代表。例如，四个电平值由 0、1、2、3 四个电平码表示。四电平码代表四个电平值，如图 5.23 所示。图 5.23(a)中有四个电平值 0、1、2、3，其中 0 电平不发脉冲，其他三个电平发三种不同高度的归零脉冲。在图 5.23(b)中，有四个电平值 −3、−1、+1、+3，还有三个判决门限，凡是电平低至 −2 以下的判为 0 码，电平在 −2 与 0 之间的判为 1 码，电平在 0 与 +2 之间的判为 2 码，电平在 +2 以上的判为 3 码，图 5.23(b)表示的是全宽码。取样时间对准码元中心。

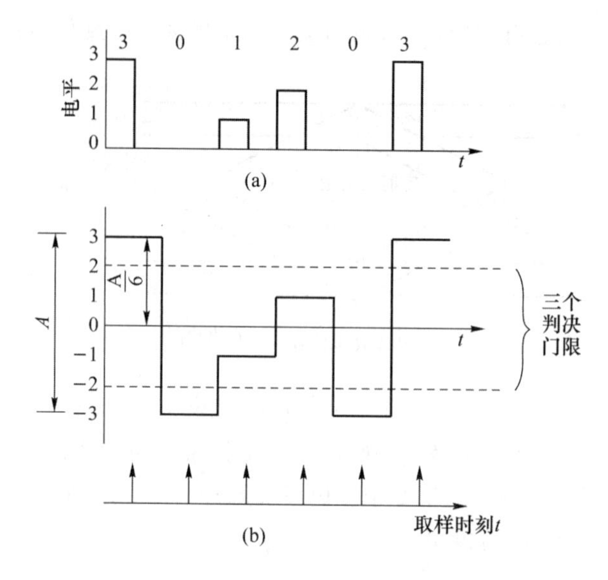

图 5.23　四电平码代表四个电平值

因为 $2^2=4$，每位四进码可以由四种不同的二位二进码组表示。这里，有两种不同的编码方法：其一为普通编码；其二为格雷编码。表 5.1 是四进码采用两种方法编码的结果组。使用格雷编码时，任意两种邻近四进码只差一位二进码，而不是差二位，因此它经过传输后如错判成邻近电平的四进码，那就只有一位二进码发生差错，而不是两位都错。普通编码则不然，例如，若采用了普通编码方法，当四进码 1 误判为 2 时，就会使两位二进码都发生差错。所以，格雷编码较好，用得较多。再仔细观察这两种编码情况，可见两种方法的二位二进码组的高位（左面一位）是相同的，不同的是低位（右面一位）。如欲求普通码的低位，可由格雷码的高位与低位模 2 加得到。例如，二进制格雷码 11 代表四进制的 2，将二进制格雷码的高位 1 与低位 1 进行模 2 加可得 0，因此二进制的普通码是 10，它也可以代表四进制的 2。

表 5.1　四进码采用两种方法编码的结果

四进制	二进制	
	普通码	格雷码
0	0 0	0 0
1	0 1	0 1
2	1 0	1 1
3	1 1	0 0

下面举一个例子，如图 5.24 所示。第一行是原始数据序列，它们是普通二进码，现在把它们每二位二进码作为一个码组，按照格雷编码方法把它们变换为表 5.1 第二行所示的四电平码。在图 5.24 中每一个四进码元和每一个二进码元具有相同宽度。本来要把二进码发往信道，现在把四进码发往信道，每秒传送的码元数将衰减为一半，每一个码元的宽度加一倍，因此四进码需要信道提供的带宽相应地减为原来的一半。由于每一个二进码包含信息量为 2 bit，现在每一位四进码包含二位二进码，即包含信息量 2 bit，二进码传输速率 1 baud 等于1 bit/s。四进码就不是这样了，1 baud 不等于 1 bit/s。在四进码中 1 baud 代表 2 bit/s。如果采用二进码，在最好的情况下传输信息速率可以达到 2 bit/s；如果采用四进码时，传输信息速率在最好

的情况下可达到 4 bit/s。例如，采用四电平码时，每秒传输 2 400 个码元，码速为2 400 baud。每个码元包含信息量为 2 bit，所以传输信息速率为 2 400×2=4 800 bit/s，要求信道提供的最小带宽为 4 800/4=1 200 Hz。如果采用二进码，每秒传输 2 400/2=1 200 个码元。这表示，在同样信道带宽下，四电平码比二电平码的传输信息速率提高了 2 倍。以此类推，更多电平的码将得到更快的传输信息速率，因 $2^n=m$，m 进码的传输信息速率将比二进制提高为 n 倍，这是多电平传输的优点。

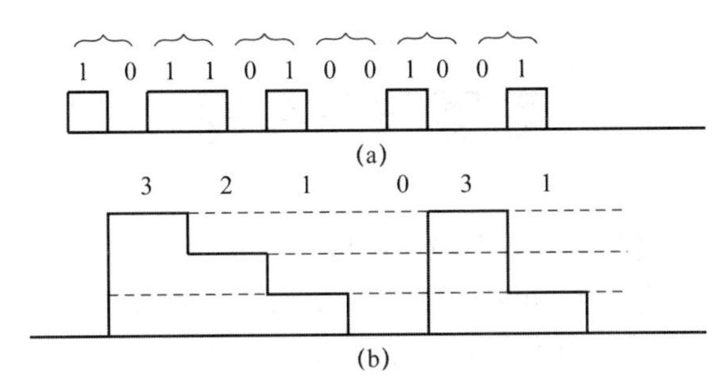

图 5.24　原始数据序列变换

在二进码中，如果两个电平值的峰-峰范围为 A，则信道上随机噪声在取样时刻的瞬时绝对值要大于 $A/2$ 才会造成错误判决。而图 5.23(b)所示的四进码的四个电平值的峰-峰范围为 A，但现在信道上随机噪声在取样时刻的瞬时绝对值只要大于$\frac{A}{6}$就会造成错误判决。这意味着四电平码允许的噪声边际减小了，只为二电平码噪声边际的$\frac{1}{3}$，且四电平码的抗干扰能力降低了。如果采用更多电平值(如 m 进制)，则允许的噪声边际将更小，只有二进制噪声边际的$\frac{1}{m-1}$，这是多电平传输的缺点。

本章小结

本章介绍了基带码型变换，有两种情况需要码型变换：其一是为了解决相位模糊问题，必须利用相对码或差分码，以替代绝对码；其二为了实现传输，必须利用不同数据信息的频谱。很多实际场合要求在电缆实线上成熟数据须选用适当码型，主要使它的频谱不包含直流分量或少含很低频率分量，便于通过线路变量器，交替双极码和双相码是可以考虑采用的码型。

本章重点内容是数据传输，数据传输必须兼顾时域和频域两方面。矩形脉冲的频谱是$\frac{\sin x}{x}$形，其第一个零点代表脉冲传输所需的带宽。这种波形每隔一定时间会出现零点，表示每隔这样的时间可以依次传送数据脉冲，不会引起码间串扰，这是数据通信的根本条件。这种波形各零点的相隔时间就是每一个码元的持续时间，相隔时间的倒数就是每秒时间传送的码元数。在理想矩形低通信道中，二进制数据输出的$\frac{\sin x}{x}$波形各零点相隔时间的倒数为 $2f_b$，这就意味着，信息传输速率为 2 f_b bit/s，矩形低通信道每赫兹带宽的传信率为 2 f_b bit/s/Hz。然而矩形频谱引起的$\frac{\sin x}{x}$响应波形的尾巴振荡剧烈，收敛较慢，对于定时准确性要求较高，容易发生码间串扰。

本章提到了基带在实线上传输时“均衡—定时提取—再生”的必要性，就是说，数据信号经过一段线路传输后必须经过均衡放大，克服线路引起的畸变和衰耗，且必须从均衡放大的信号中定时提取信息，用来对信号取样判决，产生新的完整的脉冲信号波形。在超过一定长度的线路中应每隔适当距离设置中继站。再生是数字通信的突出优点，它可使线路干扰并不会因为再生中继站数目的增多而增加。

习题与思考题

1. 什么是基带信号？基带信号有那些常用形式？

2. 已知二元信息序列为 01101000011000000010，分别画出 AMI 码和 HDB3 码的波形。

3. 数字系列为{1001010100001101}，其基本脉冲为矩形脉冲，试画出该数字系列的单极性不归零码、数字双向码、传号反转码的波形图。

4. 什么是码间串扰？

5. 什么是再生？说明再生中继系统三部分的功能。

6. 设随机二进制脉冲序列的码元间隔为 T_b，经理想抽样后，它们被送到图 5.23 所示的几种滤波器中，请指出哪几种会引起码间串扰，哪几种不会引起码间串扰。

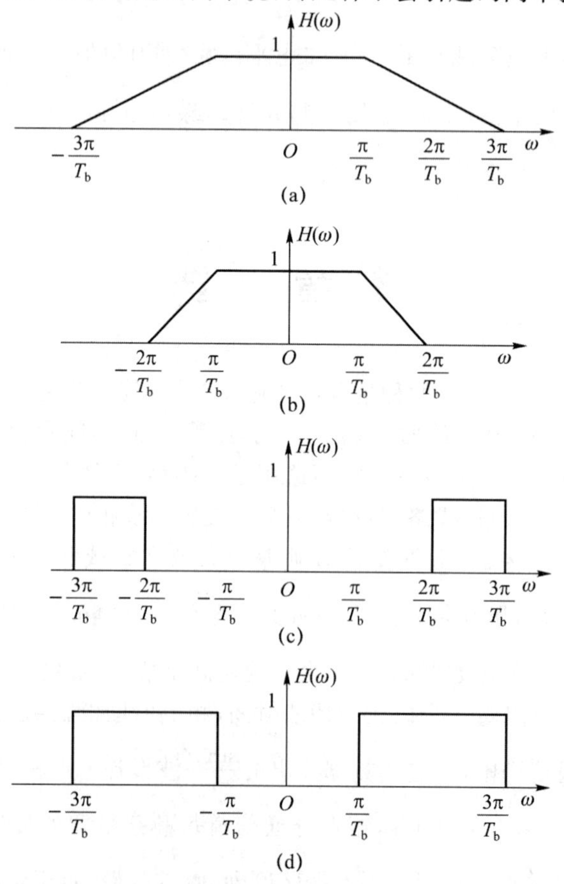

图 5.25　题图 1

7. 已知滤波器的 $H(\omega)$ 具有图 5.26(a)所示的特性(码速变化时特性不变)，当分别用 1000 baud，4000 baud，1500 baud，3000 baud 码速时(假设码元经过了理想抽样才加到滤波器)，问：

(1) 哪种码速不会产生码间串扰？

(2) 哪种码速根本不能用？

(3) 哪种码速会引起串扰，但还可用？

(4) 如果滤波器的 $H(f)$ 改为图 5.24(b)所示的滤波器，重新回答(1)、(2)、(3)问题。

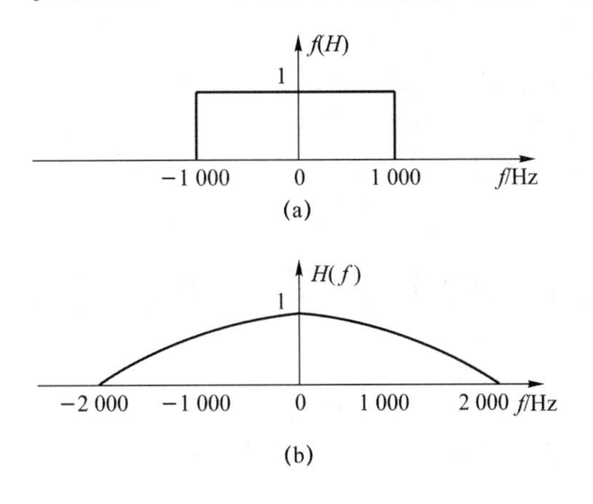

图 5.26　题图 2

8. 已知二元双极性冲激序列 01101001 经过理想传输特性的信道。

(1) 画出接收端输出波形的示意图，标出过零点的时刻。

(2) 画出接收波形的眼图。

(3) 标出最佳再生判决时刻。

9. 以 $+A$ 和 $-A$ 矩形非归零脉冲分别表示 1 和 0，若此信号通过由 R 和 C 组成的一阶低通滤波器，设比特率为 $2f_0$ bit/s，试画出 1 与 0 交替出现序列的眼图。

实训项目提示

1. 测试分析交替码型。

2. 用示波器测试传输信号，查看眼图。可以在一般实验箱做仿真眼图观察测量，并观察比较发射和接收信号(如 PSK 解调电路)的实际眼图是否是一致的，给出眼图的各项参数。

3. 用示波器中继器看各点波形，分析产生误码的原因及减少误码的方法。

4. 测定再生中继系统故障的位置，认识实际再生中继系统设备。(再生中继传输系统中具有很多的再生中继器，且再生中继器传输系统都采用无人值守方式。通常测定再生中继系统的故障位置是在终端局进行远距离测试。再生中继器发生的故障可分两种：一种是全中继故障，中继无输出；另一种是由于部件变质或接触不良所致的故障，虽然这还未到全中继的程度，但误码率大增，通话质量明显下降。)

第6章　信号的调制与解调

我们已经较详细地讨论了数字基带传输系统。由于大多数基带信号是低通型的，而实际信道多是带通型的，因此这种信道不能直接传送基带信号，必须用基带信号对载波波形的某些参量进行控制，使载波的这些参量随基带信号的变化而变化，这个过程就是调制。

6.1　模拟信号的调制与解调

模拟通信系统如图6.1所示。因为信源（模拟信号）频率低，不易远距离传输，因此要用一个高频（载波）携带模拟信号然后再将模拟信号传送出去。

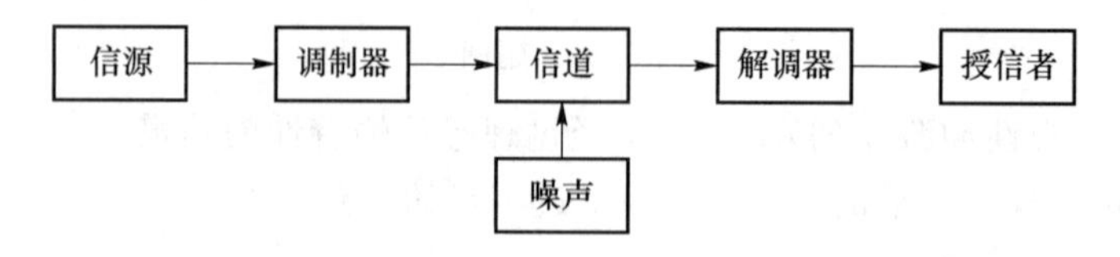

图6.1　模拟通信系统

调制就是使高频（载波）信号某个参量（如幅度、频率、相位等）随基带信号发生相应的变化，利用载波参数（幅度、频率、相位等）携带信息。模拟信号也称之调制信号，调制后的载波信号称为已调波或已调信号，解调就是在接收端将已调信号还原成原来的基带信号。

6.1.1　常规双边带调幅调制系统

常规双边带调幅调制就是标准幅度调制（Amplitude Modulation，AM），它用调制信号去控制高频载波的振幅，使已调波的振幅按照调制信号的振幅规律地线性变化。

1. 调制（调幅）器的一般模型

幅度调制器模型如图6.2所示。

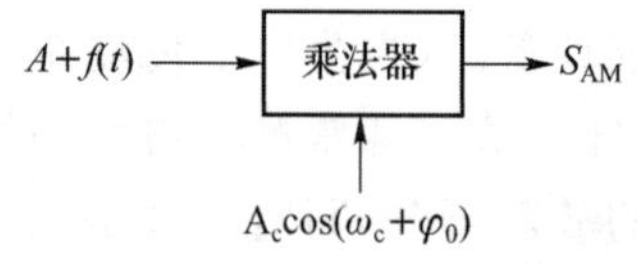

图6.2　幅度调制器模型

2. AM信号的时域表示

载波信号表示为 $u_c(t)=A_c\cos(\omega_c t+\varphi_0)$。调制信号（或称为基带信号）表示为 $A+f(t)$。其中 $\omega_c \gg \omega_m$，A 为直流分量（$f=0$），$f(t)=A_m\cos\omega_m t$ 为基带信号，即低频信号。

为方便分析起见，假设取 $\varphi_0=0$，$A_c=1$，则 $u_c(t)=\cos\omega_c t$，按调幅器模型实现得

$$
\begin{aligned}
S_{\mathrm{AM}} &= [A+f(t)]u_{\mathrm{c}}(t) \\
&= [A+f(t)]\cos\omega_{\mathrm{c}}t \\
&= [A+A_{\mathrm{m}}\cos\omega_{\mathrm{m}}t]\cos\omega_{\mathrm{c}}t \\
&= A\left[1+\frac{A_{\mathrm{m}}}{A}\cos\omega_{\mathrm{m}}t\right]\cos\omega_{\mathrm{c}}t
\end{aligned}
\tag{6.1}
$$

在式(6.1)中，令$\frac{A_{\mathrm{m}}}{A}=m_{\mathrm{a}}$，$m_{\mathrm{a}}$ 称为调幅度或调幅系数，m_{a} 变化范围在 -1 至 $+1$ 之间。$m_{\mathrm{a}}\leqslant 1$ 时，$[A+f(t)]u_{\mathrm{c}}(t)$的波形相乘结果如图 6.3 所示。

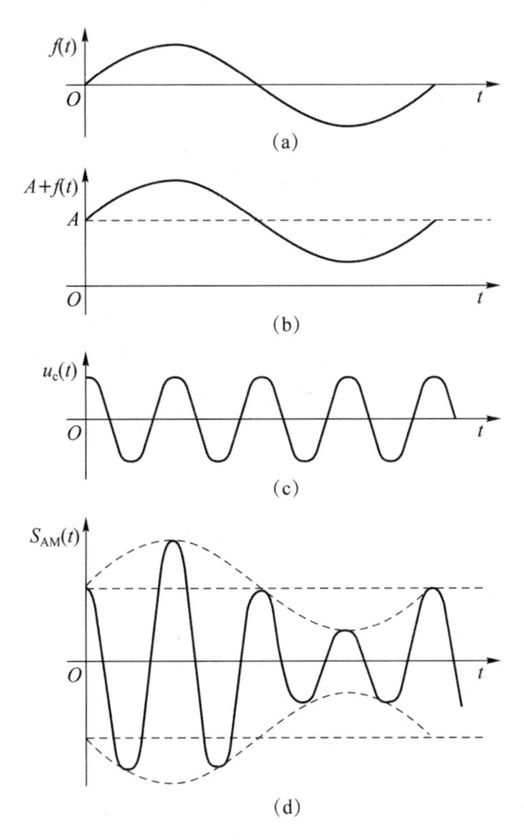

图 6.3　$[A+f(t)]u_{\mathrm{c}}(t)$的波形结果 1

也可由式(6.1)画出图 6.4，幅度最小时为 $S_{\mathrm{AM}}=A\cos\omega_{\mathrm{c}}t$；幅度最大时为 $S_{\mathrm{AM}}=A(1+m_{\mathrm{a}})\cos\omega_{\mathrm{c}}t$。

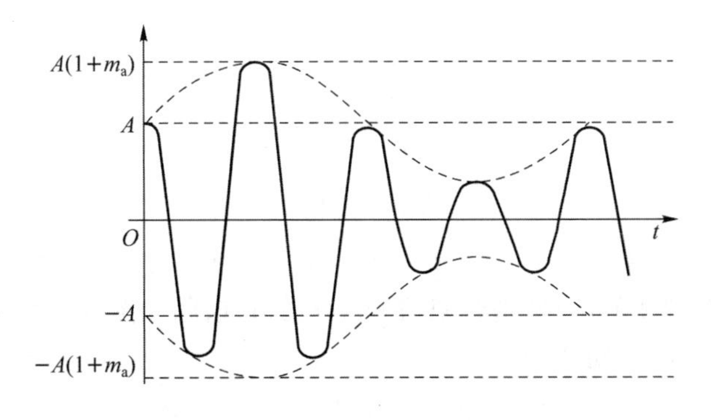

图 6.4　$[A+f(t)]u_{\mathrm{c}}(t)$的波形结果 2

调幅波的振幅会随调制信号的大小按比例地变化，以此来改变高频振荡信号的幅度大小。振幅用虚线连成的曲线称为调幅波的包络，包络与调制信号波形完全相似，而高频振荡信号的频率仍维持为载波频率。若 $m_a>1$，则已调波包络将严重失真（如图 6.5 所示），所以不能取 $\frac{A_m}{A}>1$。

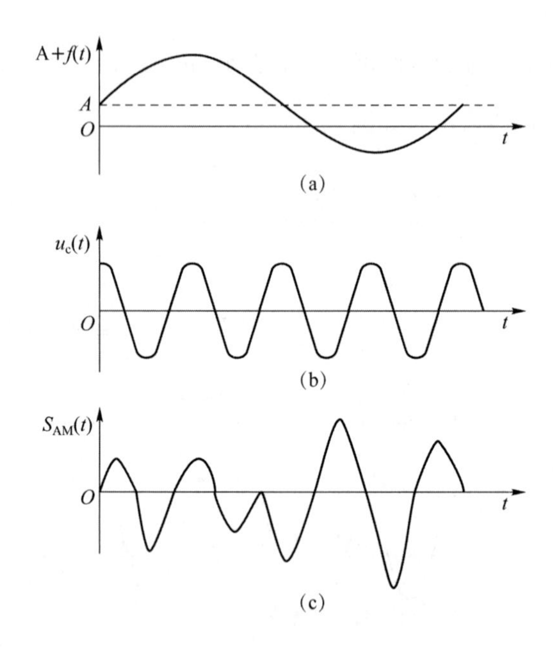

图 6.5　已调波包络失真

3. AM 信号的频域表示

$$S_{AM}(t)=[A+A_m\cos\omega_m t]\cos\omega_c t$$
$$=A\cos\omega_c t+A_m\cos\omega_m t\cos\omega_c t$$
$$=A\cos\omega_c t+\frac{1}{2}A_m[\cos(\omega_c+\omega_m)t+\cos(\omega_c-\omega_m)t]$$
$$=A\cos\omega_c t+\frac{A_m}{2}\cos(\omega_c+\omega_m)t+\frac{A_m}{2}\cos(\omega_c-\omega_m)t] \tag{6.2}$$

其中 ω_c 称为载波频率，$\omega_c+\omega_m$ 称为上边频（USB），$\omega_c-\omega_m$ 称为下边频（LSB）。

由式（6.2）得到的频谱图如图 6.6 所示。

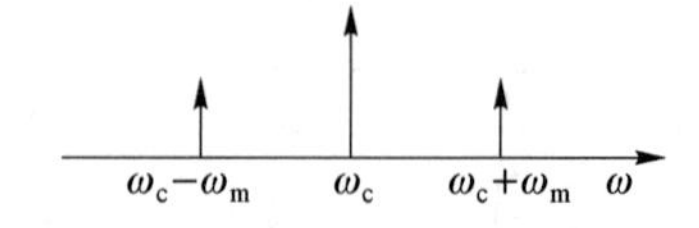

图 6.6　频谱图

由此可见，已调波的带宽 $B_{AM}=(f_c+f_m)-(f_c-f_m)=2f_m$。以语音信号为例，如果调制信号 $f(t)$ 是一个具有带宽的信号，则时域信号 $f(t)$ 的频谱图如图 6.7 所示。

带宽 $\omega_m=0\sim4$ kHz，AM 调制为

$$S_{AM}=[f(t)]u_c(t) \tag{6.3}$$

AM 调制后的频谱图如图 6.8 所示。

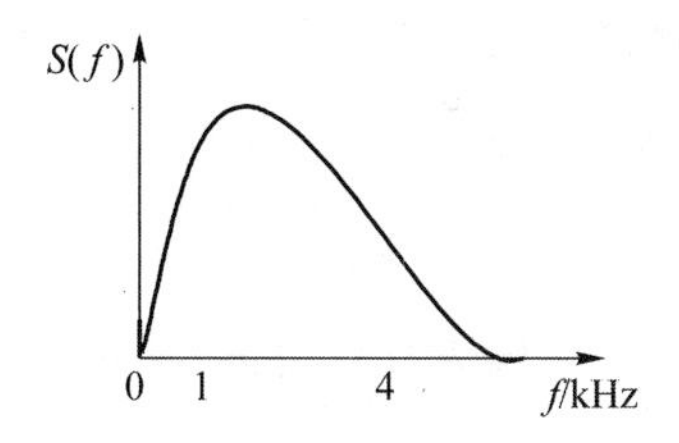

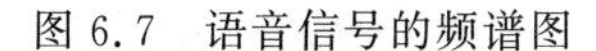

图 6.7　语音信号的频谱图

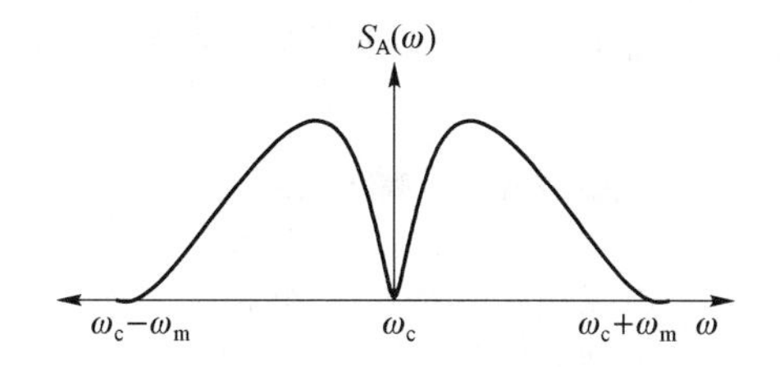

图 6.8　调制后的频谱图

其调制后的带宽 $B_{AM}=(f_c+f_m)-(f_c-f_m)=2f_m=2\times 4\ \text{kHz}=8\ \text{kHz}$。

由图 6.6 和图 6.8 可以得出如下内容。

(1) 调幅过程使原始频谱 $F(\omega)$搬移了$\pm\omega_c$,且频谱中包含载频分量和边带分量两部分。

(2) AM 信号的幅度谱$|F(\omega)|$是对称的,在正频率区域,高于 ω_c 的频谱叫上边带,低于 ω_c 的频谱叫下边带。由于幅度谱对原点是偶对称的,所以在负频率区域,上边带应落在高于 ω_c 的频谱部分,下边带应落在低于 ω_c 的频谱部分。

(3) AM 信号占用的带宽 B_{AM}应是基带信号带宽 $f_m(f_m=\omega_m/2\pi)$的两倍,即 $B_{AM}=2f_m$。

(4) 要使已调波不失真,必须在时域和频域满足以下条件。在时域范围内,对于所有 t,必须$\frac{A_m}{A}\leqslant 1$,这就保证了 $A(t)=A+f(t)$总是正的。这样,调制后的载波相位不会改变,信息只包含在信号之中,已调波的包络和 $x(t)$的形状完全相同,用包络检波的方法很容易恢复出原始的调制信号。否则,将会出现过调幅现象,从而产生包络失真。在频域范围内,载波频率应远大于 $f(t)$的最高频谱分量,即

$$f_c\gg f_m \tag{6.4}$$

若不满足此条件,则会出现频谱交叠,此时的包络形状一定会产生失真。

6.1.2　AM 相干解调的一般模型

调制过程是一个频谱搬移的过程,它是将低频信号的频谱搬到载频位置;解调过程是调制的反过程,它是将已调信号的频谱中位于载频的信号频谱再搬回低频。因此,解调的原理与调制的原理是类似的,均可用乘法器予以实现。相干解调的一般模型如图 6.9 所示。

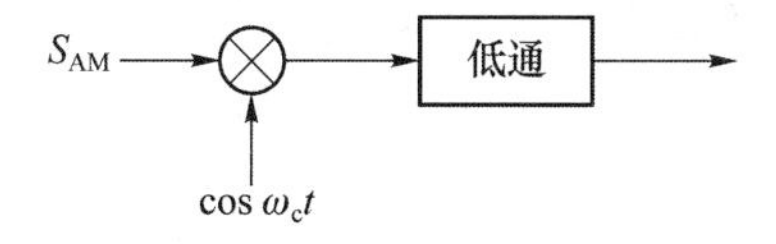

图 6.9　相干解调的一般模型

为了不失真地恢复出原始信号,要求相干解调的本地载波和发送载波必须相干或者同步,即要求本地载波和接收信号的载波同频和同相。

由于接收到的已调信号 $S_{AM}=A[1+m_a\cos\omega_m t]\cos\omega_c t$,解调本地载波为 $\cos\omega_c t$,所以有

$$\begin{aligned}
S_{AM}\cos\omega_c t &=A(1+m_a\cos\omega_m t)\cos\omega_c t\cos\omega_c t\\
&=A(1+m_a\omega_m t)\times\frac{1}{2}\times(1+\cos 2\omega_c t)\\
&=\frac{1}{2}A[1+\cos 2\omega_c t+m_a\cos\omega_m t+\frac{1}{2}\cos(2\omega_c+w_m)t+\frac{1}{2}\cos(2\omega_c-\omega_m)t]\\
&=\frac{1}{2}A+\frac{1}{2}A\cos 2\omega_c t+\frac{1}{2}A_m\cos\omega_m t+\frac{1}{4}A\cos(2\omega_c+\omega_m)t+\frac{1}{4}A\cos(2\omega_c-\omega_m)t
\end{aligned} \tag{6.5}$$

经低通滤波器可滤出直流项$\frac{1}{2}A$和$\frac{1}{2}A_{m}\cos\omega_{m}t$项的幅度基带信号。

6.1.3 单边带调幅调制

由于常规双边带调幅的结果是两个边带包含相同的信息，在传输时只需传输一个边带，即上边带或下边带。

单边带调幅(Single Side Band，SSB)解调时，用载波$\cos\omega_{c}t$和接收信号相乘。用滤波法产生单边带信号，即所谓的滤波法。就是在双边带调制后接上一个边带滤波器，保留所需要的边带，滤除不需要的边带。边带滤波器可用高通滤波器产生高通边带(High-Pass Side Band，HSB)信号，或用低通滤波器产生低通边带(Low-Pass Side Band，LSB)信号。图6.10(a)所示的是SSB信号的高通和低通滤波特性，图6.10(b)是SSB信号的频谱特性。

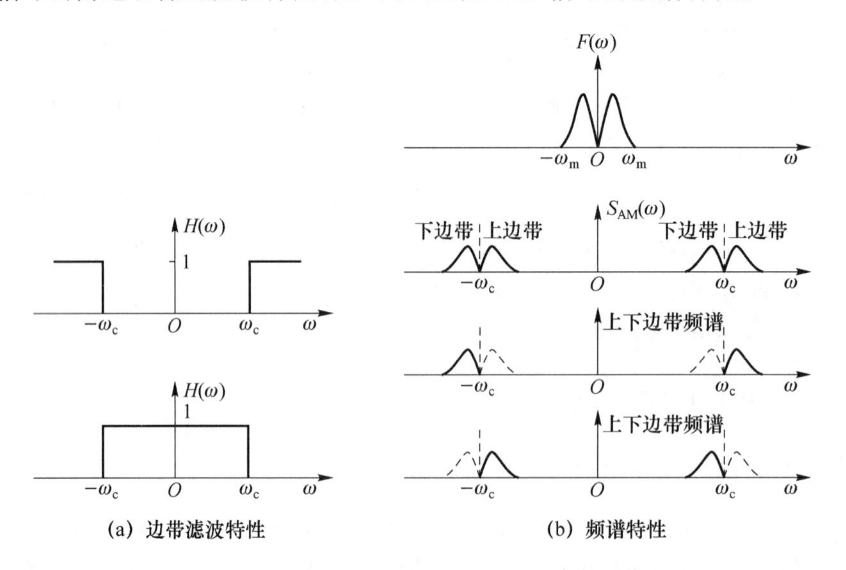

图6.10 SSB信号的滤波特性和频谱特性

用滤波法产生SSB信号的原理框图如图6.11所示，图中乘法器是平衡调制器，滤波器是边带滤波器。从频谱图中可以看出，要产生单边带信号，就必须要求滤波器特性十分接近理想特性，即要求在ω_{c}处必须具有锐截止特性。这一点在低频段还可找到合乎特性要求的滤波器，但对于高频段就很难找到合乎特性要求的滤波器了。

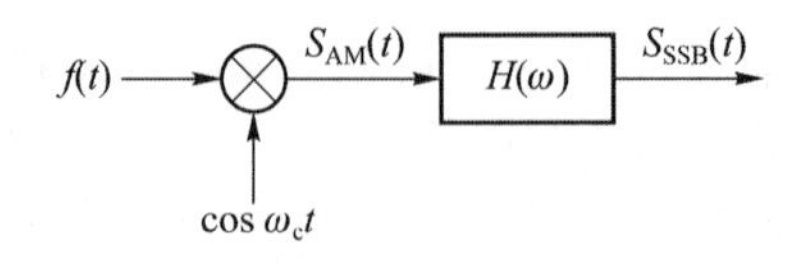

图6.11 用滤波法产生SSB信号的原理框图

6.1.4 频分多路复用

频分多路复用(Frequency Ditision Multiple，FDM)是指将多路信号按频率的不同分割进行复接并传输的方法。在频分多路复用中，信道的带宽被分成若干个相互不重叠的频段，每路信号占用其中一个频段，因而在接收端可采用适当的带通滤波器将多路信号分开，从而恢复出所需要的原始信号，这个过程就是多路信号复接和分接的过程。

例如，单路语音信号的调制电路框图及调制信号的频谱如图 6.12 所示。其调制方式可以是 AM、SSB 或 FM。

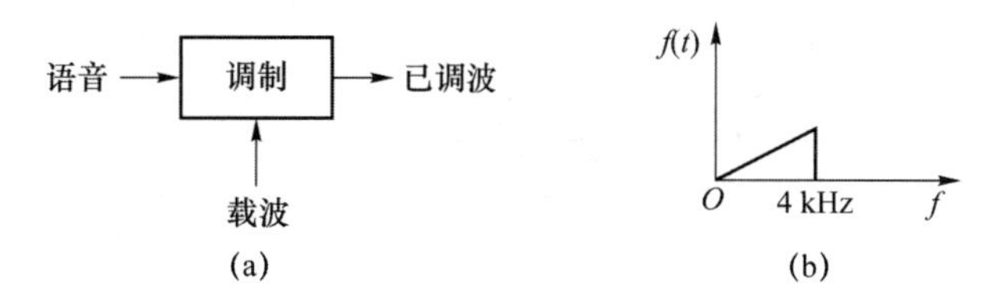

图 6.12　单路语音信号的调制电路框图及调制信号的频谱

再例如，三路语音信号 $x_1(t)$、$x_2(t)$、$x_3(t)$ 的频谱分别为 $F_1(f)$、$F_2(f)$、$F_3(f)$，$F(f)$ 经过调制搬移后合成复用输出，如图 6.13 所示。

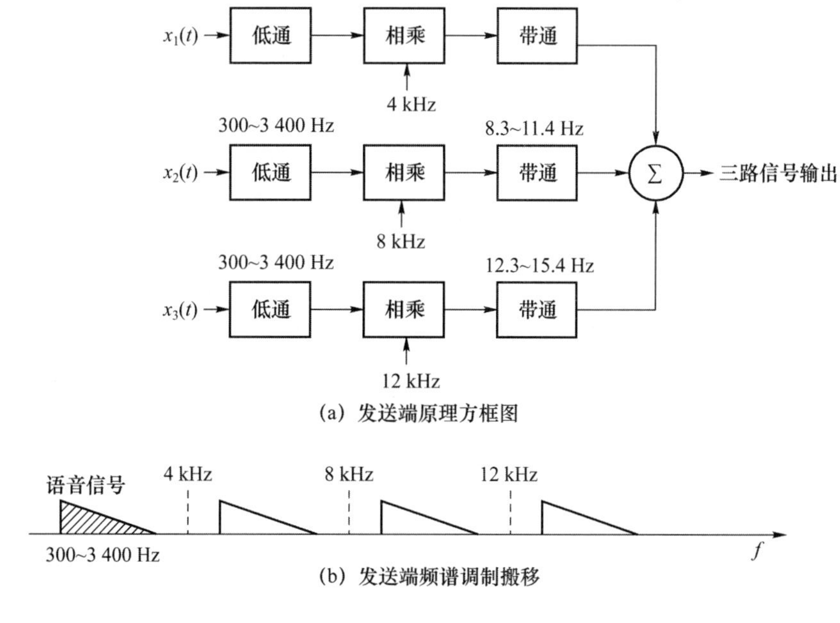

图 6.13　频分三路复用过程

接收端通过不同中心频率的带通滤波器，便可把各路信号分出来，如图 6.14 所示。

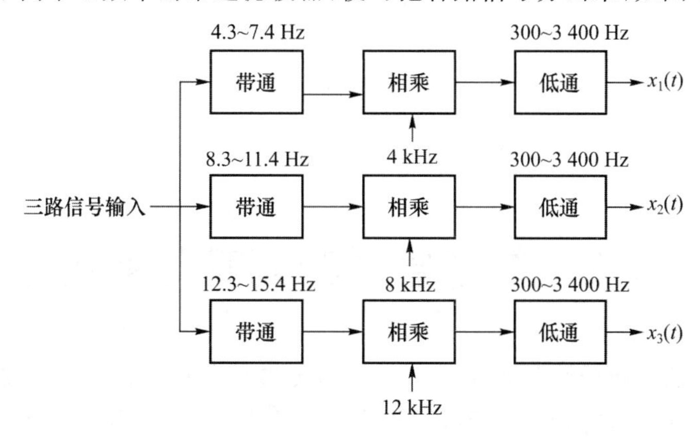

图 6.14　接收端原理框图

国际电信联盟建议,每路电话信号的频率范围应在 300～3 400 Hz,为了在各路已调信号间留有保护间隔,每路电话信号取 4 000 Hz 作为标准带宽。

基群即 12 路,占用 48 kHz 带宽,位于 12～60 kHz 之间,如图 6.15 所示。

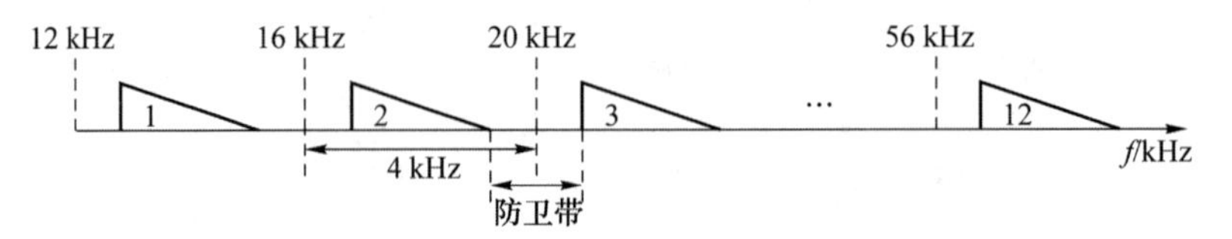

图 6.15　12 路群的频谱图

超群即 60 路群,由 5 个基群组成,占用 240 kHz 的带宽;主群即 600 路群,由 10 个超群组成。一般多路频分复用可用图 6.16 表示。

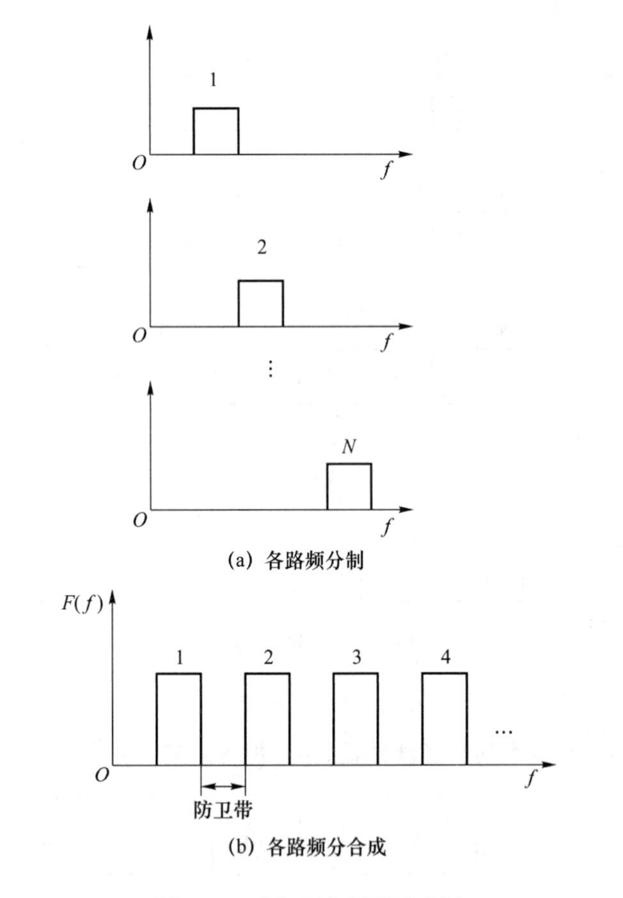

图 6.16　多路频分复用示意图

6.2　数字信号的调制与解调

在实际通信中的大部分情况下,信道不能直接传递数字基带信号,须用数字基带信号对载波的某些参数进行调制(如图 6.17 所示),使载波信号的这些参数随该数字基带信号的变化而变化，这就是数字调制传输(或称数字信号调制、数字信号频带传输)。

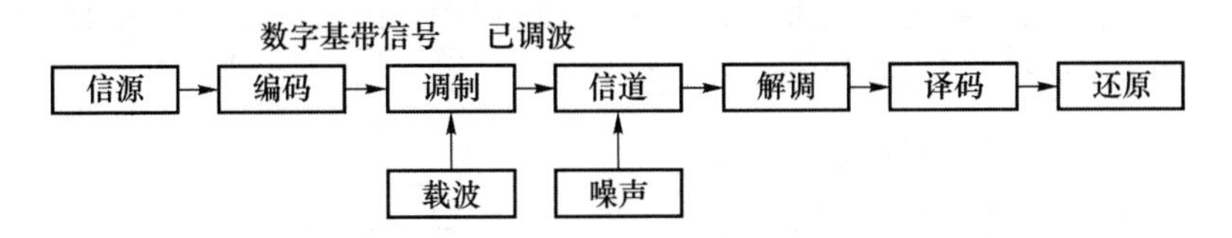

图 6.17　数字通信系统

载波：表示为 $A\cos(\omega_c t+\varphi_0)$。令 $A=1$，$\varphi_0=0$，则载波为 $\cos(\omega_c t)$。

基带信号(或调制信号)：单、双极性不归零码(全宽码)。

已调波：载波的参量(频率、相位、振幅)随基带信号变化而变化的波。

6.2.1　二进制振幅键控

数字调幅是用数字信号去控制载波幅度变化的，即信息完全载荷在载波的幅度上。二进制数据电平 1 码和 0 码相当于载波的发送与不发送，能像开关一样控制载波的有无，因此二进制数字振幅键控(Amplitude Shift Keying，ASK)方式又称为通断键控(On Off Keying，OOK)，二进制数字振幅键控通常记作 2ASK。

1. 电路结构

图 6.18 给出了单极性基带信号(矩形脉冲)对载波进行通断键控的调制电路。

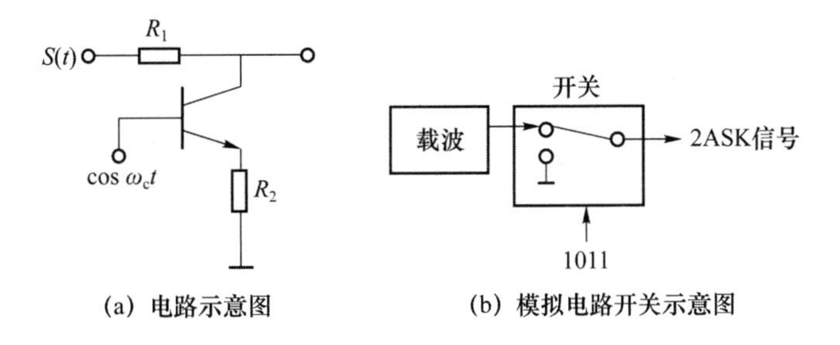

图 6.18　2ASK 电路

2. 波形表示

2ASK 调制波形如图 6.19 所示。

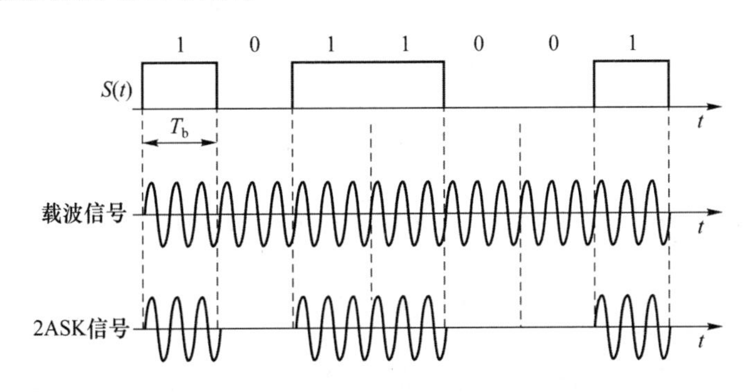

图 6.19　2ASK 调制波形

2ASK 信号之所以称为 OOK 信号，因为 2ASK 可用图 6.18(b)所示的开关电路完成。另外，由图 6.19 可见，开关电路可看成乘法器(如图 6.20 所示)，因为两波形相乘(即 $S(t)\times\cos\omega_c t$)的结果和开关电路的结果是一样的。

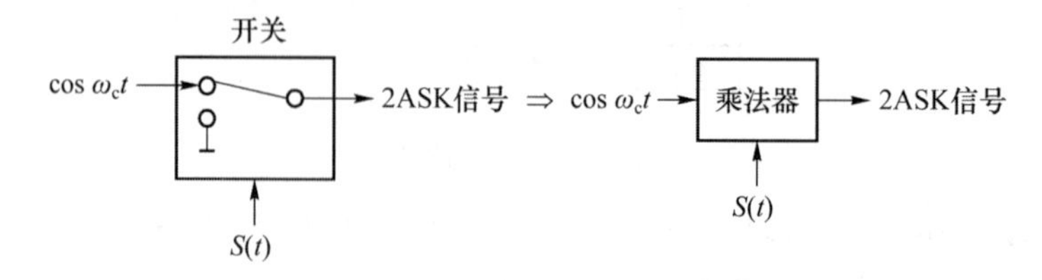

图 6.20　开关电路变成乘法器

3. 2ASK 频带分析

2ASK 的频带分析电路如图 6.21 所示。

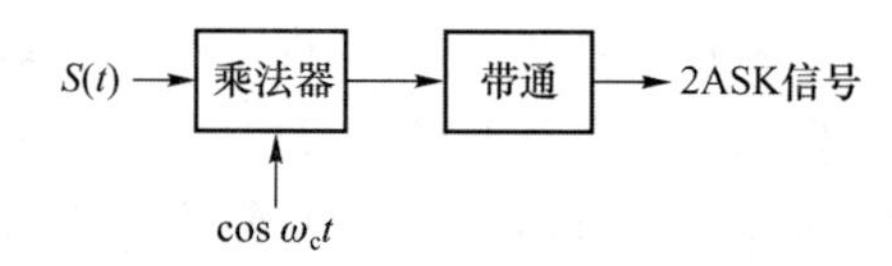

图 6.21　2ASK 的频带分析电路

经过大量统计观察后可把 $S(t)$信号看成 1 和 0 交替出现的周期方波，如图 6.22 所示。

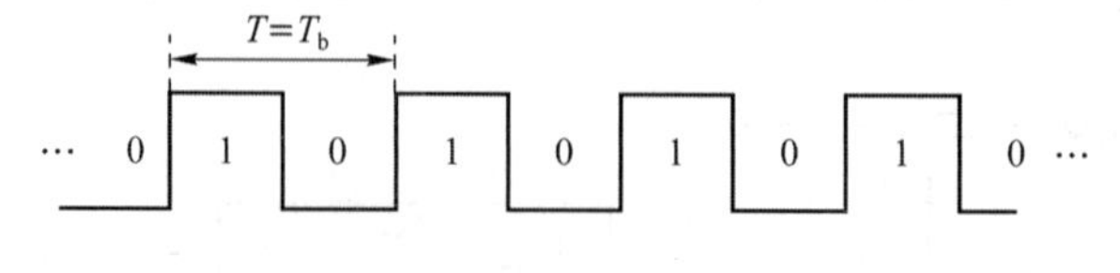

图 6.22　$S(t)$为周期方波

周期方波通过傅里叶分析可以得到式(6.6)的结果，即 $S(t)$可展开成一个余弦三角级数的无穷和。

$$S(t)=\frac{1}{2}+\frac{2}{\pi}\cos\Omega t-\frac{2}{3\pi}\cos 3\Omega t+\frac{2}{5\pi}\cos 5\Omega t-\frac{2}{7\pi}\cos 7\Omega t+\frac{2}{9\pi}\cos 9\Omega t-\cdots \tag{6.6}$$

其中，$\Omega\ll\omega_c$，$\Omega=2\pi f_b=2\pi\frac{1}{2T_b}$，$\Omega$ 为数码重复频率(数码重复频率有时也用符号 f_b)。

这个余弦三角级数特点是，后面项的振幅越来越小，即能量主要集中在前面几项。

$$\begin{aligned}S(t)\cos\omega_c t &=\left(\frac{1}{2}+\frac{2}{\pi}\cos\Omega t-\frac{2}{3\pi}\cos 3\Omega t+\frac{2}{5\pi}\cos 5\Omega t-\frac{2}{7\pi}\cos 7\Omega t+\cdots\right)\cos\omega_c t\\ &=\frac{1}{2}\cos\omega_c t+\frac{2}{\pi}\cos\Omega t\cos\omega_c t-\frac{2}{3\pi}\cos 3\Omega t\cos\omega_c t+\frac{2}{5\pi}\cos 5\Omega t\cos\omega_c t-\frac{2}{7\pi}\cos 7\Omega t\cos\omega_c t+\cdots\\ &=\frac{1}{2}\cos\omega_c t+\frac{2}{\pi}\left[\frac{1}{2}\cos(\omega_c+\Omega)t+\frac{1}{2}\cos(\omega_c-\Omega)t\right]-\\ &\quad\frac{2}{3\pi}\left[\frac{1}{2}\cos(\omega_c+3\Omega)t+\frac{1}{2}\cos(\omega_c-3\Omega)t\right]+\\ &\quad\frac{2}{5\pi}\left[\frac{1}{2}\cos(\omega_c+5\Omega)t+\frac{1}{2}\cos(\omega_c-5\Omega)t\right]-\\ &\quad\frac{2}{7\pi}\left[\frac{1}{2}\cos(\omega_c+7\Omega)t+\frac{1}{2}\cos(\omega_c-7\Omega)t\right]+\cdots\end{aligned}\tag{6.7}$$

可见输出频率包含 ω_c，$\omega_c \pm \Omega$，$\omega_c \pm 3\Omega$，$\omega_c \pm 5\Omega$，$\omega_c \pm 7\Omega$，… 由式(6.7)画出频谱图，如图 6.23所示。

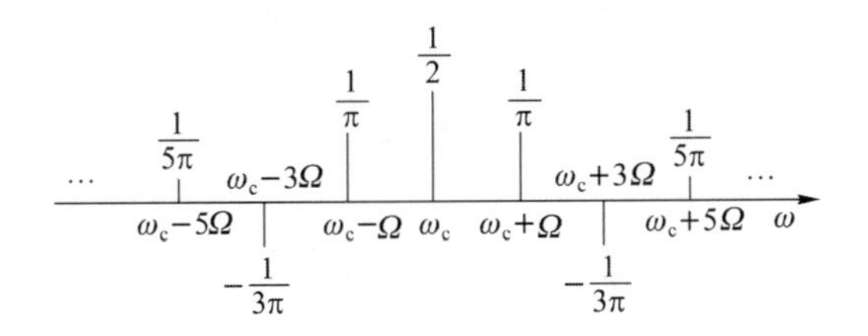

图 6.23　$s(t)\cos\omega_c t$ 信号的频谱图

如果认为信号能量主要集中在 ω_c，$\omega_c \pm \Omega$ 频率上，则其他较小，可忽略不计。2ASK 信号宽带为

$$B_w = (\omega_c + \Omega) - (\omega_c - \Omega) = 2\Omega = 4\pi \frac{1}{2T_b} \tag{6.8}$$

$$B_f = \frac{1}{T_b} \tag{6.9}$$

如图 6.24 所示，在接收端收到的 2ASK 信号 $S(t) \times \cos\omega_c t$ 与本地产生的载波 $\cos\omega_c t$ 相乘可得

$$\begin{aligned} S(t)\cos\omega_c t\cos\omega_c t &= S(t)\cos^2\omega_c t \\ &= S(t)\frac{1}{2}(1+\cos 2\omega_c t) \\ &= \frac{1}{2}S(t) + \frac{1}{2}\cos 2\omega_c t \end{aligned} \tag{6.10}$$

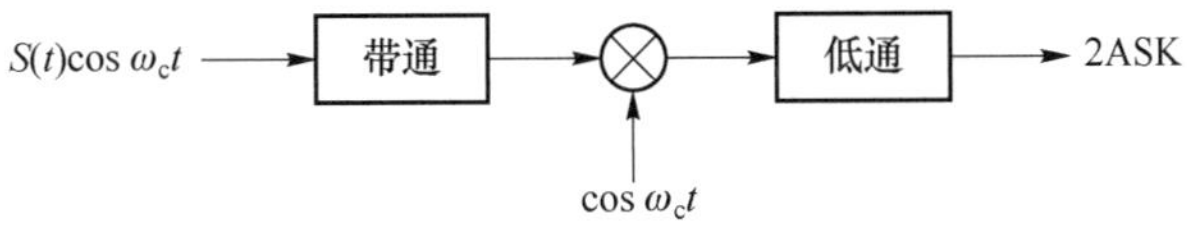

$S(t)\cos\omega_c t$ → 带通 → ⊗ → 低通 → 2ASK
$\cos\omega_c t$

图 6.24　2ASK 信号接收

经低通滤波器滤出 $\frac{1}{2}S(t)$ 项，去掉输出中的二次谐波，即可恢复基带信号 $S(t)$。

6.2.2　移相键控

移相键控(Phase Shift Keying，PSK)利用载波信号的不同相位去传输数字信号的 1 码和 0 码，是数字调制方式常用的一种。

1. 二相绝对移相键控

绝对移相键控是移相键控的一种，二相绝对移相键控通常记作 2PSK。

(1) 移相只改变载波信号的相位，即不同的基带码对应的载波起始相位不同。在图 6.25 中，载波起始相位与基带码的关系如下：载波 0 相位对应基带信号的 1 码即 1→0°；载波 π 相位对应基带信号的 0 码，即 0→180°(π)。或反之，1→180°(π)，0→0°。

(2)2PSK 调制的原理框图如图 6.25(a)所示，而 2PSK 信号工作过程波形如图 6.25(b)所示。

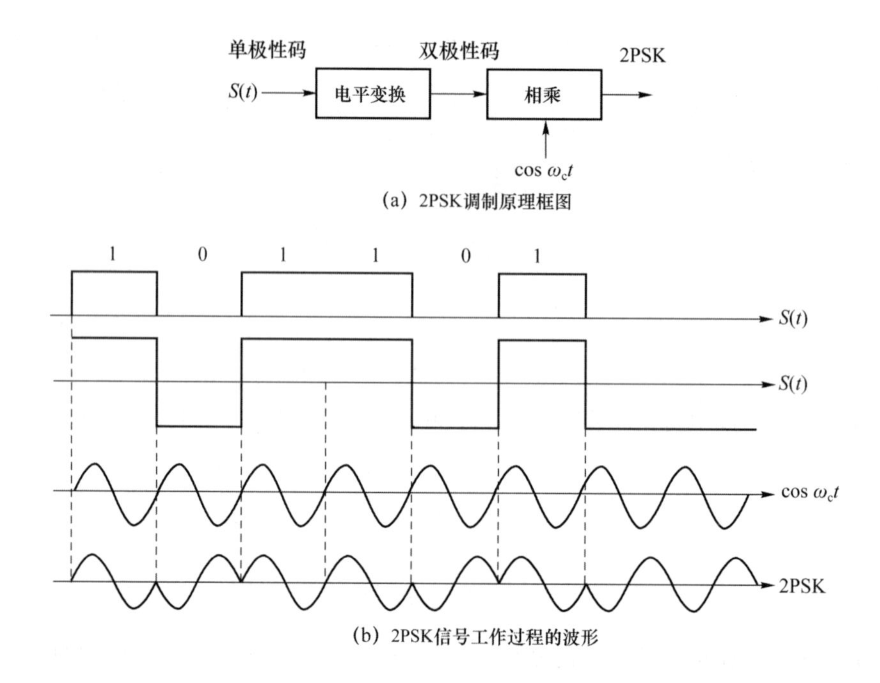

图 6.25　2PSK 产生过程

图 6.25(b)所示的波形相乘结果验证了载波起始相位与基带码所定义的规则。其中相乘器的具体典型电路(又称倒接开关调制器)如图 6.26 所示。

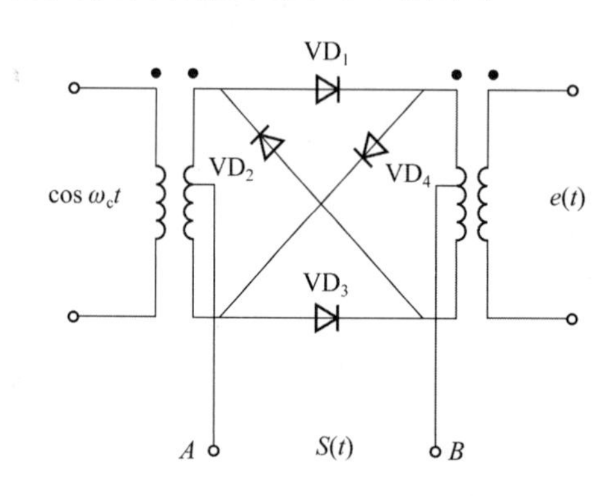

图 6.26　2PSK 信号的调制电路

倒接开关调制器的工作过程是,1 码发正脉冲,A 点电位高于 B 点电位,使上、下一对二极管导通,载波 $\cos\omega_c t$ 正向输出,已调波相位为 0°。如果 0 码发负脉冲,A 点电位低于 B 点电位,使交叉的一对二极管导通,输出 $e(t)=-\cos\omega_c t=\cos(\omega_c t+180°)$,即载波反向输出,则实现了“1→0°”和“0→180°(π)”的 规则,而如果 B 点是 1 码正脉冲,B 点电位高于 A 点电位,则实现“1→180°(π)”和“0→0°”的规则。

(3) 2PSK 信号的相干解调框图和解调工作波形分别如图 6.27(a)和如图 6.27(b)所示。

(4) 2PSK 信号是以一个同定初相的未调载波为参数的,因此,解调时必须有与此同频同相的同步载波。如果同步不完善,是存在相位误差,造成误判,这种现象称为相干载波的相位模糊。例如,本地载波反相 180° 即为 $\cos(\omega_c t+180°)$,称为倒 π 现象。解调后经判决得到的 1 码、0 码,它们与图 6.27 示出的结果将完全相反,造成严重的错码,其产生过程如图 6-28 所示。

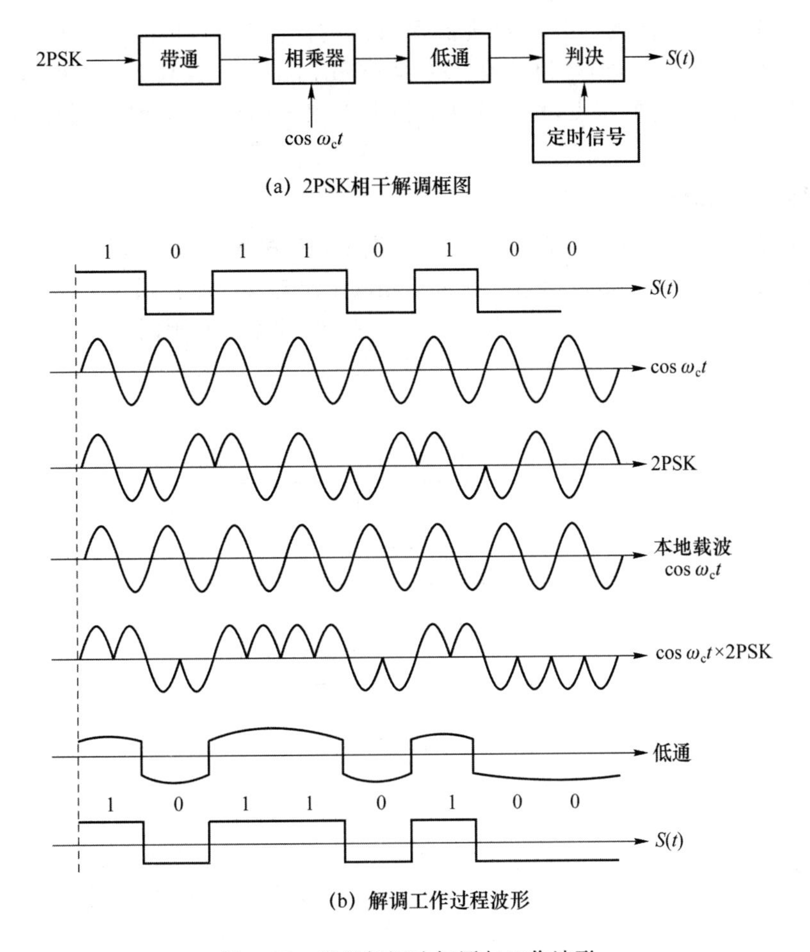

(a) 2PSK相干解调框图

(b) 解调工作过程波形

图 6.27　相干解调法框图与工作波形

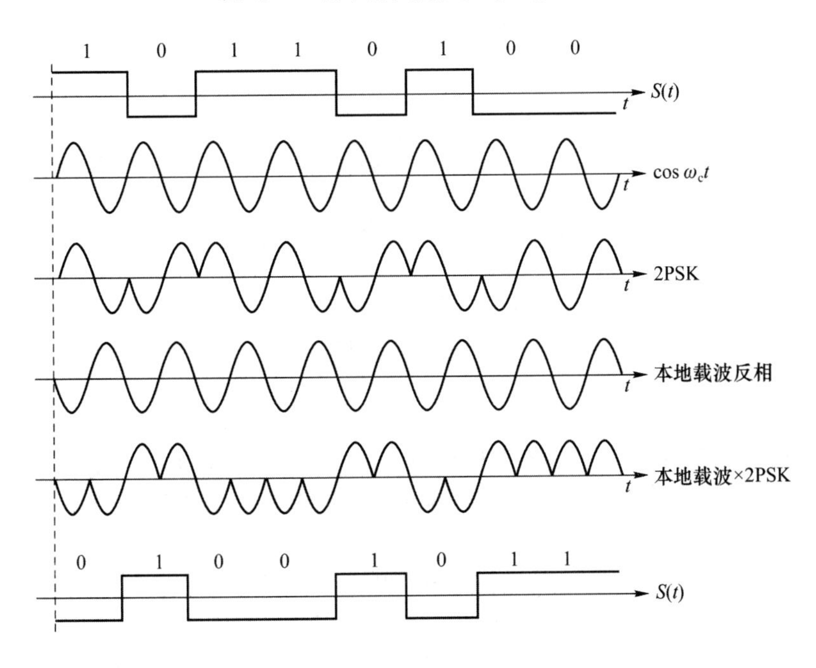

图 6.28　倒 π 现象的产生过程

为克服由于相干载波的相位模糊现象而造成的严重误码，目前在调制方式中，不采用2PSK信号，而采用差分(相对)移相键控(Differential Phase Shift Keying,DPSK)信号。根据差分(相对)移相信号本身的特点，相干载波即使发生倒π现象也不会使解调输出的基带信号发生误码。

2. 二相差分移相键控

差分移相键控或称为相对移相键控，是为了克服相位模糊现象，利用调制信号前后码元之间的载波相位的相对变化来传递信息。通常二相数字绝对移相键控通常记作2DPSK。

① 差分码(相对码)若相对于前一码元电平有变化(即不同)，则用1表示；如果无变化(即相同)，则用0表示。由绝对码变成相对码的例子如图6.29所示。由于初始参数电平有两种可能，因此有图6.29所示的两种波形。

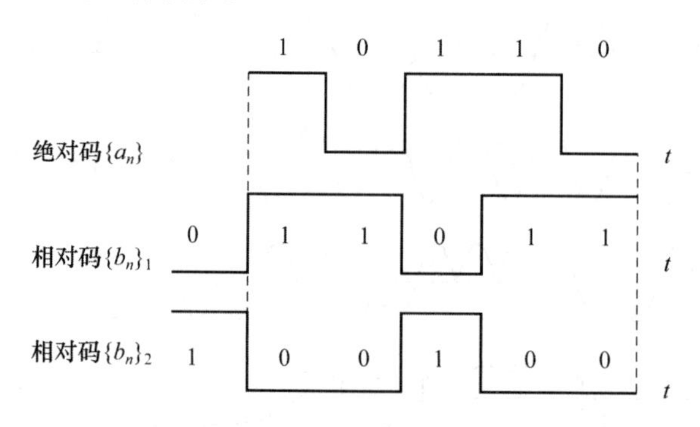

图 6.29　绝对码变成相对码的例子

绝对码与相对码(或称为差分码)的互相转换电路实现方法就是使用模2加法器和延迟器(延迟一个码元宽度 T_b)。绝对码变成相对码的过程称为差分编码，相对码变成绝对码的过程称为差分译码，如图6.30所示。

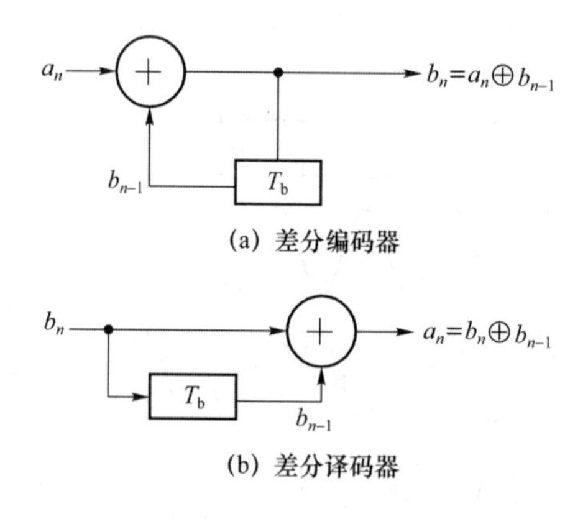

图 6.30　绝对码与相对码的互相转换

图6.30(a)所示的差分编码的逻辑关系：本时刻的差分码 b_n(相对码)等于本时刻的绝对码 a_n 模2加本时刻经延迟1 bit的 b_{n-1}。若设发送端的绝对码序列为$\{a_i\}$，信道传输的相对码序列为$\{b_i\}$，则有

$$b_i=a_i \oplus b_{i-1} \tag{6.11}$$

差分解码的逻辑为

$$c_i=b_i \oplus b_{i-1} \tag{6.12}$$

二相相对移相键控规则及波形实现方法如下：每一码元发出的载波相位取决于前一码元

的载波相位，发 1 码时，发出的载波相位比前一码元的载波相位改变180°，发 0 码时，发出的载波相位与前一码元的载波相位相同，不估改变。即

$$\begin{cases}1\rightarrow\text{变化 }\pi(180^\circ) & \Delta\varphi=\varphi_n-\varphi_{n-1}=\pi\rightarrow1\\ 0\rightarrow\text{相位不变 }0^\circ & \Delta\varphi=\varphi_n-\varphi_{n-1}=0^\circ\rightarrow0\end{cases}$$

$$\begin{cases}1\rightarrow\text{相位不变 }0^\circ & \Delta\varphi=\varphi_n-\varphi_{n-1}=0^\circ\rightarrow1\\ 0\rightarrow\text{变化 }\pi(180^\circ) & \Delta\varphi=\varphi_n-\varphi_{n-1}=\pi\rightarrow0\end{cases}$$

2DPSK 的波形如图 6.31 所示。

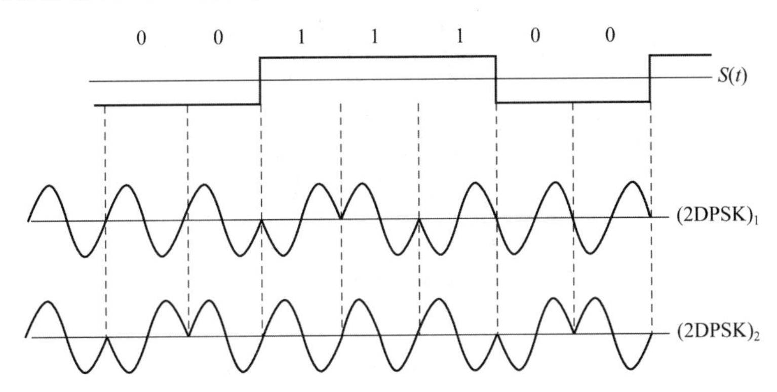

图 6.31　2DPSK 波形图

2DPSK 调制框图及工作过程如图 6.32 所示。

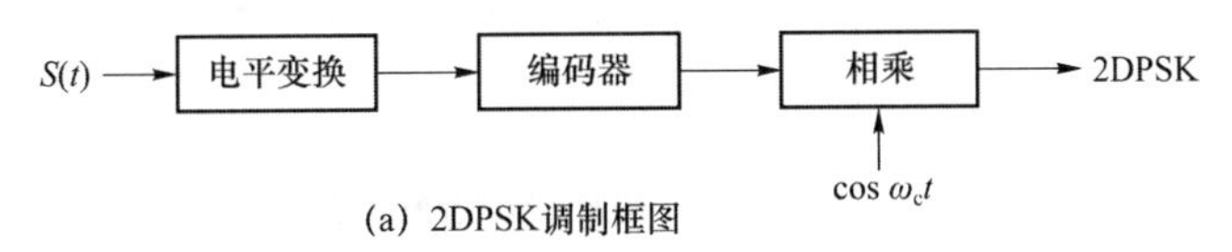

(a) 2DPSK调制框图

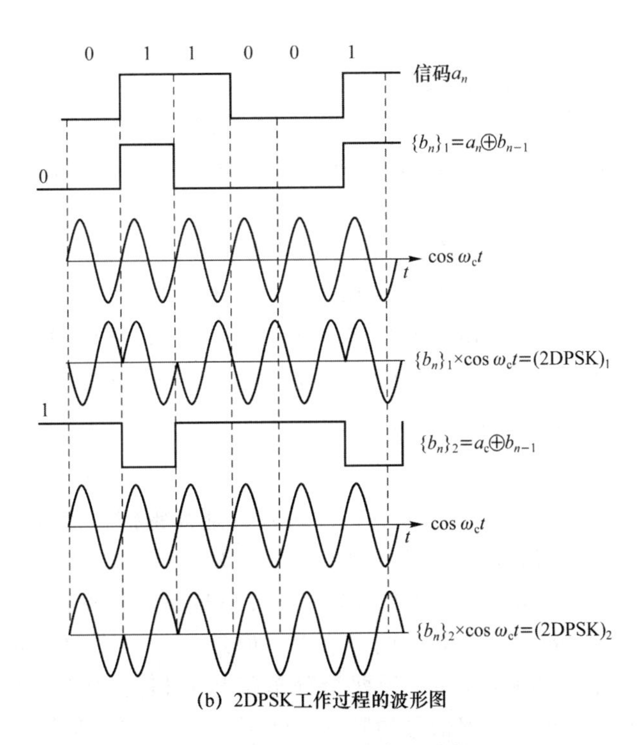

(b) 2DPSK工作过程的波形图

图 6.32　2DPSK 产生过程

① 2DPSK 解调框图及工作过程如图 6.33 所示。

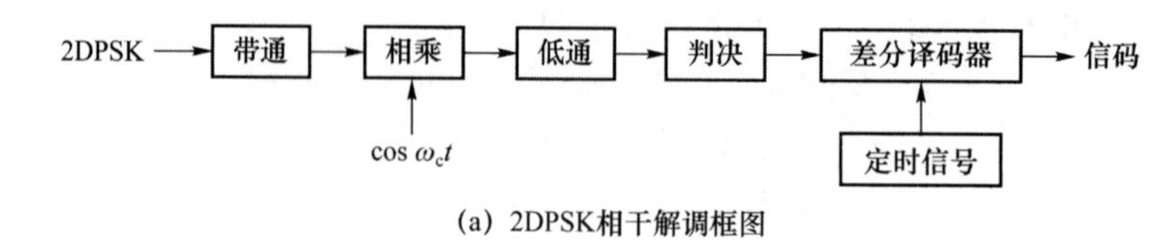

(a) 2DPSK相干解调框图

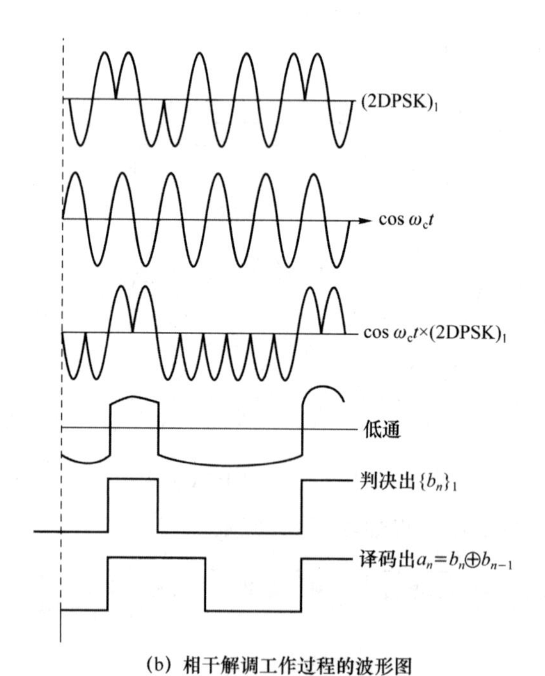

(b) 相干解调工作过程的波形图

图 6.33　2DPSK 相干解调

② 2DPSK 相位比较法解调框图及工作过程如图 6.34 所示。

这种方法不需要码变换器(差分译码器),也不需要相干载波发生器,使用设备简单。其中,T_b 延迟电路的输出起着参数载波的作用,乘法器起着相位比较(鉴相)作用。

判决器的判决准则:若抽样值 $x>0$,则判为 0;若抽样值 $x<0$,则判为 1。这种解调电路的前提条件是在接收 2DPSK 信号时不存在相位模糊问题。

下面介绍 2DPSK 解调如何解决相位模糊问题。在相干解调时,当接收的相干载波与本地载波不一致而产生倒相时,最终输出由 b_n 变成$\overline{b_n}$,但利用差分译码器的功能 $b_n \oplus b_{n-1}=a_n$,在 b_n 反向后,仍然能使等式$\overline{b_n} \oplus \overline{b_{n-1}}=a_n$ 成立,因此即使相干载波倒相,2DPSK 解调器仍可正常工作,2DPSK 解调器的工作过程如图 6.35 所示。

3. 2PSK 和 2DPSK 的频谱

2PSK(或 2DPSK)的一个信号 C 分解为两个振幅的通断键链控信号,如图 6.36 所示。A 是 1 码发出的载波,为 OOK 信号 A,B 是 0 码发出的载波,为 OOK 信号 B,显然 $C=A+B$。

由此可见,2PSK(或 2DPSK)信号是由两个 2ASK 信号叠加而成的,故 2PSK(或 2DPSK)频带宽带和 2ASK 信号频带一样,主要有两个边带。但是 2PSK(或 2DPSK)不像 2ASK 那样属于线性调制,它属于非线性调制,即由于两个分解信号的相位频谱不同,合成的 2PSK(或 2DPSK)信号的频谱形状与单独分解信号的频谱形状不同,也与基带信号频谱形状不同。

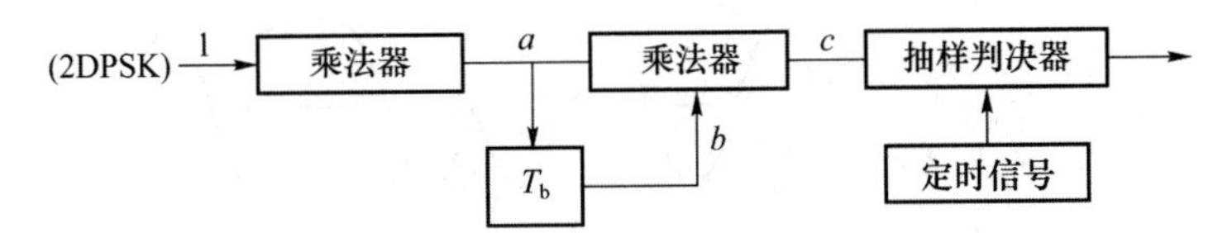

(a) 2DPSK相位比较法解调框图

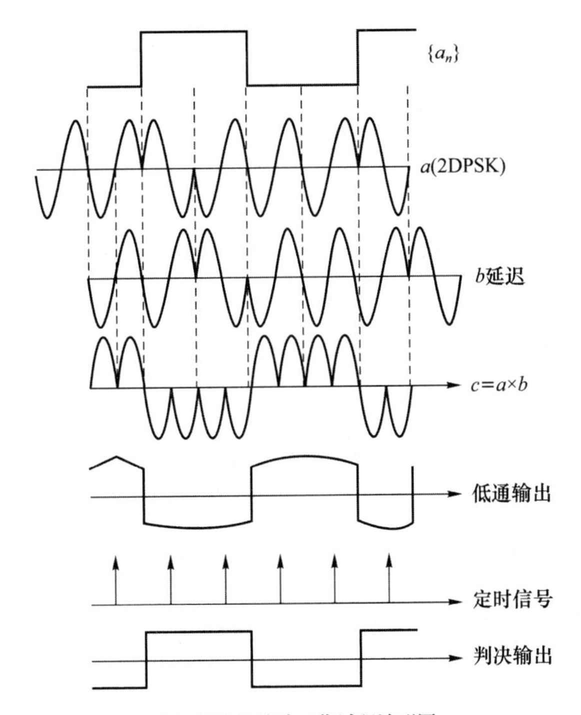

(b) 相位比较法工作过程波形图

图 6.34　2DPSK 相位比较法解调

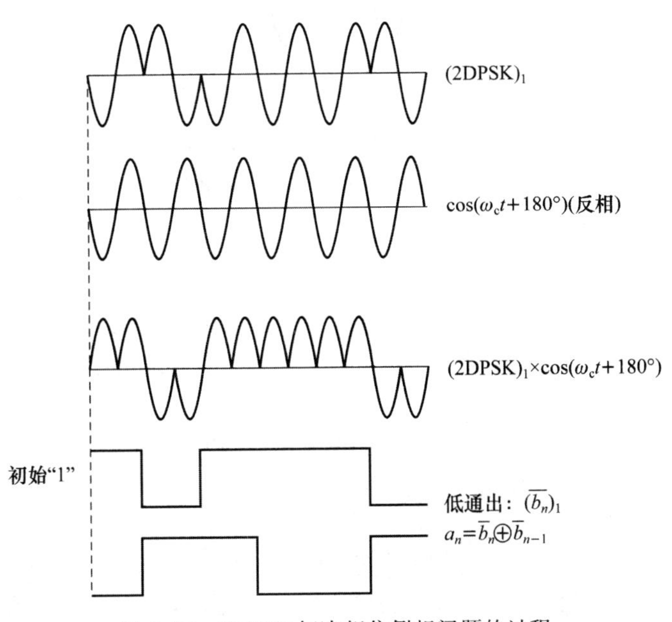

图 6.35　2DPSK 解决相位倒相问题的过程

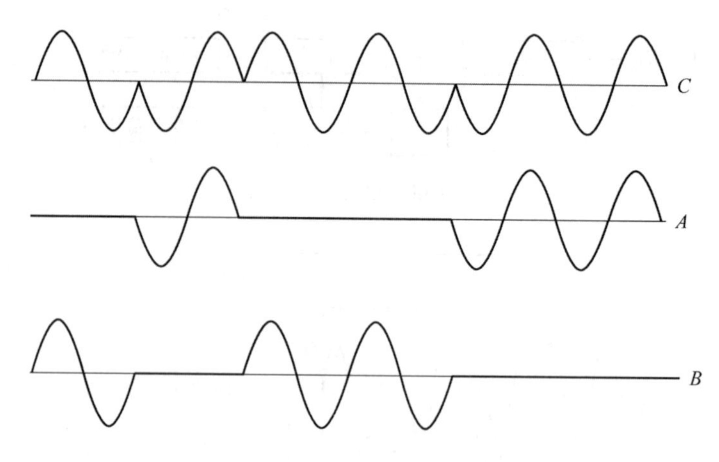

图 6.36 2PSK 或 2DPSK 信号分解

若信号 C 加上一个相位 0°的连续载波信号 D,将使 2ASK 信号幅度加倍,从而成为 E,而使 2ASK 信号 B 得以抵消,即 $C+D=E$,如图 6.37 所示。

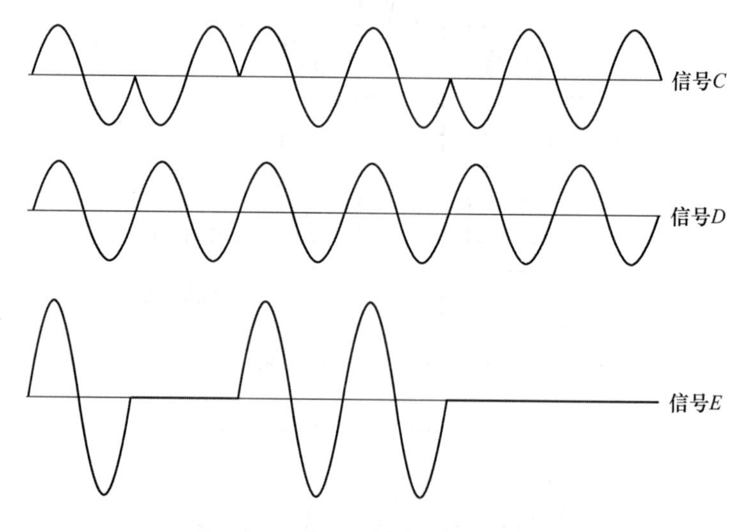

图 6.37 信号 C 和信号 D 的叠加

如图 6.37 所示,E 频谱就是 C 频谱和 D 频谱的叠加结果(即 $C+D=E$),其中 D 只是一条谱线,可以直接叠加在 C 频谱上。信号 C 和信号 D 叠加后得到的频谱图如图 6.38 所示,所以 C 频谱与 E 频谱的带宽一致。

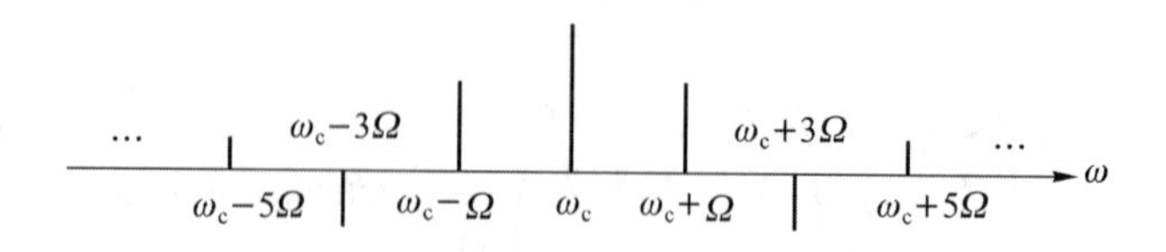

图 6.38 信号 E 的频谱图

综合分析以上两种情况,故得 2PSK 或 2DPSK 的频带为

$$B_{2PSK}=B_{2DPSK}=2f_b=\frac{1}{T_b} \tag{6.13}$$

【例 6.1】 已知数字信息 $\{a_n\}=1011010$,分别画出在以下两种情况下的 2PSK 和

2DPSK 波形。

(1) 码元速率为 1 200 baud，载波频率为 1 200 Hz。

(2) 码元速率为 1 200 baud，载波频率为 2 400 Hz。

解：(1) $T_b=\frac{1}{R_B}=\frac{1}{1\,200}$ s

$T_c=\frac{1}{f_c}=\frac{1}{1\,200}$ s

此时 2PSK 和 2DPSK 的波形如图 6.39 所示。

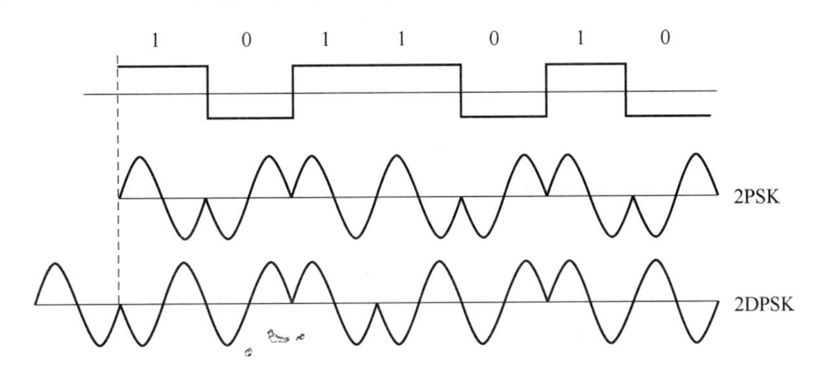

图 6.39　波形图 1

(2) $T_b=\frac{1}{R_B}=\frac{1}{1\,200}$ s

$T_c=\frac{1}{f_c}=\frac{1}{2\,400}$ s

$T_b=2T_c$

此时，2PSK 和 2DPSK 的波形如图 6.40 所示。

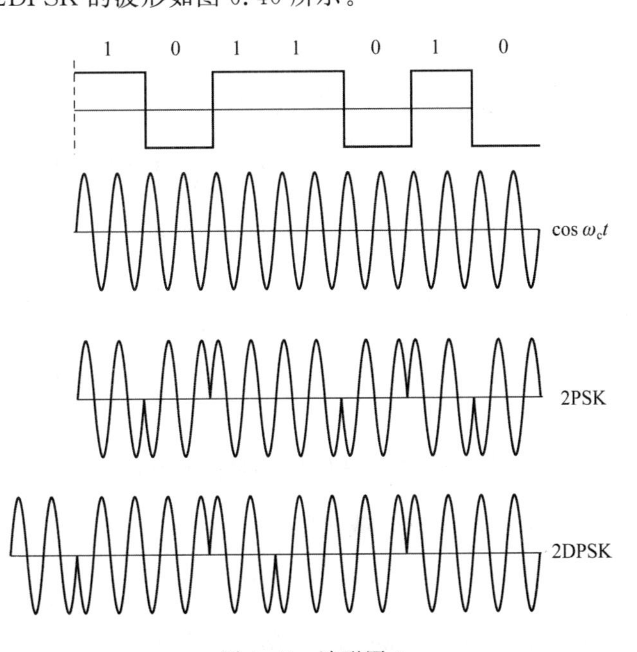

图 6.40　波形图 2

4. 四相绝对移相键控(4PSK 或 QPSK)

(1) 正交调制的概念

用向量表示正弦波,如 $u_1=12\sin(\omega_c t+\frac{\pi}{4})$,$u_1=12\sin(\omega_c t-135°)$,由这二个式子画出的矢量表示如图 6.41 所示。

u_1
12
O
$\frac{\pi}{4}$
t
−135°
12

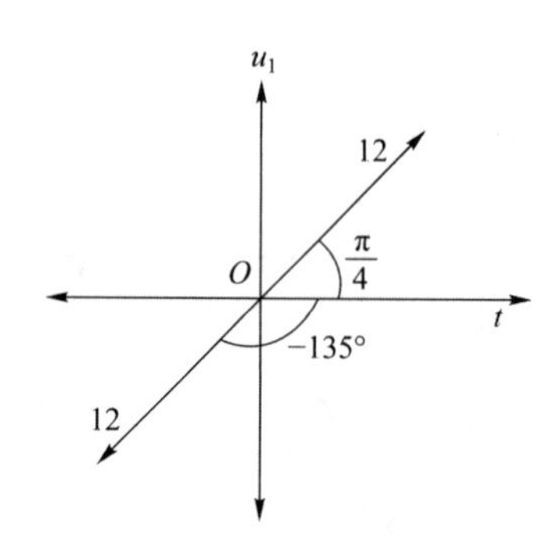

图 6.41 向量图

在图 6.22 所示的基带信号中,若 $S(t)$ 为周期方波,则 $S(t)$ 即可展成式(6.6),其中 $\Omega=2\pi f_b=2\pi\frac{1}{2T_b}=\pi\frac{1}{T_b}$,$T_b$ 为一个码元时间,$\Omega\ll\omega_c$。

正交调制和解调电路如图 6.42 所示。调制器可用倒接开关调制器。

S(t)
低通
相乘
带通
sin ωct或cos ωct
载波
(a) 发送端
带通
相乘
低通
S(t)
sin ωct或cos ωct
本地载波
(b) 接收端

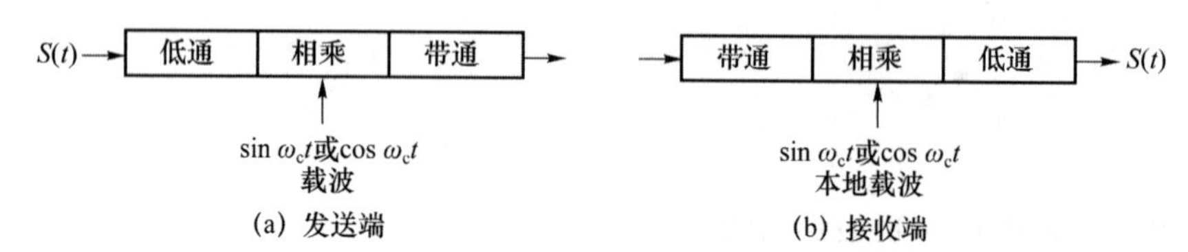

图 6.42 调制和解调框图

$S(t)$中直流分量不能通过倒接开关调制器,故 $S(t)$写成

$$S(t)=\frac{2}{\pi}\cos\Omega t-\frac{2}{3\pi}\cos 3\Omega t+\frac{2}{5\pi}\cos 5\Omega t-\cdots \tag{6.14}$$

现在我们以 $S(t)$中的$\frac{2}{\pi}\cos\Omega t$ 项作为输入,如图 6.43 所示。

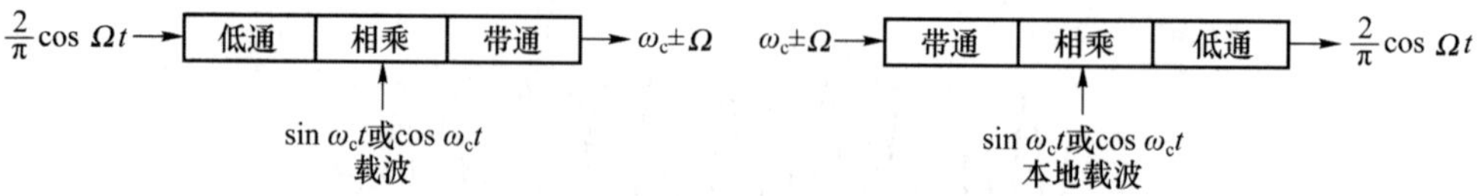

2/π cos Ωt
低通
相乘
带通
ωc±Ω
sin ωct或cos ωct
载波
ωc±Ω
带通
相乘
低通
2/π cos Ωt
sin ωct或cos ωct
本地载波

图 6.43 $\frac{2}{\pi}\cos\Omega t$ 通过调制和解调电路

为简化起见,$\frac{2}{\pi}\cos\Omega t$ 项看成 $\cos\Omega t$,载波用 $\cos\omega_c t$。

发送端的表达式为

$$\cos\Omega t\cos\omega_c t=\frac{1}{2}[\cos(\omega_c t-\Omega t)+\cos(\omega_c t+\Omega t)]=\frac{1}{2}[\cos(\omega_c-\Omega)t+\cos(\omega_c+\Omega)t] \tag{6.15}$$

接收端的表达式分为以下两种情况。

① 若本地载波用 $\cos\omega_c t$，则得（为计算简便起见，略去发送端幅度 1/2）

$$\begin{aligned}&[\cos(\omega_c+\Omega)t+\cos(\omega_c-\Omega)t]\cos\omega_c t\\&=\cos\omega_c t\cos(\omega_c+\Omega)t+\cos\omega_c t\cos(\omega_c-\Omega)t\\&=\frac{1}{2}[\cos(\omega_c t+\omega_c t+\Omega t)+\cos(\omega_c t-\Omega t-\omega_c t)]+\\&\quad\frac{1}{2}[\cos(\omega_c t-\Omega t+\omega_c t)+\cos(\omega_c t+\Omega t-\omega_c t)]\\&=\frac{1}{2}[\cos(2\omega_c t+\Omega t)+\cos\Omega t]+\frac{1}{2}[\cos(2\omega_c t-\Omega t)+\cos\Omega t]\\&=\frac{1}{2}\cos(2\omega_c+\Omega)t+\frac{1}{2}\cos(2\omega_c-\Omega)t+\cos\Omega t\end{aligned}\tag{6.16}$$

低通滤波器滤出 $\cos\Omega t$，即恢复 $\cos\Omega t$ 项。

② 若本地载波用 $\sin\omega_c t$，则得（为计算简便起见，略去发送端幅度$\frac{1}{2}$）

$$\begin{aligned}&\sin\omega_c t[\cos(\omega_c+\Omega)t+\cos(\omega_c-\Omega)t]\\&=\cos(\omega_c t-90^\circ)[\cos(\omega_c+\Omega)t+\cos(\omega_c-\Omega)t]\\&=\frac{1}{2}[\cos(\omega_c t+\omega_c t+\Omega t-90^\circ)+\cos(\omega_c t+\Omega t-\omega_c t+90^\circ)]+\\&\quad\frac{1}{2}[\cos(\omega_c t-\Omega t+\omega_c t-90^\circ)+\cos(\omega_c t-\Omega t-\omega_c t+90^\circ)\\&=\frac{1}{2}[\cos(2\omega_c t+\Omega t-90^\circ)+\cos(90^\circ+\Omega t)+\cos(2\omega_c t-\Omega t-90^\circ)+\cos(90^\circ-\Omega t)]\\&=\frac{1}{2}[\cos(2\omega_c t+\Omega t-90^\circ)+\cos(2\omega_c t-\Omega t-90^\circ)]+\\&\quad\frac{1}{2}[\cos(90^\circ+\Omega t)+\cos(90^\circ-\Omega t)]\\&=\frac{1}{2}[\cos(2\omega_c t+\Omega t-90^\circ)+\cos(2\omega_c t-\Omega t-90^\circ)]+\cos 90^\circ\cos\Omega t\\&=\frac{1}{2}[\cos(2\omega_c t+\Omega t-90^\circ)+\cos(2\omega_c t-\Omega t-90^\circ)]\\&=\frac{1}{2}[\sin(2\omega_c t+\Omega t)+\sin(2\omega_c t-\Omega t)]\end{aligned}\tag{6.17}$$

由式(6.17)可见，没有低频项，故低通滤波器输出为零。

由此得出结论：发送端用载波 $\cos\omega_c t$ 时，接收端要对应本地载波为 $\cos\omega_c t$ 才能有输出，若接收端对应的本地载波为 $\sin\omega_c t$，则无输出。

同理，若发送端为 $\sin\omega_c t$，接收端也分为以下两种情况。

① 由 $(\cos\Omega t\sin\omega_c t)\sin\omega_c t$ 可推得，低通滤波器滤出 $\cos\Omega t$ 项，即恢复 $\cos\Omega t$ 项。

② 由 $(\cos\Omega t\sin\omega_c t)\cos\omega_c t$ 可推得，低通滤波器无输出。

由此得出结论：发送端用载波 $\sin\omega_c t$ 时，接收端要对应用载波 $\sin\omega_c t$ 才能有输出，若用本地载波 $\cos\omega_c t$，则无输出。

另外，同理，若再以 $S(t)$ 信号的$\frac{2}{3\pi}\cos\Omega t$ 等其他项作为输入分析，也可得到一样的结果。

由此可见，两路信号合成(相加)传送与接收的过程如图 6.44 所示。

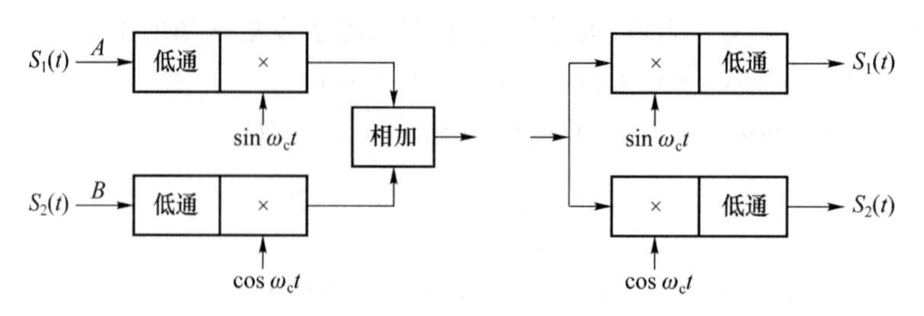

图 6.44　两路信号合成(相加)传送与接收

可见 A 路发时只有 A 路收到，B 路发时只有 B 路收到，在同一信道上传送，互不干扰。因为这种调制采用两种载波(即 $\cos\omega_c t$ 和 $\sin\omega_c t$)，这两种载波是相互正交的，所以它又称为正交调制(OAM)。

(2) 4PSK 的产生

这种数字正交调制用于数据传输时，让一个数据序列分成两路，两路同时传送，从而加快传输速度。具体方法是在发端加一串/并转换，收端则应是并/串转换，如 A 路是①，③，⑤，…位码元组成，B 路是②，④，⑥，…位码元组成，如图 6.45 所示。

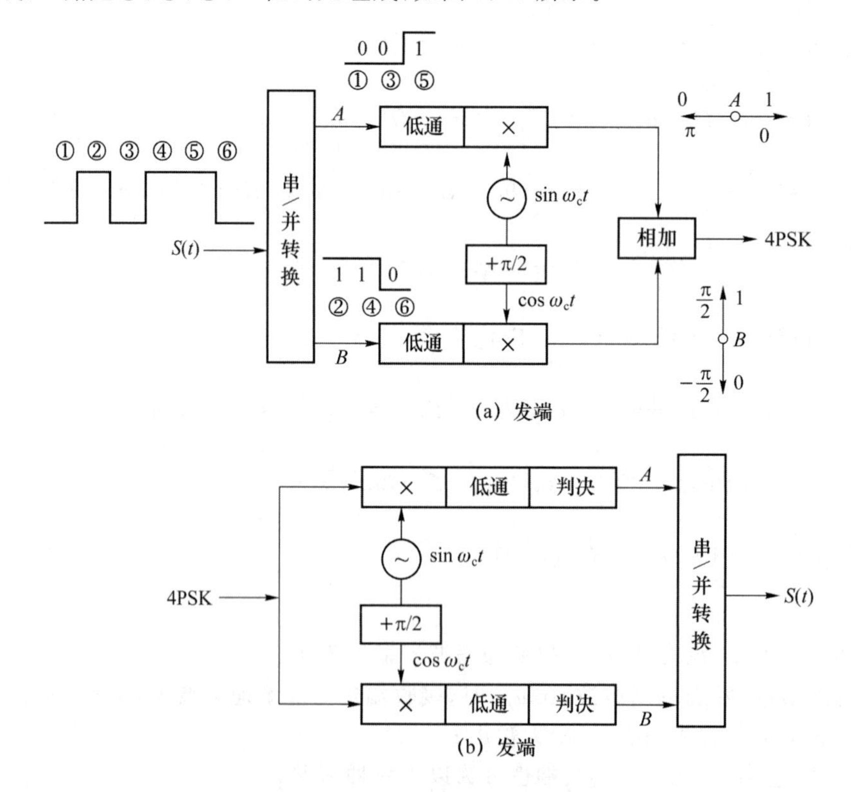

图 6.45　发端和收端的串/并转换

4PSK 的产生电路如图 6.45 所示。考虑发端的乘法器(倒接开关调制器)和用双极性码作控制。倒接开关调制器的工作原理已在前文分析过，即 1 码发正脉冲，使输出的是正载波($\sin\omega_c t$ 和 $\cos\omega_c t$)，0 码发负脉冲，使输出的是负载波($-\sin\omega_c t$ 和 $-\cos\omega_c t$)。A、B 两路相加后产生的四种结果如下。

① 若 A、B 两路都发 1 码，即 $AB=11$，则两路合成为

$$\sin\omega_c t+\cos\omega_c t=\sqrt{2}\sin(\omega_c t+45°) \tag{6.18}$$

② 若 A、B 两路都发 0 码，即 $AB=00$，则两路合成为

$$\begin{aligned}-\sin\omega_c t-\cos\omega_c t &= -(\sin\omega_c t+\cos\omega_c t)\\ &= -\sqrt{2}\sin(\omega_c t+45°)\\ &= \sqrt{2}\sin[180°+(\omega_c t+45°)]\\ &= \sqrt{2}\sin(\omega_c t+225°)\end{aligned} \tag{6.19}$$

③ 若 A 路发 0 码，B 路发 1 码，即 $AB=01$ 时，则合成为

$$\begin{aligned}-\sin\omega_c t+\cos\omega_c t &= -(\sin\omega_c t-\cos\omega_c t)\\ &= -\sqrt{2}\sin(\omega_c t-45°)\\ &= \sqrt{2}\sin[180°+(\omega_c t-45°)]\\ &= \sqrt{2}\sin(\omega_c t+135°)\end{aligned} \tag{6.20}$$

④ 若 A 路发 1 码，B 路发 0 码，即 $AB=10$ 时，则两路合成为

$$\begin{aligned}\sin\omega_c t-\cos\omega_c t &= \sqrt{2}\sin(\omega_c t-45°)\\ &= \sqrt{2}\sin[360+(\omega_c t-45°)]\\ &= \sqrt{2}\sin(\omega_c t+315°)\end{aligned} \tag{6.21}$$

据此画出矢量图，如图 6.46 所示，虚线箭头表示参考相位（基准相位），对绝对相移而言，参考相位为载波的初相。

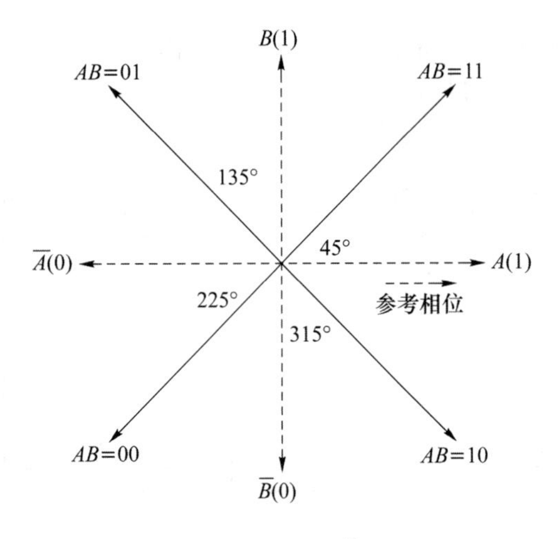

图 6.46　矢量图（$\frac{\pi}{4}$体系）

图 6.46 中的双极性码与相角对应关系如表 6.1 所示。

表 6.1　双极性码与相角对应关系

AB	已调波起始相位 ϕ
11	45°
01	135°
00	225°(−135°)
10	315°(−45°)

由图 6.45 所示的 4PSK 所产生的正交调制的四种不同状态(即四种不同相位的信号),属于四进制。根据四进制码与二进制码的关系可知,每一相位的信号包含 2 bit 信息。

可见,为提高传信率 $R_b=R_B\log_2 N$,利用载波的一种相位去携带一组二进制信息码。

图 6.46 是按 $\sin(\omega_c t+\phi)$来定的,其中 $\phi=45°+n\times90°(n=0,1,2,3)$。我们把这个矢量图 6.46 称为是$\frac{\pi}{4}$体系的。

注意,一般画波形是根据 $\sin(\omega_c t+\phi)$来画的,但在说明原理时常使用 $\cos(\omega_c t+\phi)$来表示相移信号。

【例 6.2】 画出数字序列 101100100100 的 4PSK 的$\frac{\pi}{4}$体系波形图。

解:4PSK 波形图如图 6.47 所示。

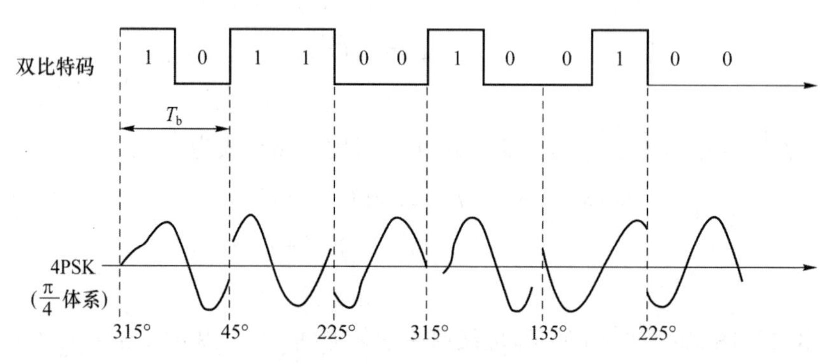

图 6.47　4PSK 波形图

注意:$S(t)$的一个四进码元时间 T_b 对应二位二进制码。

(3) 4PSK 的鉴相解调法(极性比较法)

4PSK 的鉴相解调法如图 6.48 所示。

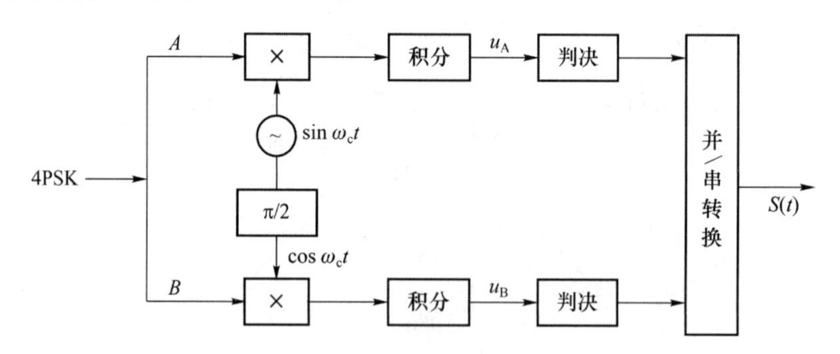

图 6.48　4PSK 的鉴相解调法

一个四相调相信号可以表示为 $\sin(\omega_c t+\phi)$,ϕ 为已调波起始相位,有四种取值。

$$\begin{aligned} u_A &= \int_0^{T_b} \sin(\omega_c t+\phi)\sin\omega_c t\,dt \\ &= \frac{1}{2}\int_0^{T_b}[\cos\phi-\cos(2\omega_c t+\phi)]dt \end{aligned} \tag{6.22}$$

T_b 为双比特码元周期(如图 6.47 所示),故在 $t=T_b$时有

$$u_A=\frac{1}{2}\int_0^{T_b}\cos\phi dt=\frac{T_b}{2}\cos\phi \tag{6.23}$$

假设在 $t=T_b$ 时刻进行抽样判决，那么式(6.22)的 $\frac{1}{2}\int_0^{T_b}-\cos(2\omega_c t+\phi)\mathrm{d}t$ 项等于零。这是由于在持续时间 T_b 内有整数个余弦载波周期，所以其积分结果必为零。同理有

$$\begin{aligned} u_B &= \int_0^{T_b}\sin(\omega_c t+\phi)\cos\omega_c t\mathrm{d}t \\ &= \frac{1}{2}\int_0^{T_b}[\sin(2\omega_c t+\phi)+\sin\phi]\mathrm{d}t \\ &= \frac{T_b}{2}\sin\phi \end{aligned} \tag{6.24}$$

由上可见，A 路积分输出与 $\cos\phi$ 成正比，B 路积分输出与 $\sin\phi$ 成正比。$\sin\phi$ 和 $\cos\phi$ 或为正("+")或为负("−")值，最终值经判决器后输出。判决准则："+"值判为 1，"−"值判为 0，如表 6.2 所示。

表 6.2　相角对应判决值

ϕ	$\cos\phi$	$\sin\phi$	A	B
45°	+	+	1	1
135°	−	+	0	1
225°	−	−	0	0
315°	+	−	1	0

得到 AB 后，再恢复成原二位二进制码串行序列。

【例 6.3】　数字消息分别为 11，00，01，10 时，试分析图 6.49 所示的 4PSK 输出相位矢量图。

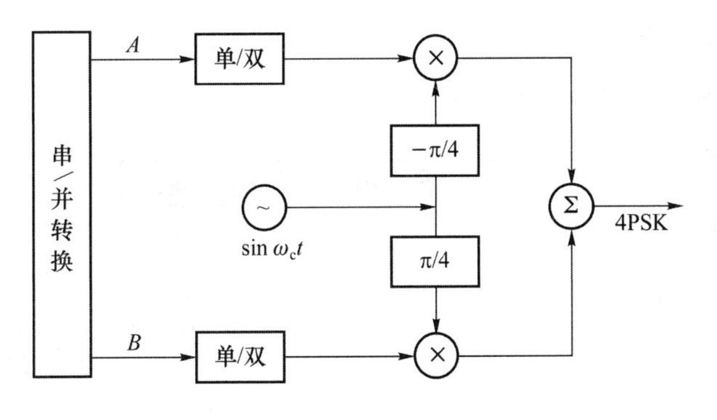

图 6.49　4PSK 产生框图

解：$AB=11$ 时，合成输出为

$$\sin(\omega_c t-45°)+\sin(\omega_c t+45°)=2\sin\omega_c t\sin 45°=\sqrt{2}\sin\omega_c t$$

$AB=00$ 时，合成输出为

$$\begin{aligned} &-\sin(\omega_c t-45°)-\sin(\omega_c t+45°)=-2\sin\omega_c t\cos 45° \\ &=\sqrt{2}\sin(\omega_c t+180°)=\sqrt{2}\sin(\omega_c t-90°) \\ &=\sqrt{2}\sin(\omega_c t-90°)=\sqrt{2}\sin(\omega_c t+270°) \end{aligned}$$

$AB=01$ 时，合成输出为

$$-\sin(\omega_c t-45°)+\sin(\omega_c t+45°)=2\cos\omega_c t\sin 45°=\sqrt{2}\sin(\omega_c t+90°)$$

$AB=10$ 时，合成输出为

$$\sin(\omega_c t-45°)-\sin(\omega_c t+45°)=2\cos\omega_c t\sin(-45°)$$
$$=-\sqrt{2}\cos\omega_c t=\sqrt{2}\sin(\omega_c t+270°)$$

据此画出的 4PSK 输出相位矢量图如图 6.50 所示，是按 $\sin(\omega_c t+\phi)$ 来定的，其中 $\phi=n\times 90°(n=0,1,2,3)$。我们把这个矢量图称为是$\frac{\pi}{2}$体系的。

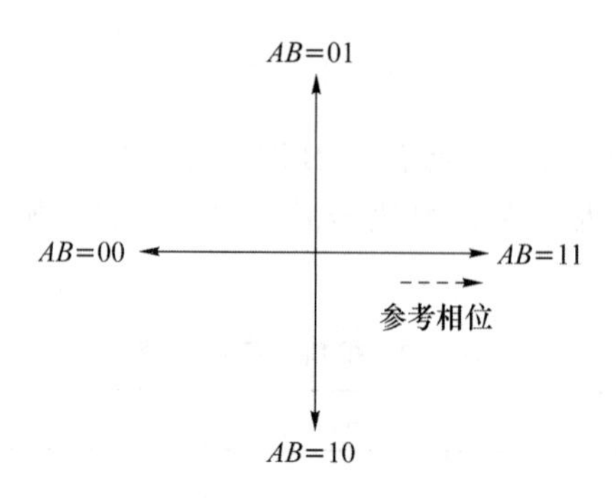

图 6.50　矢量图($\frac{\pi}{2}$体系)

5. 四相差分移相键控(4DPSK)

(1) 规则

每一个四进制码元(二位二进制码元)载波与前一个四进制码元(二位二进制码元)载波有四种不同的相位差，即 $\Delta\phi=\phi_n-\phi_{n-1}$ 可得到四种不同的移相信号。四进制码元(二位二进制码元)的相对相移信号相位是将前一个四进制码元(二位二进制码元)的相位 ϕ_{n-1} 与 $\Delta\phi$ 相加。

(2) $\frac{\pi}{4}$体系的 4DPSK

① 4DPSK 产生框图如图 6.51 所示。

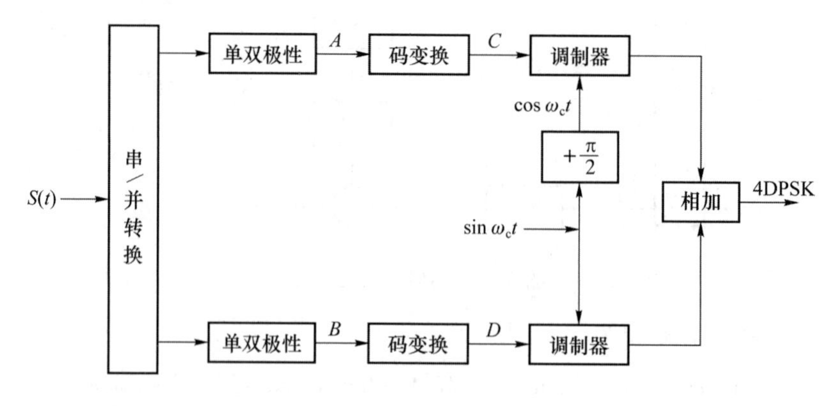

图 6.51　4DPSK 产生框图($\frac{\pi}{4}$体系)

它产生的矢量图如图 6.52 所示，是$\frac{\pi}{4}$体系的。对差分相移而言，参考相位为前一个已调载波码元的末相(当载波频率是码元速率的整数倍时，也可认为是初相)。

图 6.52 的矢量图表示一种差分四相键控的信号组。坐标右横轴表示前一个四进码元的信号相位。例如，二位二进制码元“11”这一四进码元的差分移相信号的相位，将为前一四进码元的信号相位加 $\Delta\phi=45°$，其他类推，见表 6.3 所示。

表 6.3　四进码元对应相位

CD	$\Delta\phi$
11	45°
01	135°
00	225°
10	315°

② 4PPSK 相干解调框图$\left(\frac{\pi}{4}体系\right)$如图 6.53 所示。

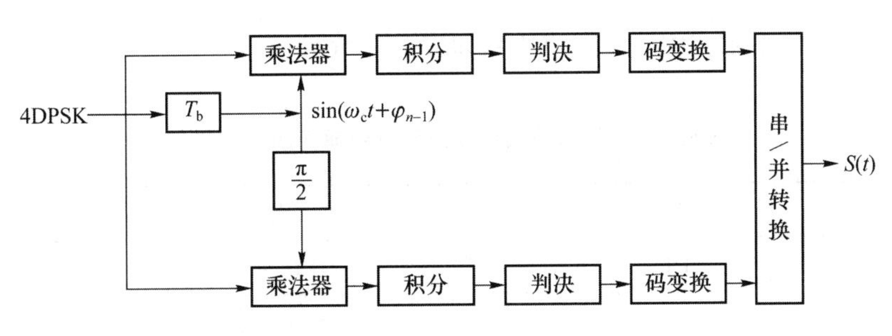

图 6.53　4DPSK 相干解调框图$\left(\frac{\pi}{4}体系\right)$

收端不需要本地振荡器，而采用延迟线，使接收信号$\sqrt{2}\sin(\omega_c t+\phi_n)$延迟一个四进制码元时间，成为前一个四进制码元的移相信号$\sqrt{2}\sin(\omega_c t+\phi_{n-1})$，接收信号与前一码元信号进入 A 路鉴相器。

$$
\begin{aligned}
u_C &= \int_0^{T_b}[\sqrt{2}\sin(\omega_c t+\phi_n)\times\sqrt{2}\sin(\omega_c t+\phi_{n-1})]\mathrm{d}t \\
&= \int_0^{T_b}[\cos\Delta\phi-\cos(2\omega_c t+\phi_n+\phi_{n-1})]\mathrm{d}t \\
&= \int_0^{T_b}\cos\Delta\phi\,\mathrm{d}t = T_b\cos\Delta\phi
\end{aligned}
\tag{6.25}
$$

同理

$$
\begin{aligned}
u_D &= \int_0^{T_b}\left[\sqrt{2}\sin(\omega_c t+\phi_n)\times\sqrt{2}\sin\left(\omega_c t+\phi_{n-1}+\frac{\pi}{2}\right)\right]\mathrm{d}t \\
&= \int_0^{T_b}\left[\cos\left(\Delta\phi-\frac{\pi}{2}\right)-\cos\left(2\omega_c t+\phi_n+\phi_{n-1}+\frac{\pi}{2}\right)\right]\mathrm{d}t \\
&= \int_0^{T_b}\cos\left(\Delta\phi-\frac{\pi}{2}\right)\mathrm{d}t = T_b\sin\Delta\phi
\end{aligned}
\tag{6.26}
$$

得到输出与 $\cos(\phi_n-\phi_{n-1})=\cos\Delta\phi$ 成比例。接收信号经90°相移得到$\sqrt{2}\sin(\omega_c t+\phi_{n-1}+90°)$后，再进入 B 路鉴相器，于是输出与 $\sin(\phi_n-\phi_{n-1})=\sin\Delta\phi$ 成比例。两路取样判决得到"+""−"，经取样判决后得到表 6.4 所示的结果，再经过码变换及并/串变换后恢复为 $S(t)$。

表 6.4　相角对应判决值

$\Delta\phi$	$\cos\Delta\phi$	$\sin\Delta\phi$	C	D
45°	+	+	1	1
135°	−	+	0	1
225°	−	−	0	0
315°	+	−	1	0

4DSK 与 4PSK 相干解调法不同之处在于，它是利用前一个载波相位作为参考相位进行解调的。延迟时间 T_b 为双比特码元（四进制码元）周期。这种电路结构比较简单，但误码性能较差。

③ 下面介绍$\frac{\pi}{4}$体系的 4DPSK 调制波形图。$\frac{\pi}{4}$体系的码元“11”对应的 $\phi_n = 45° + \phi_{n-1}$，其他四进制码元与$\frac{\pi}{4}$体系载波相位的对应关系如表 6.5 所示。

表 6.5　$\frac{\pi}{4}$体系载波相位与四进制码元的对应关系

CD	ϕ_n
1 1	$\phi_n = 45° + \phi_{n-1}$
0 1	$\phi_n = 135° + \phi_{n-1}$
0 0	$\phi_n = 225° + \phi_{n-1}$
1 0	$\phi_n = 315° + \phi_{n-1}$

根据规则，画出 4DPSK 的$\frac{\pi}{4}$体系波形图，如图 6.54 所示。

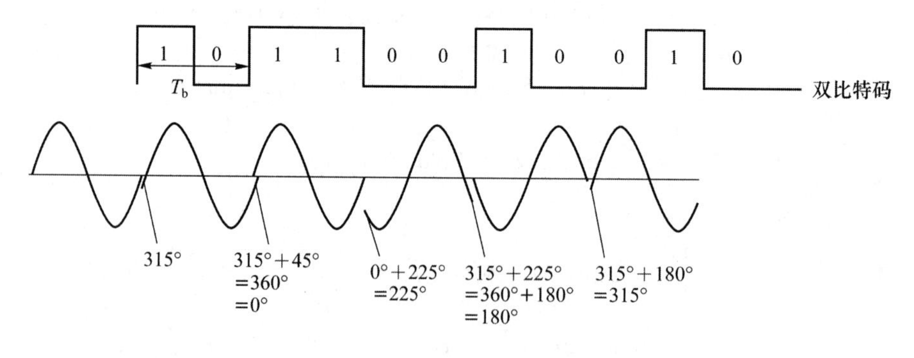

图 6.54　4DPSK 的$\frac{\pi}{4}$体系波形图

(3) $\frac{\pi}{2}$体系的 4DPSK

① $\frac{\pi}{2}$体系的 4DPSK 产生框图如图 6.55 所示。它产生的矢量图如图 6.56 所示，是$\frac{\pi}{2}$体系的。

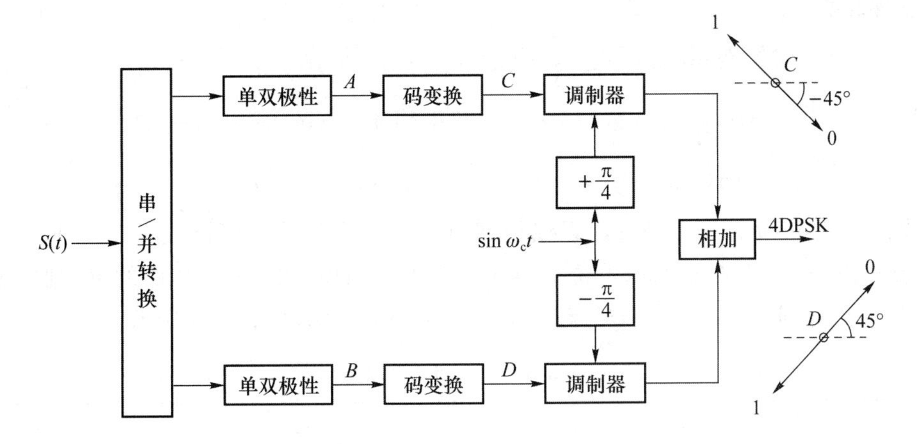

图 6.55　4DPSK 产生框图$\left(\frac{\pi}{2}\text{体系}\right)$

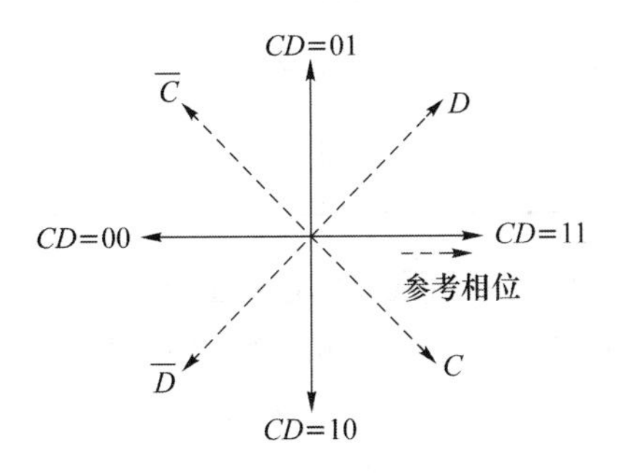

图 6.56　4DPSK 矢量图$\left(\frac{\pi}{2}\text{体系}\right)$

② 4DPSK 解调框图$\left(\frac{\pi}{2}\text{体系}\right)$如图 6.57 所示。

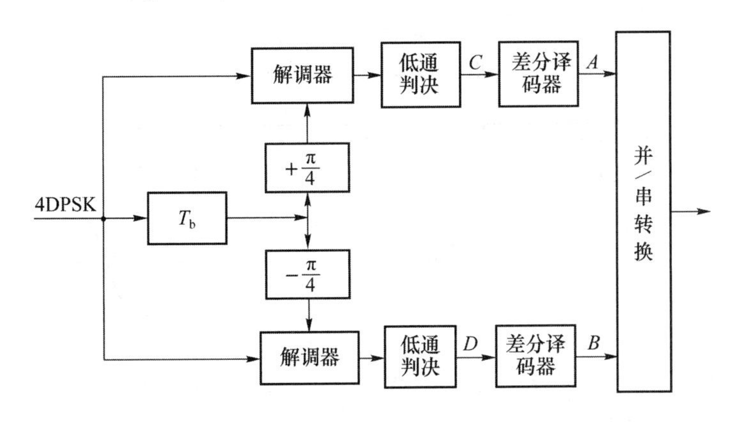

图 6.57　4DPSK 解调框图$\left(\frac{\pi}{2}\text{体系}\right)$

C 路接收为

$$
\begin{aligned}
&\sqrt{2}\sin(\omega_c t+\varphi_n)\times\sqrt{2}\sin(\omega_c t+\varphi_{n-1}-45°)\\
&=-\frac{1}{2}[\cos(2\omega_c t+\phi_n+\varphi_{n-1}-45°)-\cos(\varphi_n-\varphi_{n-1}+45°)]\\
&=\cos(\Delta\varphi+45°)-\cos(2\omega_c t+\varphi_n+\varphi_{n-1}-45°)
\end{aligned}
$$

D 路接收为

$$\begin{aligned}&\sqrt{2}\sin(\omega_c t+\varphi_n)\times\sqrt{2}\sin(\omega_c t+\varphi_{n-1}+45°)\\&=-\frac{1}{2}[\cos(2\omega_c t+\varphi_n+\varphi_{n-1}+45°)-\cos(\varphi_n-\varphi_{n-1}-45°)]\\&=\cos(\Delta\varphi-45°)-\cos(2\omega_c t+\varphi_n+\varphi_{n-1}+45°)\end{aligned}$$

接收信号$\sqrt{2}\sin(\omega_c t+\varphi_n)$经过延迟线得到前一码元信号后，分别经过$-45°$和$45°$相移，成为$\sin(\omega_c t+\varphi_{n-1}-45°)$和$\sin(\omega_c t+\varphi_{n-1}+45°)$，两者分别加至 *A* 路和 *B* 路的解调器（鉴相器）中，它们的输出分别与$\cos(\Delta\varphi-45°)$和$\cos(\Delta\varphi+45°)$成比例，如表 6.6 所示。

表 6.6　相角对应判决值

$\Delta\varphi$	$\cos(\Delta\varphi+45°)$	$\cos(\Delta\varphi-45°)$	*C*　*D*
0°	+	+	1　1
90°	−	+	0　1
180°	−	−	0　0
270°	+	−	1　0

【例 6.4】　四相调制系统输入的二进制码元速率为 4 800 baud，载波频率为 2 400 Hz，已知数字与相位的对应关系为“00”↔0°，“01”↔90°，“11”↔180°，“10”↔270°。当输入码序列为 011001110100 时，试画出 4PSK、4DPSK 的信号波形图。

解：

$$T_b=\frac{1}{R_B}=\frac{1}{4\,800}\ \text{s}$$

$$T_c=\frac{1}{f_c}=\frac{1}{2\,400}\ \text{s}$$

$$2T_b=T_c$$

画出的 4PSK、4DPSK 的信号波形图如图 6.58 所示。

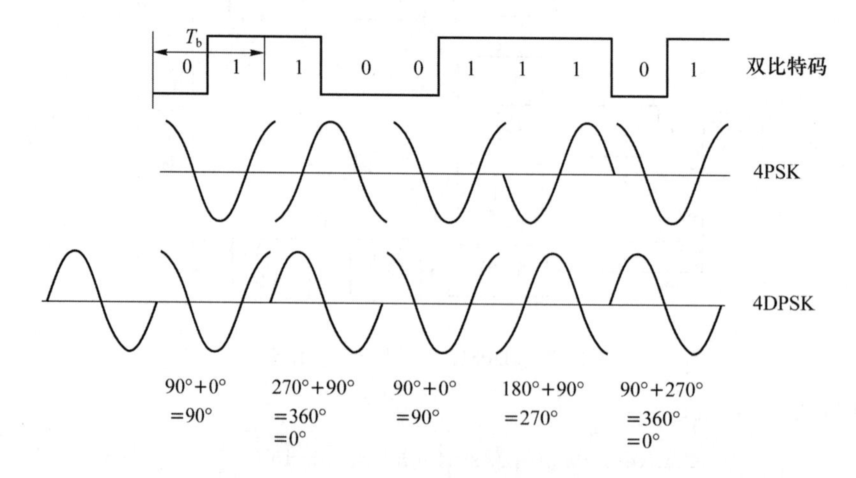

图 6.58　4PSK、4DPSK 的信号波形图

6. 多相调制的星座图

多相调制也称多元调相，有二相、四相、八相、十六相、三十二相、六十四相等调制，它以

载波的 M 种相位代表 M 种不同的数字信息。图 6.59 画出了二相、四相、八相调制的相位矢量图。

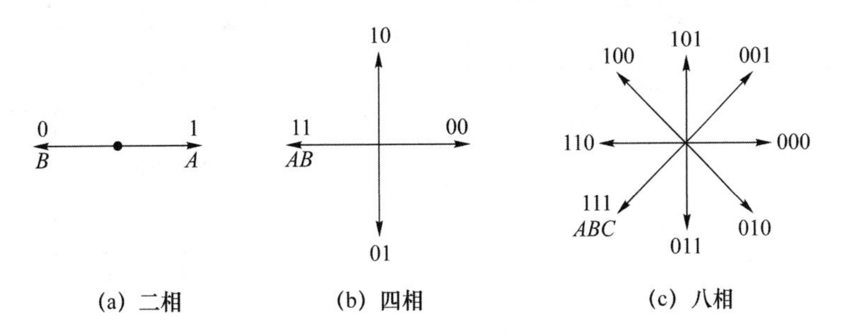

图 6.59　多相调制的相位矢量图

例如,四相调制用载波的四种相位(起始相位)与两位二进制信息码(AB)的组合(00, 01, 11, 10)对应,括号内的 AB 码组称为双比特码。若在载波的一个周期(2π)内均匀地分配四种相位,可有两种方式,即(0, $\pi/2$, π, $3\pi/2$)和($\pi/4$, $3\pi/4$, $5\pi/4$, $7\pi/4$)。因此,四相调制的电路与这两种方式对应,就有 $\pi/2$ 调制系统和 $\pi/4$ 调制系统之分。

用矢量表示各相移信号时,其相位偏移有两种形式。图 6.60 所示的就是相位配置的两种形式。图中注明了各相位状态所代表的 k 比特码元,虚线为基准位(参考相位)。各相位值都是对参考相位而言的,正为超前,负为滞后。两种相位配置形式都采用等间隔的相位差来区分相位状态。

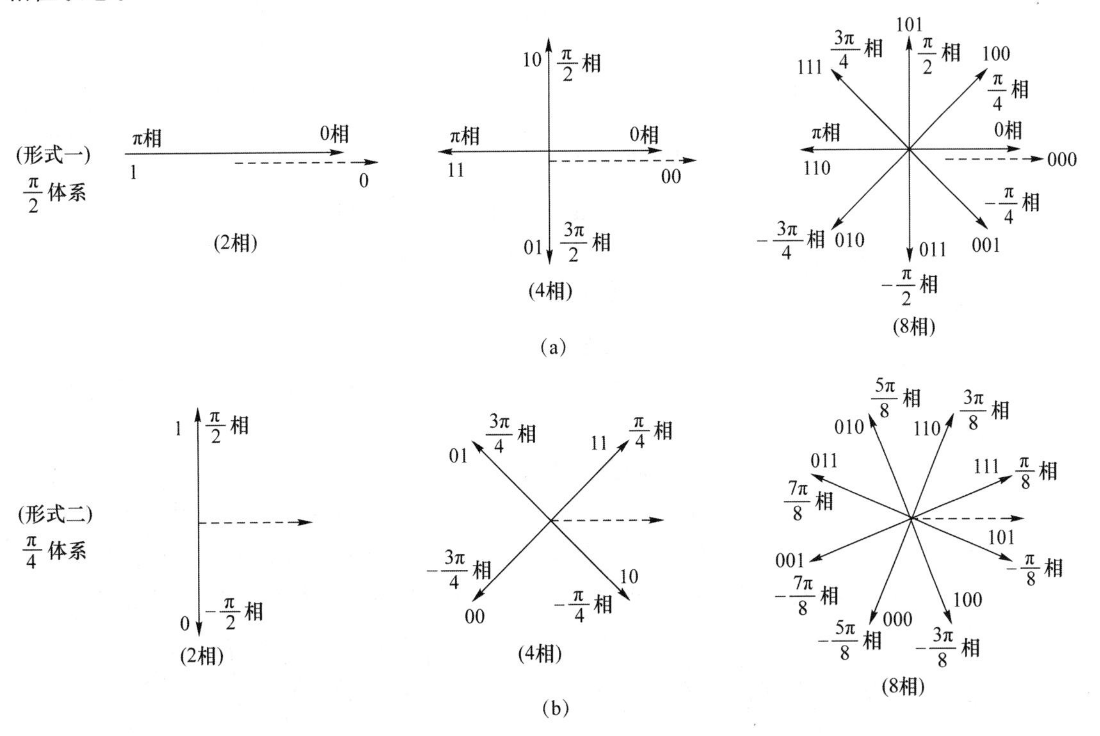

图 6.60　相位配置矢量图

信号矢量端点的分布图称为星座图。例如,四相、八相信号矢量端点的分布图如图 6.61 所示。

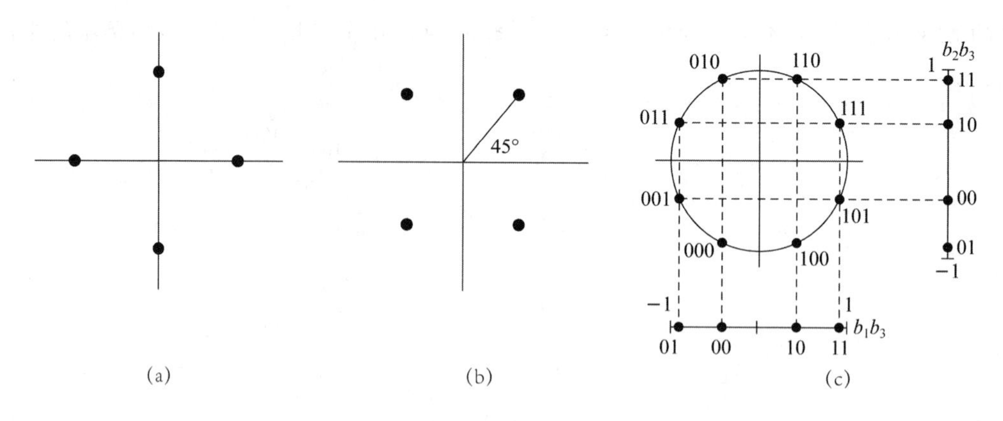

图 6.61　4 相、8 相的星座图

采用 16PSK 时，其星座图如图 6.62(a)所示。若采用振幅与相位相结合的 16 个信号点的调制，两种可能的星座分别如图 6.62 (b)、图 6.62(c)所示。其中，图 6.62 (b)为正交振幅调制，记作 16QAM；图 6.60(c)是话路频带(300～3 400 Hz)内传送 9 600 bit/s 的一种国际标准星座图，常记作 16APK。

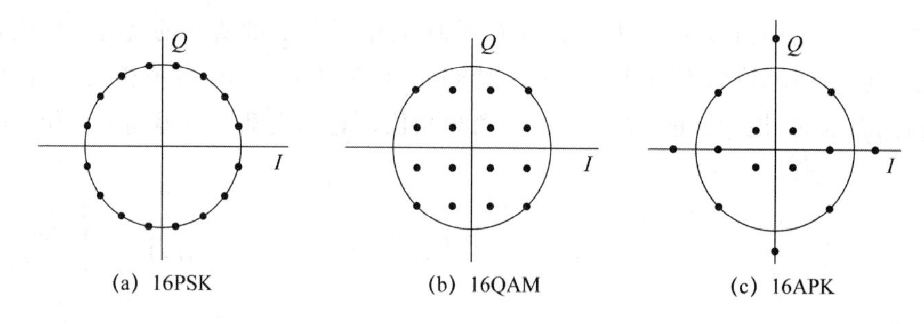

图 6.62　16PSK、16QAM 和 16APK 的星座图

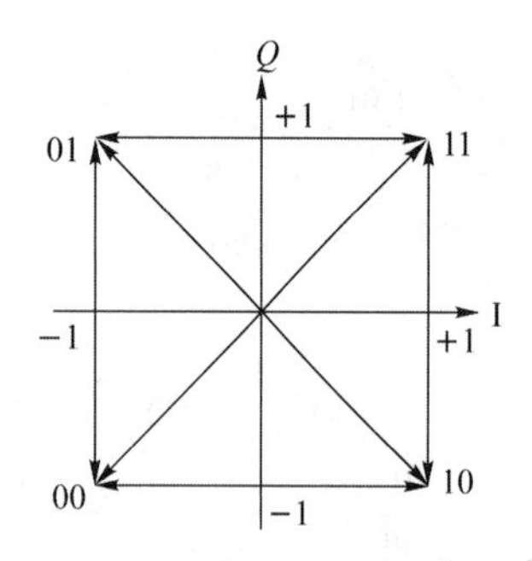

图 6.63　QPSK 相位跳变图

7. 交错正交相移键控(QPSK)

QPSK 信号相位每相隔 $2T_b$，相位跳变量可能为±90°或±180°，如图 6.63 中的箭头所示。

当码组从“00”↔“11”，“01”↔“10”对角移动时，会产生180°的载波相位跳变，而这种相位跳变会引起包络起伏，如图 6.64 所示。

滤波后其包络的最大值与最小值之比为无穷大，当通过非线性器件后，会使已滤波的频带外分量又被恢复出来，导致频谱扩展，增加对邻道的干扰。为消除载波180°的相位跳变，在 QPSK 基础上提出了 OQPSK 方式，OQPSK 方式又称为一种恒包络数字调制方式。

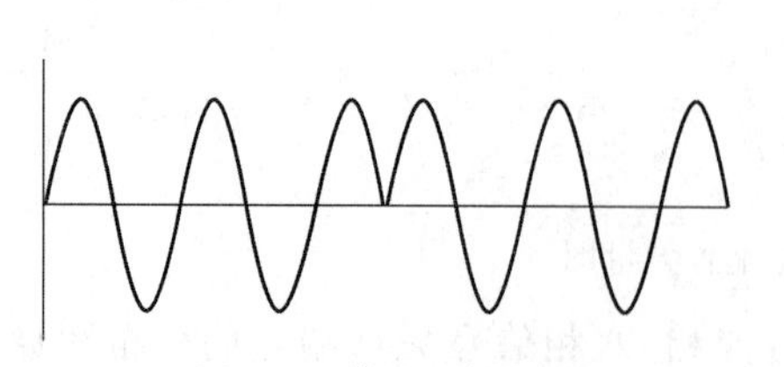

(a) QPSK信号正常波形图

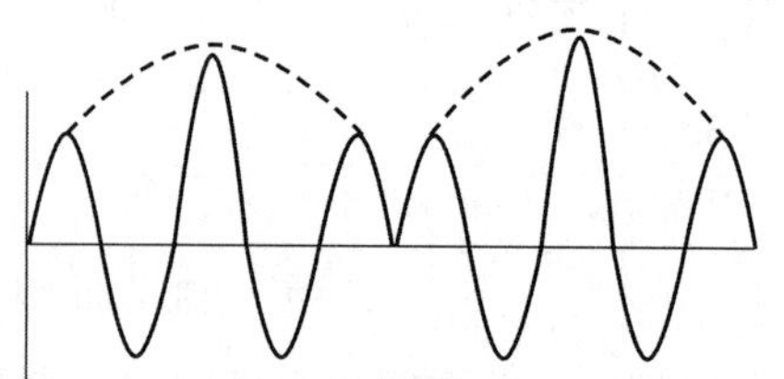

(b) QPSK相位跳变引起的包络起伏

图 6.64　QPSK 的相位跳变情况

OQPSK 与 QPSK 不同点在于 OQPSK 将两支路上的码流在时间上错开一个 T_b 时间，不会发生两支路码元同时翻转的现象，每次只有一路可能发生极性翻转。这样相位只能是跳变 0°或±90°，即只能沿正方形的四个边移动，如图 6.65 所示。

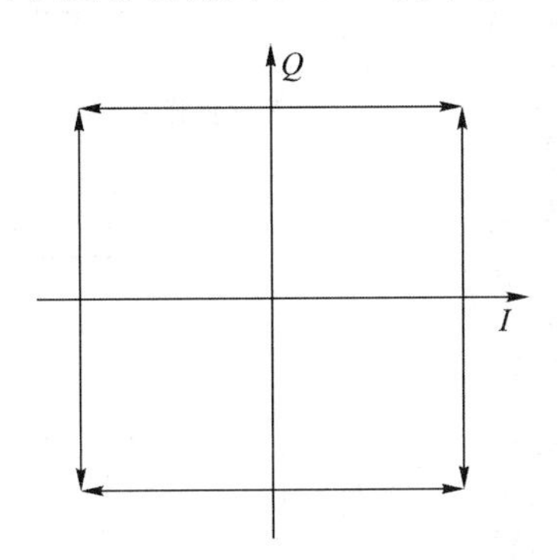

图 6.65　OQPSK 相位跳变图示意图

OQPSK 的产生与解调分别解释如下。

① OQPSK 产生框图如图 6.66 所示。

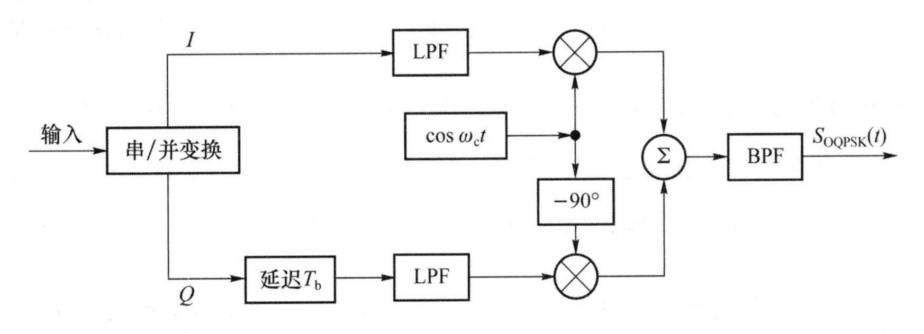

图 6.66　OQPSK 产生框图

延时电路 T_b 保证 I、Q 两路码元能偏移 T_b。LPF 是低通滤波器，BPF 是带通滤波器。I、Q 两路信号经过低通滤波器调制、合成，再通过带通滤波器后形成 OQPSK 信号，这个信号保持包络恒定。OQPSK 信号的调制示意图如图 6.67 所示。

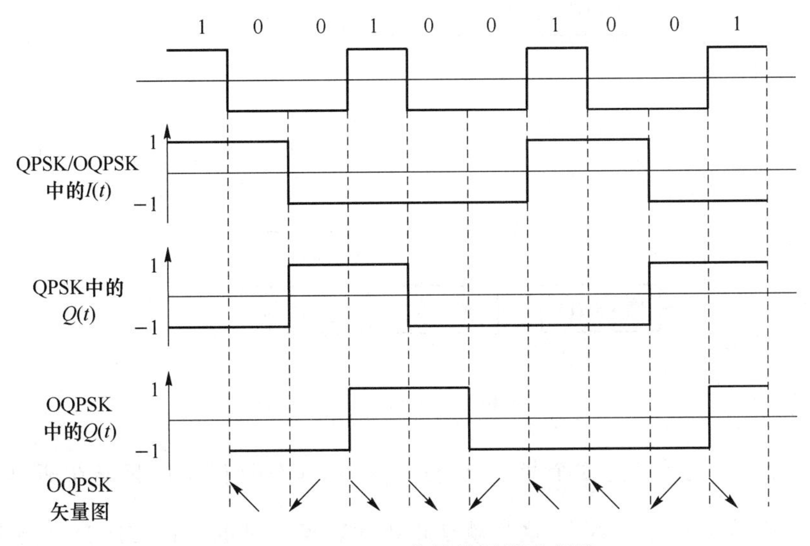

图 6.67　OQPSK 信号的调制示意图

② OQPSK 解调电路如图 6.68 所示。

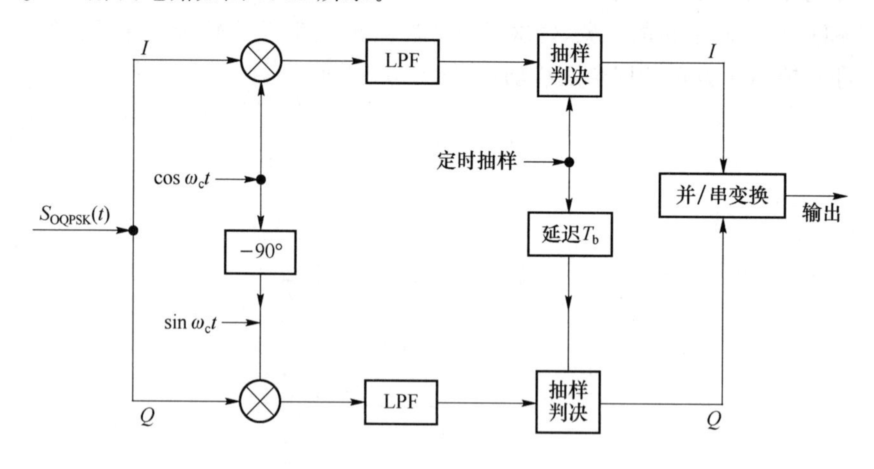

图 6.68 OQPSK 解调电路

8. $\frac{\pi}{4}$QPSK

$\frac{\pi}{4}$QPSK 的相位变化限于±45°、±135°，而 QPSK 是±180°、±90°，OQPSK 是±90°，因此，$\frac{\pi}{4}$QPSK 保持恒定的性能比 QPSK 好，比 OQPSK 差。$\frac{\pi}{4}$QPSK 是对 QPSK 方式进行改进的另一种四进制调制方式：改进之一，将 QPSK 的±180°降为±135°；改进之二，QPSK 只能相干解调，而$\frac{\pi}{4}$QPSK 即可相干解调，又可非相干解调，这将大大简化接收机的设计。在多径扩展和衰落的情况下，$\frac{\pi}{4}$QPSK 工作性能也要优于 OQPSK。通常载波恢复存在一定相位模糊，QPSK 会发生四相模糊性，从而造成大的误码率。为消除这一相位模糊性，$\frac{\pi}{4}$QPSK 在调制器内加差分编码器，在解调中加差分译码器，其电路如图 6.69 所示。

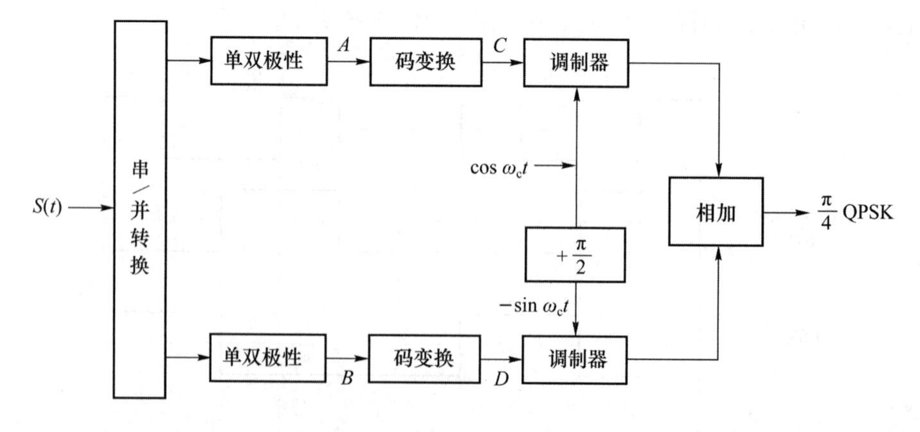

图 6.69 $\frac{\pi}{4}$QPSK 产生框图

$\frac{\pi}{4}$QPSK 相位均匀等分为 8 个相位点，分成“●”和“○”两组，相位只能在两组之间交替选择，相位跳变必定在它们之间跳变，这样就使得码元转换时刻的相位突跳只可能出现±45°和

±135°的情形，如图 6.70 所示。

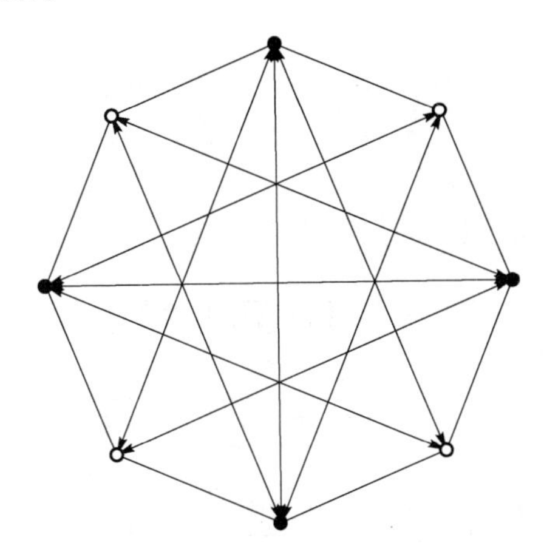

图 6.70　$\frac{\pi}{4}$QPSK 相位跳变图

$\frac{\pi}{4}$QPSK 已用于美国的 IS-136 数字蜂窝通信系统和个人接入通信系统（PCS）中。

6.2.3　频移键控

频移键控（Frequency Shift Keying，FSK）将要传输的信息载荷在载波的瞬时频率变化上，即频率变化反映出消息变化。

1. 二相频移键控（2FSK）

2FSK 的概念分为以下几个方面。

（1）规则：发 1 码时，载波频率为 f_1；发 0 码时，载波频率为 f_2。

（2）2FSK 的原理框图和波形图分别如图 6.71(a)、6.71(b)所示。

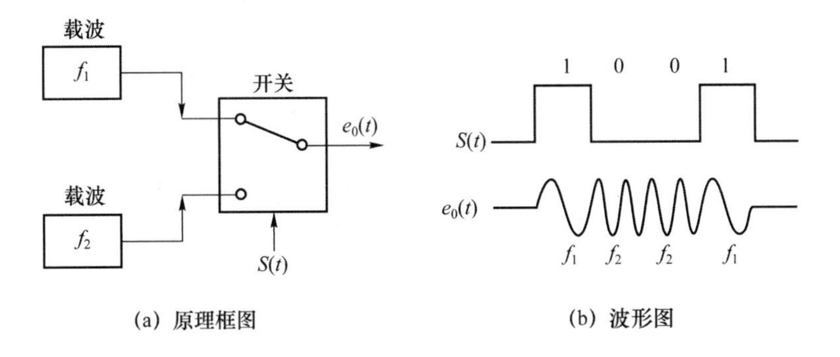

(a) 原理框图　　(b) 波形图

图 6.71　2FSK 的原理框图和波形图

2FSK 只有两个离散频率，f_1 可能等于某一载波频率 f_c 加（或减）一个频偏 Δf，即

$$f_1 = f_c + \Delta f \tag{6.27}$$

而 f_2 也等于 f_c 减（或加）一个频偏 Δf，即

$$f_2 = f_c + \Delta f \tag{6.28}$$

其中，$f_1 > f_2$（或 $f_1 < f_2$）。

f_c 为 f_1 和 f_2 的平均值，即

$$f_c = \frac{f_1 + f_2}{2} \tag{6.29}$$

则

$$\Delta f = \frac{|f_1 - f_2|}{2} \tag{6.30}$$

(3) 2FSK 产生框图(相位不连续)如图 6.72 所示。

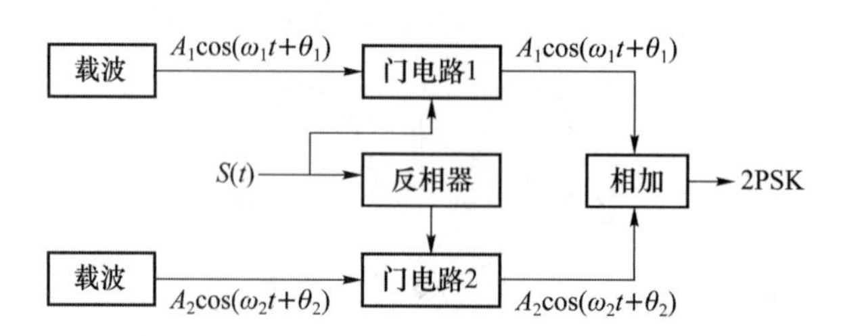

图 6.72　2FSK 产生框图(相位不连续)

如图 6.72 所示,两路载波分别通过一个门电路,门电路由 $S(t)$ 控制,如果 $S(t)=1$,则门电路导通而如果 $S(t)=0$,则门电路截止,最后两路信号相加后得到的 2FSK 的波形图如图 6.73 所示。

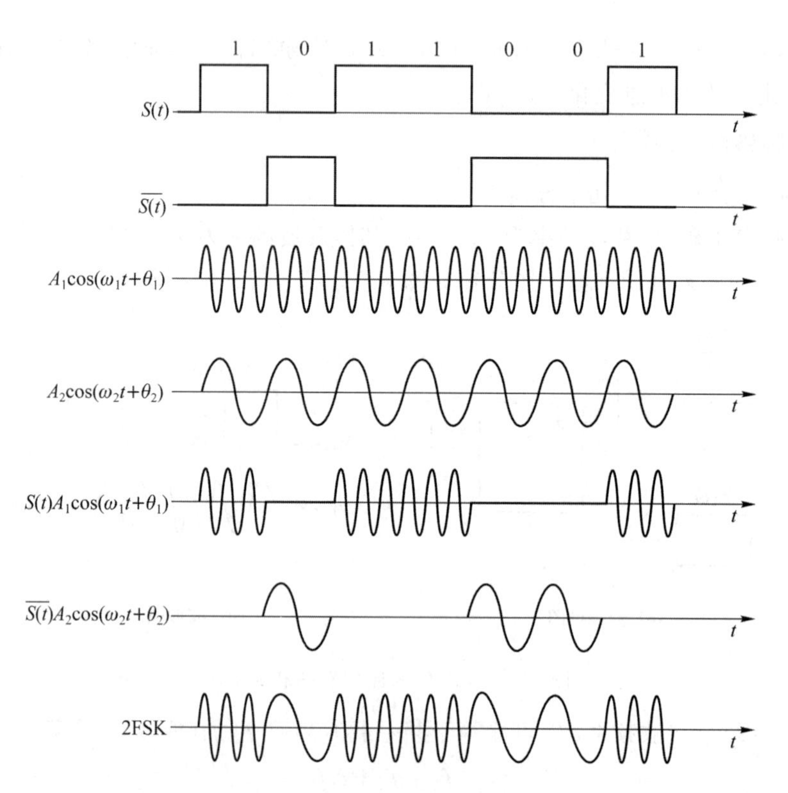

图 6.73　2FSK 的波形图

2FSK 由两个 2ASK 合成。在 1 码元期间发出 $A_1\cos(\omega_1 t+\theta_1)=A_1\cos[(\omega_c+\Delta\omega)t+\theta_1]$,在 0 码元期间发出 $A_2\cos(\omega_2 t+\theta_2)=A_2\cos[(\omega_c-\Delta\omega)t+\theta_2]$。2FSK 已调波写成 $S_{2FSK}(t)=A_1\cos(\omega_1 t+\theta_1)+A_2\cos(\omega_2 t+\theta_2)$,为了便于图画,假设 $A_1=A_2=1,\theta_1=\theta_2=0°$。

(4) 2FSK 解调方法分为以下二种。

① 相干解调法

相干解调法(同步检波法)原理框图如图 6.74 所示。

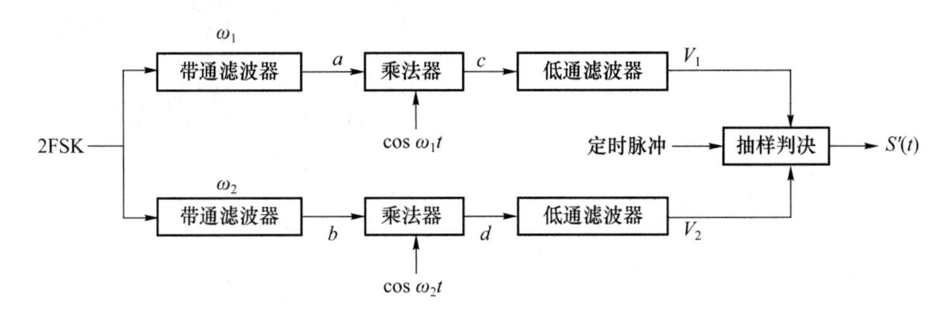

图 6.74　2*FSK* 相干解调法的原理框图

两个带通滤波器起分路作用。判决器的判决准则:当 $V_1>V_2$(即 $V_1-V_2>0$)时,判为 1。当 $V_1<V_2$(即 $V_1-V_2<0$)时,判为 0。2FSK 相干解调的工作波形图如图 6.75 所示。

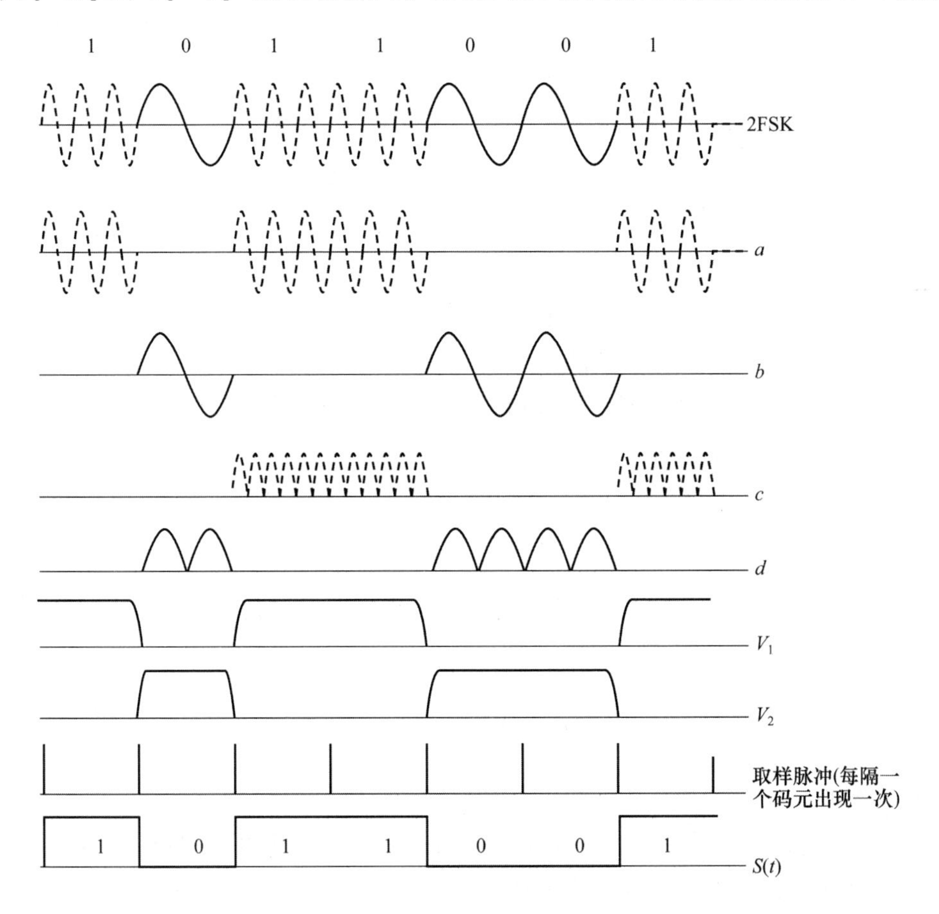

图 6.75　2FSK 相干解调法的工作波形图

③ 包络检测法

2FSK 信号的包络检测方框图及波形如图 6.76 所示。用两个窄带的分路滤波器分别滤

出频率为 f_1 及 f_2 的高频脉冲,经包络检测后分别取出它们的包络。把两路输出同时送到抽样判决器进行比较,从而判决输出数字基带信号。

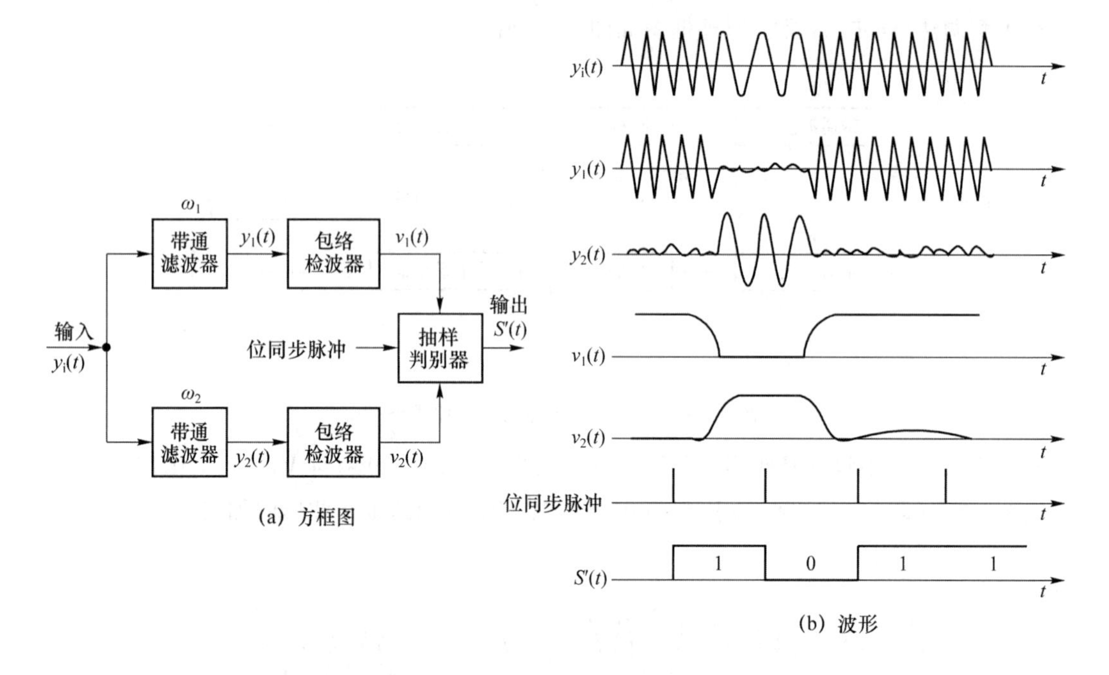

(a) 方框图

(b) 波形

图 6.76　2FSK 信号包络检波方框图及波形

抽样判决器的判决准则应为

$$v_1 > v_2 \quad 判为\ 1$$
$$v_1 > v_2 \quad 判为\ 0 \tag{6.31}$$

其中,v_1、v_2 分别为抽样时刻两个包络检波器的输出值。这里的抽样判决器要比较 v_1、v_2 的大小,或者说把差值 $v_1 - v_2$ 与零电平比较,因此,有时称这种比较判决器的判决门限为零电平。

(5) 2FSK 的频带宽度分析(相位不连续)如下。

① 调频系数(调制系数)

在长期观察统计中,一般认为信码 $S(t)$ 的 1、0 是等机会交替出现的。T_b 为二进码每个码元时间,可以把 $\frac{1}{T_b}\left(\frac{1}{T_b}=R_B\right)$ 理解看成是数码重复频率 $f_b=\frac{1}{T_b}$,把 Δf 与 $\frac{1}{T_b}$ 之比称为调频系数(调制系数)。

$$h=\frac{\Delta f}{1/T_b}=\Delta f T_b \tag{6.32}$$

② 频带宽度

因为 2FSK 波形是由两个 2ASK 波形叠加而成的,因此 2FSK 信号的频谱可以由两个 2ASK 信号的频谱在频率轴上搬移后再叠加而成,如图 6.77 所示。

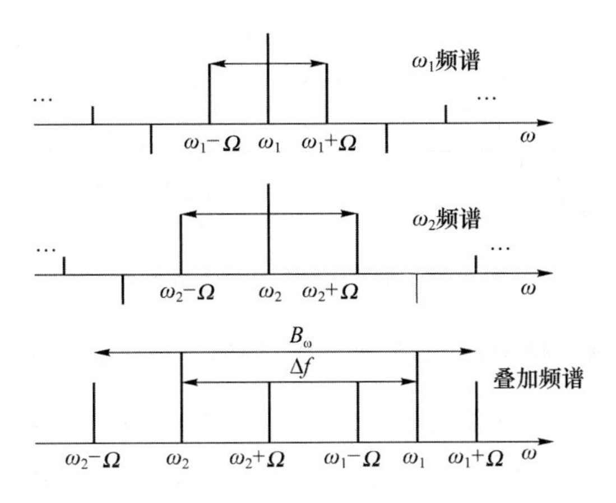

图 6.77　两个 2ASK 频谱叠加示意图

由图 6.77 得到 2FSK 信号的带宽为

$$B_\omega=\omega_1+\Omega-(\omega_2-\Omega)=|\omega_1-\omega_2|+2\Omega \tag{6.33}$$

$$B_f=|f_1-f_2|+2\frac{1}{T_b}=2\Delta f+2\frac{1}{T_b}=hR_B+2R_B=(h+2)R_B \tag{6.34}$$

另根据分析(此处略)可以得到 $h=1$ 时的 2FSK 信号的电压为

$$\begin{aligned}u=\Big\{&\frac{2}{\pi}\cos\omega_c t+\frac{1}{2}[\cos(\omega_c-\Omega)t-\cos(\omega_c+\Omega)t]+\\&\frac{1}{3\pi}[\cos(\omega_c-2\Omega)t-\cos(\omega_c+2\Omega)t]+\\&\frac{2}{15\pi}[\cos(\omega_c-4\Omega)t-\cos(\omega_c+4\Omega)t]+\cdots\Big\}\end{aligned} \tag{6.35}$$

其中,$\Omega=\frac{\pi}{T_b}$,由式(6.35)画出频谱图,如图 6.78 所示。

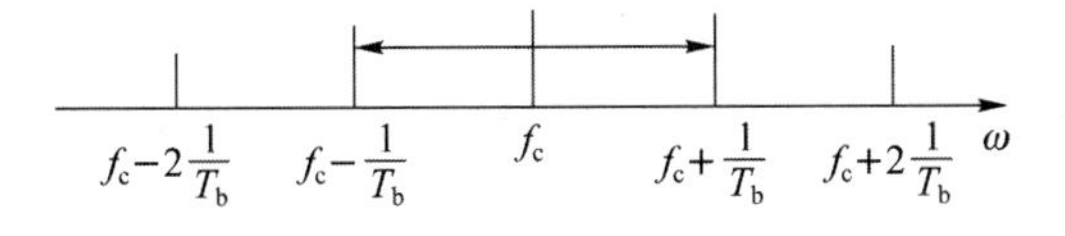

图 6.78　$h=1$ 时的 2FSK 频谱图

$h=1$ 时,频带主要在两个边带 $f_c\pm\frac{1}{T_b}$范围内。故

$$B_f=f_c+\frac{1}{T_b}-\left(f_c-\frac{1}{T_b}\right)=2\frac{1}{T_b}=2R_B \tag{6.36}$$

数据传输中 2FSK 一般用 $h=1$ 时的情况,而对于 $h\gg1$ 情况,可以推导得到式(6.37)。

$$B_{h\gg1}=2\Delta f+2\frac{1}{T_b}=2\times10\frac{1}{T_b}+2\frac{1}{T_b} \tag{6.37}$$

例如,$h=10$ 时,$\Delta f\gg\frac{1}{T_b}$(数码重复频率),$\Delta f=10\frac{1}{T_b}$,得到的 2FSK 频谱图如图 6.79 所示。

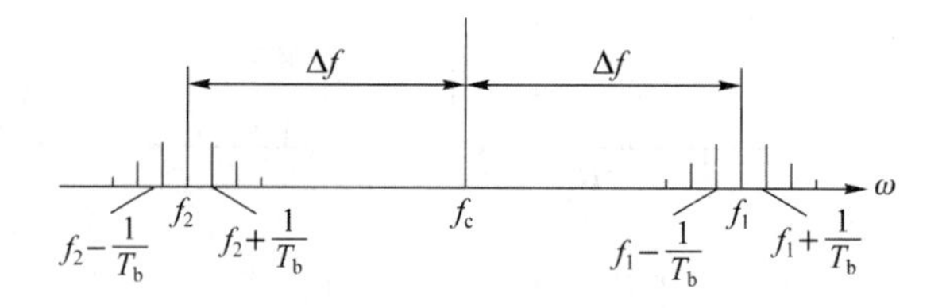

图 6.79　$h=10$ 时的 2FSK 频谱图

可见，在$\frac{1}{T_b}$一定时，随 h 增加，$2\Delta f$ 距离增大，同时 2FSK 的功率(能量)分布越来越集中在 f_1 和 f_2 两个频率附近，趋于形成两个各自以 f_1 和 f_2 为中心频率的频谱，好像是两个 2ASK 频谱的叠加，但没有保留原来调制信号的频谱结构，调频后出现新的频率成分，所以 2FSK 与 PSK 一样是非线性调制。

【例 6.5】 已知 2FSK 系统的码元传输速率为 1 200 baud，发 0 时，载频为 2 400 Hz，发 1 时，载频为 4 800 Hz。若发送数字信息序列为 011011010，试画出序列对应的 2FSK 信号波形。

解：

$$T_b=\frac{1}{R_B}=\frac{1}{1\,200}\ \text{s}$$

$$T_1=\frac{1}{f_1}=\frac{1}{2\,400}\ \text{s}$$

$$T_2=\frac{1}{f_2}=\frac{1}{4\,800}\ \text{s}$$

$$f_c=\frac{f_1+f_2}{2}=\frac{4\,800+2\,400}{2}=3\,600\ \text{Hz}$$

$$T_c=\frac{1}{f_c}=\frac{1}{3\,600}=3\times\frac{1}{1\,200}\ \text{s}$$

$$T_b=3T_c$$

$$T_b=2T_2$$

$$T_b=4T_1$$

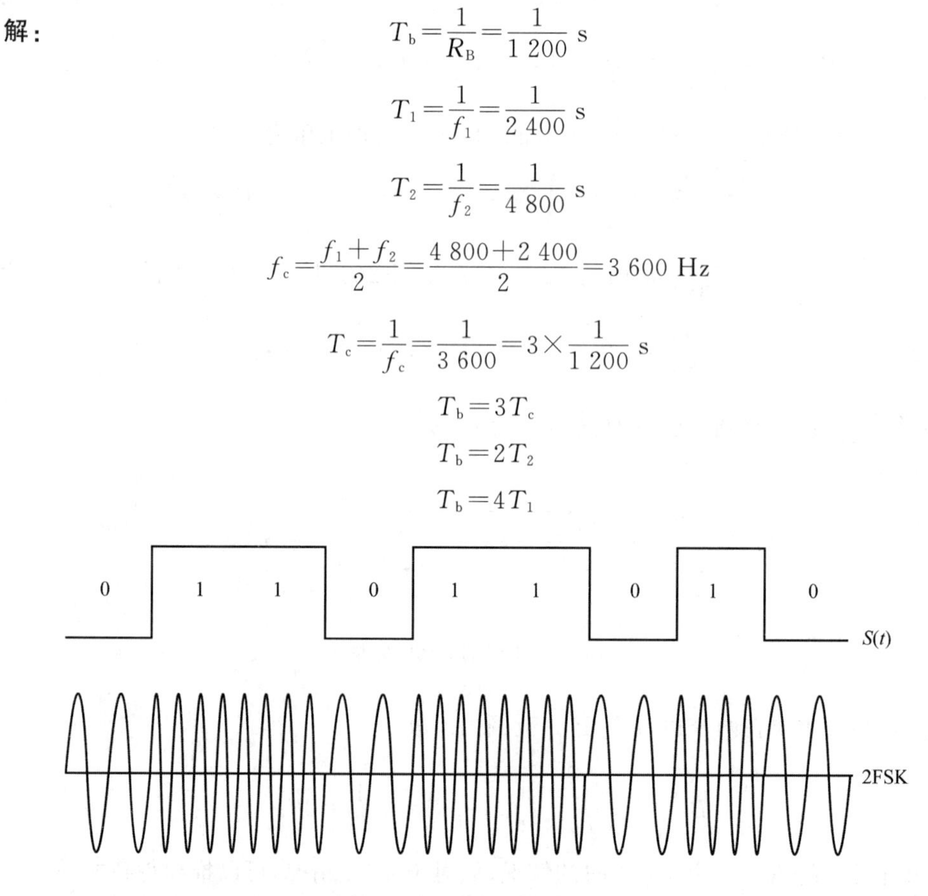

图 6.80　2FSK 的信号波形图

2. 最小频移键控

最小频移键控（Minimum Shift Keying，MSK）是一种特殊的连续相位频移键控(CPFSK)。其最大频移为比特速率的 1/4，即 MSK 是调制系数为 0.5 的连续相位的 FSK。

由于 OQPSK 正交支路引入 T_b 延迟，因此清除了 QPSK 中的 180°的相位突跳现象，改善了包络起伏，但每隔 T_b 时间信号还是可能发生±90°相位变化，OQPSK 没有在根本上解决包络起伏问题。MSK 追求相位路径连续性，是连续相位频移键控的一种。

(1) MSK 基本原理

在一个码元内，CPFSK 信号可表示为

$$S_{\mathrm{CPFSK}}(t)=A\cos(\omega_c t+\theta(t)) \tag{6.38}$$

$\theta(t)$为时间连续函数，已调波在所有时间上是连续的。传 0 码时载频为 ω_1，传 1 码时载波为 ω_2。有 $\omega_1=\omega_c-\Delta\omega$，$\omega_2=\omega_c+\Delta\omega$，则 $\omega_c=\dfrac{\omega_1+\omega_2}{2}$，$\Delta\omega=\dfrac{\omega_2-\omega_1}{2}$，$\Delta f=\dfrac{f_2-f_1}{2}$。

在 1 码元期间发 $\cos(\omega_1 t+\theta_k)=\cos[(\omega_c-\Delta\omega)t+\theta_k]$；在 0 码元期间发 $\cos(\omega_2 t+\theta_k)=\cos[(\omega_c+\Delta\omega)t+\theta_k]$。

已调波(合成)为

$$S_{\mathrm{CPFSK}}(t)=A\cos[(\omega_c\pm\Delta\omega)t+\theta_k] \tag{6.39}$$

比较式(6.38)和式(6.39)可知，在一个码元内，$\theta(t)$为时间线性函数，即 $\theta(t)=\pm\Delta\omega t+\theta_k=P_k\Delta\omega t+\theta_k$，其中，$P_k$ 取±1，表示第 k 个输入码元；θ_k 为初相位，取决于过去码元调制结果，它的选择要防止相位的任何不连续性，如图 6.81 所示。

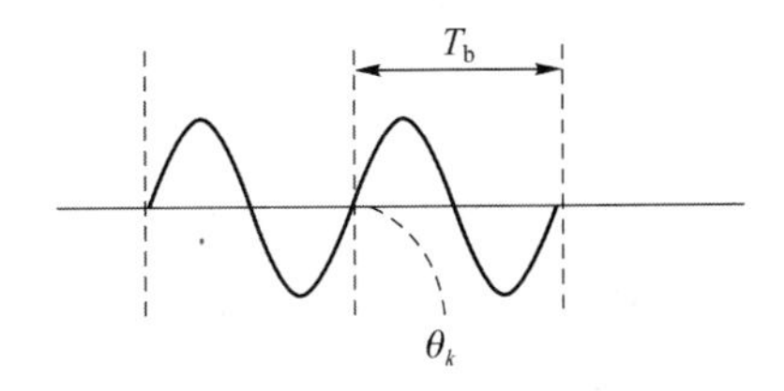

图 6.81　初相位

调频指数(系数)的定义：

$$h=\frac{\Delta f}{\frac{1}{T_b}}=\frac{\Delta f}{f_s}=\Delta f T_b \tag{6.40}$$

或

$$h=\frac{\Delta\omega}{\frac{2\pi}{T_b}}=\frac{\Delta f}{f_b} \tag{6.41}$$

对于 CPFSK 信号，当 $2\Delta\omega T_b=n\pi$(n 为整数)时，就认为它是正交的。为提高频带利用率，$\Delta\omega$ 要足够小。当 $n=1$ 时，$\Delta\omega$ 达到最小值，即 $\Delta\omega T_b=\dfrac{\pi}{2}$ 或 $2\Delta f T_b=\dfrac{1}{2}$，相当于 $h=1/2$。由此得到最小频差 $2\Delta f=\dfrac{1}{2T_b}$，最小频偏 $\Delta f=\dfrac{1}{4T_b}$。MSK 正是取 $h=0.5$，在满足信号正交的条件下，使频移 Δf 最小。那么

$$\theta(t)=P_k\Delta\omega t+\theta_k=P_k\frac{\pi}{2T_b}t+\theta_k \tag{6.42}$$

为方便，假定 $\theta_k=0$，假定“+”↔1 码，“−”↔0 码，当 $x>0$ 时，在连续几个码内，$\theta(t)$的可

能值如图 6.82 所示，可见传 1 码时，相位增加$\frac{\pi}{2}$，传 0 码时，相位减少$\frac{\pi}{2}$，$t=T_b$ 时，式(6.42)写成

$$\theta(T_b)-\theta_k=\begin{cases}\frac{\pi}{2} & 传0码\\ -\frac{\pi}{2} & 传1码\end{cases} \tag{6.43}$$

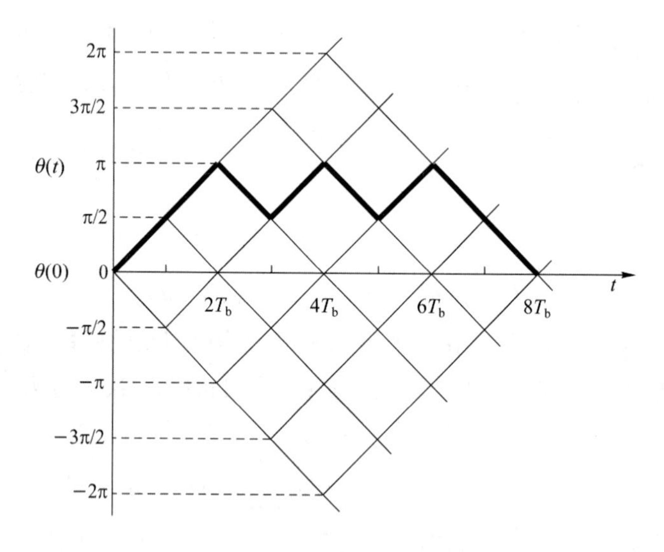

图 6.82　相位轨迹图

在图 6.82 中，正斜率直线表示传 1 码时的相位轨迹，负斜率直线表示传 0 码时的相位轨迹，由相位轨迹构成的图形(图 6.82 中的粗线部分)称为相位网络图。在传输码元时后一码元相对前一码元不是增加$\frac{\pi}{2}$，就是减少$\frac{\pi}{2}$。在 T_b 的奇数位上取$\pm\frac{\pi}{2}$两个值，但偶数位上取 0、π 两个值。例如，信息序列 11010100 对应图 6.80 中粗线部分的路径。

(2) MSK 的产生

由上述取 $h=0.5$，在满足信号正交的条件，使频移 Δf 最小时，CPFSK 信号可改为

$$\begin{aligned}S_{MSK}(t)&=A\cos[\omega_c t+\theta(t)]\\&=A[\cos\theta(t)\cos\omega_c t+\sin\theta(t)\sin\omega_c t]\\&=A[\cos\theta(t)\cos\omega_c t+\sin\theta(t)\sin\omega_c t]\end{aligned} \tag{6.44}$$

在式(6.44)中

$$\begin{aligned}\cos\theta(t)&=\cos\left(P_k\frac{\pi}{2T_b}t+\theta_k\right)\\&=\cos(P_k\frac{\pi t}{2T_b})\cos\theta_k-\sin\left(P_k\frac{\pi t}{2T_b}\right)\sin\theta_k\\&=\cos\left(P_k\frac{\pi t}{2T_b}\right)\cos\theta_k\end{aligned} \tag{6.45}$$

$$
\begin{aligned}
\sin\theta(t) &= -\sin\left(P_k \frac{\pi}{2T_b}t+\theta_k\right)\\
&= -\sin\left(P_k \frac{\pi t}{2T_b}\right)\cos\theta_k-\cos\left(P_k \frac{\pi t}{2T_b}\right)\sin\theta_k\\
&= -\sin\left(P_k \frac{\pi t}{2T_b}\right)\cos\theta_k\\
&= -P_k\sin\left(\frac{\pi t}{2T_b}\right)\cos\theta_k
\end{aligned}
\tag{6.46}
$$

令 $\cos\theta_k=I_k$，$-P_k\cos\left(\frac{\pi t}{2T_b}\right)=\theta_k$，则

$$S_{\mathrm{MSK}}(t)=I_k\cos\left(\frac{\pi t}{2T_b}\right)\cos\omega_c t+\theta_k\sin\left(\frac{\pi t}{2T_b}\right)\sin\omega_c t \tag{6.47}$$

$\cos\left(\frac{\pi t}{2T_b}\right)$ 和 $\sin\left(\frac{\pi t}{2T_b}\right)$ 称为加权函数（调制函数）。

$$S_{\mathrm{MSK}}(t)=A\cos\left(\omega_c t+P_k \frac{\pi t}{2T_b}+\theta_k\right) \tag{6.48}$$

由式(6.48)看出，MSK 信号可用正交调制方法产生。当两支路码元相位差 T_b 时，使得 $\cos\left(\frac{\pi t}{2T_b}\right)$ 和 $\sin\left(\frac{\pi t}{2T_b}\right)$ 错开 1/4 周期，以保证 MSK 相位的连续性。

保证前后码元转换时的相位路径连续即保证第 k 个码元的起始相位等于第 $k-1$ 个码元的末相位。换言之，在 $t=kT_b$ 时刻应保证两个相邻码元的附加相位 $\theta(t)$ 相等，即

$$\left(\frac{P_{k-1}\pi}{2T_b}\right)kT_b+\theta_{k-1}=\left(\frac{P_k\pi}{2T_b}\right)kT_b+\theta_k$$

解出

$$\theta_k=\theta_{k-1}+(P_{k-1}-P_k)\frac{k\pi}{2} \tag{6.49}$$

Q_k 的这种情形称为 2π。

或者

$$\theta_k=\begin{cases}\theta_{k-1}\pm k\pi & P_{k-1}\neq P_k\\ \theta_{k-1} & P_{k-1}=P_k\end{cases} \tag{6.50}$$

式(6.50)说明两个相邻码元之间存在相关性，对相干解调来说，θ_k 的起始参考值(θ_{k-1})若假定为 0，则

$$\theta_k=0 \text{ 或 } \pi \tag{6.51}$$

即 θ_k 的这种情形称为模 2π。θ_k 可用原始数据 P_k 或差分码得出。

按式(6.47)构成的电路如图 6.83 所示，MSK 工作过程的波形图如图 6.84 所示。

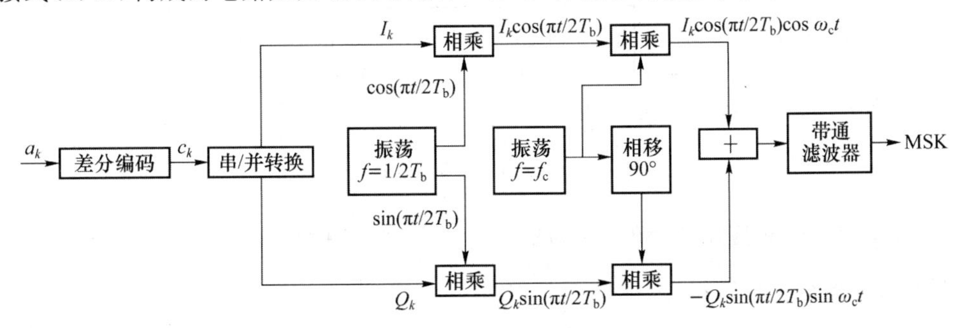

图 6.83　MSK 调制框图

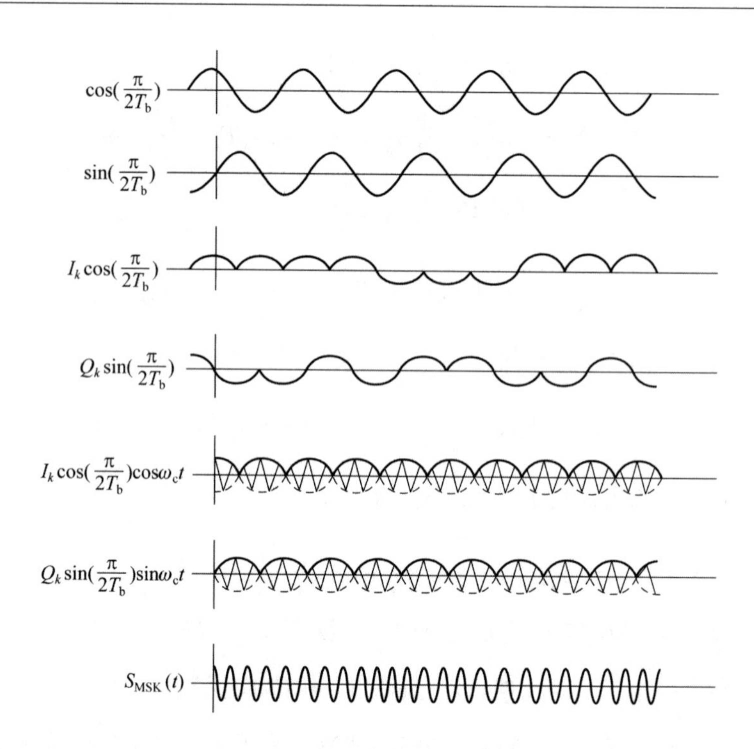

图 6.84　MSK 工作过程的波形图

MSK 的信号变换关系如图 6.85 所示。

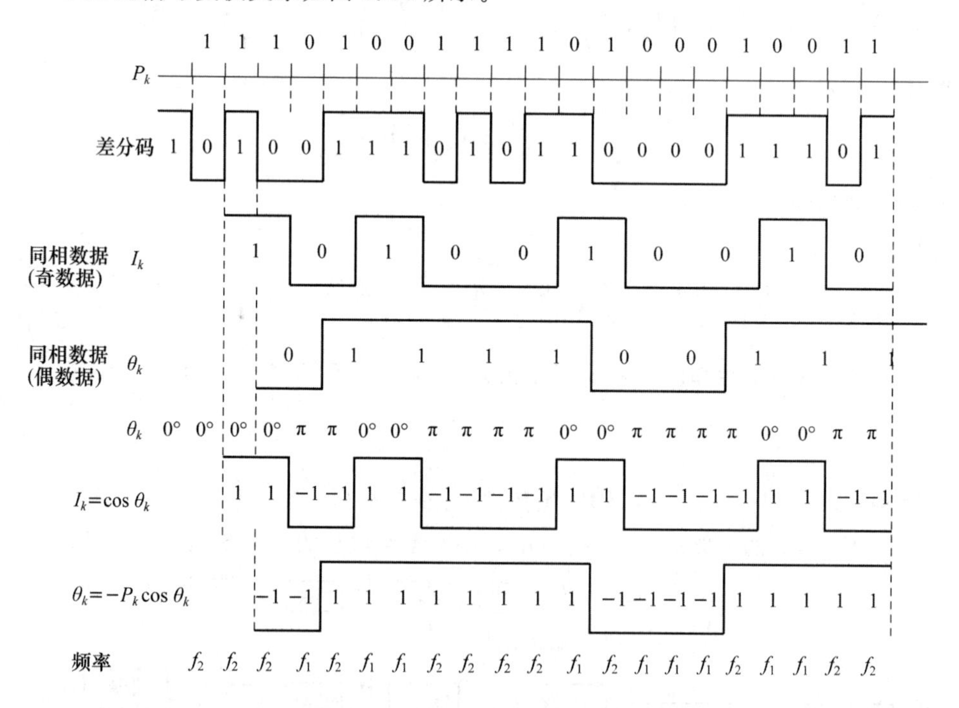

图 6.85　MSK 的信号变换关系

在图 6.85 中，θ_k 是应用 $\theta_k=\theta_{k-1}+(P_{k-1}-P_k)\frac{k\pi}{2}$ 来计算的。

例如，用原始数据计算得

$$\theta_1 = 0 + [1 - (+1)]\frac{\pi}{2} = 0° \tag{6.52}$$

$$\theta_3 = 0 + [1 - (-1)]\frac{3\pi}{2} = 3\pi \tag{6.53}$$

再按式(6.51)中模 2π 的情形得 $\theta_3 = \pi$。

$$\theta_{16} = \theta_{15} + (P_{15} - P_{16})\frac{16\pi}{2} = \pi + (-1-1)\frac{16\pi}{2} = \pi - 16\pi = -15\pi \tag{6.54}$$

按式(6.51)中模 2π 的情形得 $\theta_{16} = \pi$。

综合以上分析,MSK 信号特点如下。

① 已调信号的幅度是恒定的。

② 调频指数 $h=1/2$ 时,$\Delta f = \frac{1}{4T_b}$,$f_1 = f_c - \Delta f = f_c - \frac{1}{4T_b}$,$f_2 = f_c + \Delta f = f_c + \frac{1}{4T_b}$,$f_c = \frac{f_1 + f_2}{2}$。信号最小频偏 $\Delta f = \pm\frac{1}{4T_b}$。

$$S_{\text{MSK}}(t) = A\cos[(\omega_c \pm \Delta w)t + \theta_k] \tag{6.55}$$

$$S_{\text{MSK}}(t) = A\cos\left[\left(\omega_c \pm \frac{2\pi}{4T_b}\right)t + \theta_k\right] \tag{6.56}$$

③ 在一个码元期间内,信号应包括四分之一载波周期的整数位,即 $T_b = \frac{nT_c}{4}$,或载波频率应取四分之一码元速率的整数位,即 $f_c = \frac{n}{4T_b}$。

④ 以载波相位为基准信号,相位在一个码元期间内准确地线性变化 $\pm\pi/2$。码元转换时刻,信号相位连续。

⑤ 因为 MSK 信号使用频率空间仅为常规非相干 FSK 空间的 $\frac{1}{2}$($\Delta f_{\text{MSK}} = \frac{1}{4T_b}$,$\Delta f = \frac{1}{2T_b}$),所以 MSK 是一高效调制方法,也称为快速 FSK。

MSK 的解调可用鉴频器,也可用相干解调。MSK 鉴频解调如图 6.86 所示。

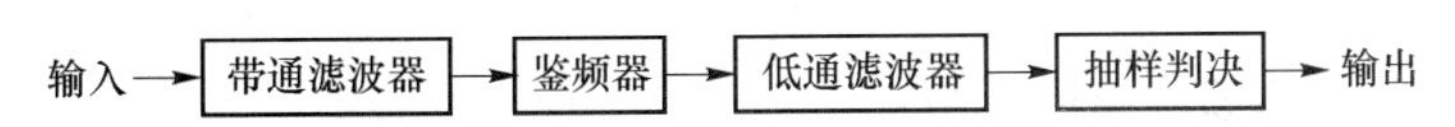

图 6.86　MSK 鉴频解调

由于 MSK 的解调指数较小,用鉴频器解调后误码率比较高,因此误码率要求严格时多数采用相干解调,如图 6.87 所示。

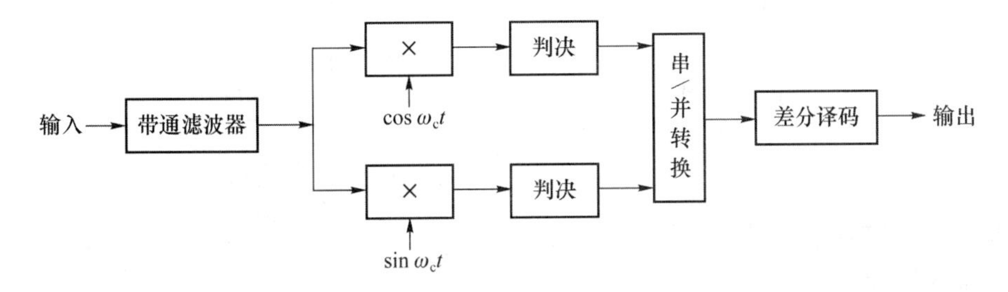

图 6.87　MSK 相干解调

MSK 信号功率谱与 2PSK 信号功率谱的比较如图 6.88 所示。

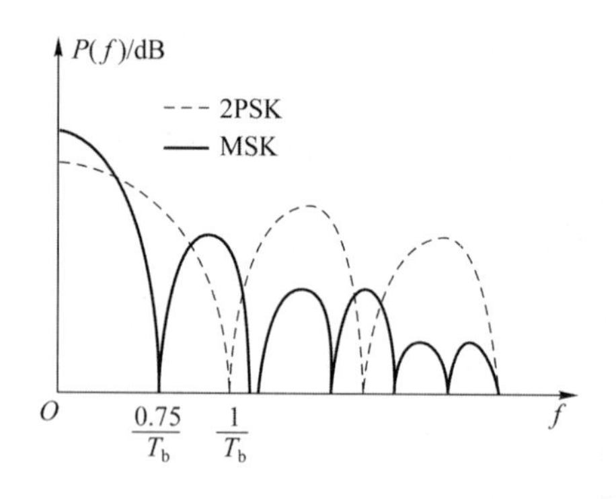

图 6.88 MSK 信号功率谱与 2PSK 信号功率谱的比较

MSK 信号的功率谱比 2PSK 信号的功率谱更紧凑，MSK 信号的第一个零点为$\frac{0.75}{T_b}$，比 2PSK 信号衰减得更快，因此对邻道干扰也较小，比 2PSK 信号有更高的频谱利用率。

MSK 信号的功率谱与 QPSK、OQPSK 信号的功率谱比较如图 6.89 所示。

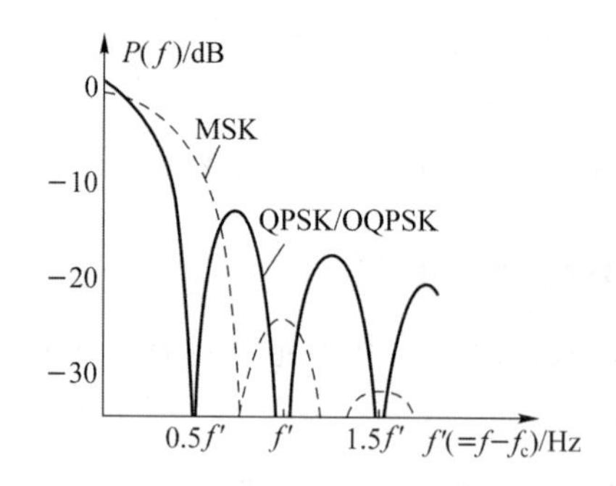

图 6.89 MSK 信号功率谱与 QPSK、OQPSK 的比较

MSK 信号的旁瓣比 QPSK 信号和 OQPSK 信号的都低，MSK 信号的主瓣比 QPSK 和 OQPSK 的都要宽，同时在以主瓣做比较时，MSK 的频谱利用率比 QPSK 和 OQPSK 的都要低。

8. 高斯滤波的最小频移键控(GMSK)

虽然 MSK 信号的功率谱在主瓣以外衰减得较快，但在移动通信中，对信号带外辐射功率的限制十分严格，一般要求衰减 70 dB 以上，MSK 信号不能满足这样的要求。而 GMSK 调制方式可满足移动通信环境下对邻道干扰的要求，被 GSM(全球移动通信系统)采用。

GMSK 是在 MSK 前加上一个高斯低通滤波器，如图 6.90 所示。

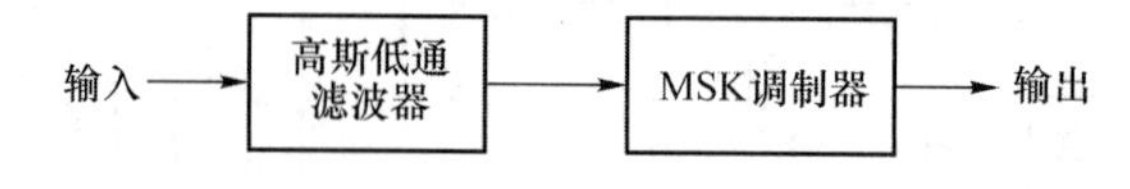

图 6.90 GMSK 示意图

高斯低通滤波器必须满足以下几点要求。

(1) 带宽窄。

(2) 有尖锐的截止特性，即频谱曲线边缘陡峭。

（3）滤波器输出脉冲面积为一常量，该常量对应前一个码元内的载波相移为$\frac{\pi}{2}$。

（4）冲激响应的过冲较小。

条件 1 和条件 2 是为了抑制高频分量，条件 3 是为了使调制指数为 0.5，条件 4 是为了防止过大的瞬间频偏。

GMSK 信号频谱特性的改善是通过降低误码率得来的，因为滤波器的带宽越窄，输出功率谱越紧凑，码间干扰可能性越大，即误码率越大。

本章小结

本章第一节讲述了常规双边带调幅调制方式和单边带调幅调制方式。单边带调幅调制系统由于传输带宽最窄，且解调输出信噪比较高，被广泛用于短波无线电通信系统中。虽然 AM 信号的抗噪声性能最差，但该调制系统线路特别简单，现在仍在民用收音机系统中使用。并且，本章第一节还介绍了频分多路复用的概念。

本章第二节主要介绍了二进制幅度键控，频率键控和相位键控三种基本调制方式的原理、调制和解调电路的形式。三种调制均有相干调制和键控调制两种方法，解调也相应有相干解调和非相干解调两种方法。

根据数字信息与相位之间的关系，相位键控有绝对移相和差分（或相对）移相两种方案，其中差分（或相对）相对移相可以克服传输过程中可能出现的相位模糊现象，因此其性能优于绝对移相调制方式。

除了二进制数字调制外，还有多进制数字调制，QPSK 就是四进制相移调制。在相同码元速率下，多进制调制比二进制调制的信息传输速率更大，而且，在相同信息传输速率下，多进制调制码元较宽，使得码元的抗干扰能力更强，因此，多进制调制的使用更为广泛。最小移频键控、高斯最小移频键控等则是在基本 2FSK 调制的基础上派生出来的，有着独特的优点和性能。

习题与思考题

1. 为什么在通信系统中要采用调制技术？

2. 调制是如何分类的，分为哪几类？

3. 试画出 AM 调制（调幅）器的一般模型图。

4. AM 调制的频谱图是如何得出的？

5. 已知调制信号的表示式如下。

（1）$\cos \Omega t \cos \omega_c t$；

（2）$(1+0.5\sin \Omega t)\cos \omega_c t$。

其中，$\omega_c = 6\,\Omega$，试分别画出它们的波形图和频谱图。

6. 已知调制信号 $m(t)=\cos(2\,000\pi t)+\cos(4\,000\pi t)$ 的载波为 $\cos 10^4 \pi t$，进行单边带调制，试确定该单边带信号的表示式，并画出频谱图。

7. 解释数字相干载波的相位模糊现象，在二相或多相调制系统的实际电路中，为什么不使用绝对调制？而采用相对调制？

8. 若数字消息序列为{110010101}，试画出二进制 ASK、FSK、PSK 和 DPSK 信号的波形图。

(1) 码速为 1 200 baud，载波频率为 1 200 Hz；

(2) 码速为 1 200 baud，载波频率为 2 400 Hz。

9. 已知 2ASK 系统的传码率为 10^3 baud，调制载波为 $A\cos(40\pi\times10^6 t)$毫伏。

(1) 求 2ASK 的带宽；

(2) 若采用相干解调器接收，请画出解调器中的带通滤波器和低通滤波器的传输函数幅频特性示意图。

10. 如图 6.91 所示，若发射端载波采用 $\sin\omega_c t$，试分析接收端本地载波分别为 $\cos\omega_c t$ 和 $\sin\omega_c t$ 的两种接收输出情况。

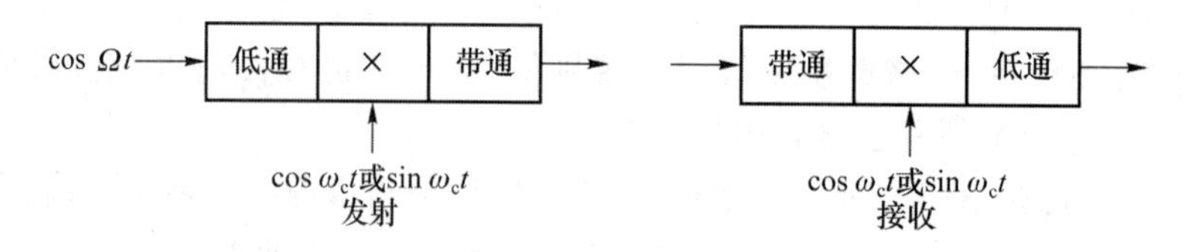

图 6.91　习题 6.10 的示意图

11. 什么是正交调制方式？正交调制方式有什么特点？

12. 在四相调制系统中，输入的二进制码元速率为 2 400 baud，载波频率为 2 400 Hz，已知数字与相位的对应关系为“11”↔45°，“01”↔135°，“00”↔225°，“10”↔315°。当输入码序列为 011001110100 时，试画出 4PSK、4DPSK 的信号波形图。

13. 某一信号的 Modem（调制）利用 FSK 方式在电话信道 600～3 000 Hz 范围内传送低速二元数字信号，且规定 $f_1=2\,025$ Hz 代表空号（即 0 码），$f_2=2\,225$ Hz 代表传号（即 1 码），若信息速率 $R_b=300$ bit/s，接收端输入信噪比要求为 6 dB，求

(1) FSK 信号带宽；

(2) 利用相干接收时的误比特率；

(3) 利用非相干接收时的误比特率，并与问题(2)的结果进行比较。

14. 试述最小频移键控的基本原理。

实训项目提示

1. 参考乘法器电路的资料，选择乘法器模块，搭建调制乘法器电路。

2. 用示波器测试单一正弦信号作为调制信号时的已调波波形。

3. 用频谱仪测试已调波的频谱特性，并给出合理解释。

4. 选择数字调制电路芯片，搭建模拟的二进制数字调制电路（2ASK、2FSK、2PSK）。

5. 用示波器测试 2ASK、2FSK、2PSK 的调制和解调电路的各点波形。改变电路中的元件参数，说明各点波形的变化。

第7章　同 步 技 术

数字系统传输中需要收发双方进行同步，此时需要使用四种同步技术。

7.1　同步技术概念

在同步技术中，载波同步和码位同步有必要采用锁相环，以便获得高质量的相干载波信号或位定时信号。数据序列往往编排若干码字、码句为一组，称为帧。接收端为了能够辨别码字、码句，必须在完成码位同步之后再实现码群同步。

7.1.1　不同功用的同步技术

按照同步的功用来区分，同步技术有载波同步、码位同步（也称码元同步）、帧同步（码群同步）和网同步（通信网络中使用）四种。

（1）载波同步

在相干解调时，接收端也需要有一个与发射端调制载波同频同相的本地载波信号，这个接收端本地载波的获取就称为载波提取或载波同步。无论是模拟调制信号还是数字调制信号，接收端都必须有相干载波，才能实现相干解调。

（2）码位同步

码位同步是数字通信系统特有的一种同步技术。在数字通信系统中，被传送的信号是由一系列的码元组成的，发送端每发送一个码元，接收端就应该相应地接收一个码元，两者步调一致。

（3）帧同步

帧同步包括字同步、句同步及分路同步等。在数字通信中的信息流中由若干个码元组成一个字，由若干个字组成一个句。在接收信息流时，必须知道这些字、句的开始与结束，否则接收端无法正确恢复信息。对于时分多路信号，在接收端要正确区分出各路信号，并根据发送端合路的规律进行正确分路。

（4）网同步

在一个通信网里，通信设备和相互传递消息的设备很多，各种设备产生的及需要传送的信息码流各不相同。当实现这些信息的交换、复接时，必须要有网同步系统来统一协调，使整个网能按一定的节奏有条不紊地工作。

同步系统如果按实现方法区分，可分为外同步和自同步两种。

（1）外同步

为了实现同步，发送端专门发送同步信息，该同步信息常常被称为导频或领示频率，接收端根据接收到的导频提取出同步信息，这种方法称为外同步。

(2) 自同步

发送端不发送专门的同步导频，同步信息是接收端从接收信息中设法提取的，这种方法称为自同步。这种方法效率高，干扰小，但有时接收端设备较复杂。

7.1.2 锁相环

锁相环技术是一种广泛应用的技术。在数据传输中，载波同步和码位同步都需要在接收端设置锁相环。

1. 工作原理

数字锁相法在现代数字通信的码位同步系统中得到了越来越广泛的应用。它的基本原理是，接收端通过一个高稳定度振荡器分频得到本地位定时脉冲序列，然后输入数字信号，数字信号与本地位定时脉冲在鉴相器中进行相位比较。若两者相位不一致，则用鉴相器输出误差信息去调整可变分频器的输出脉冲相位，直到输出的位定时脉冲和输入信号在频率和相位上都保持一致时，才停止调整，从而达到获得同步信号的目的。

锁相环包括三个基本的组成部分，即鉴相器(PD)、环路滤波器(LF)、压控振荡器(VCO)，它们三者的连接如图 7.1 所示。

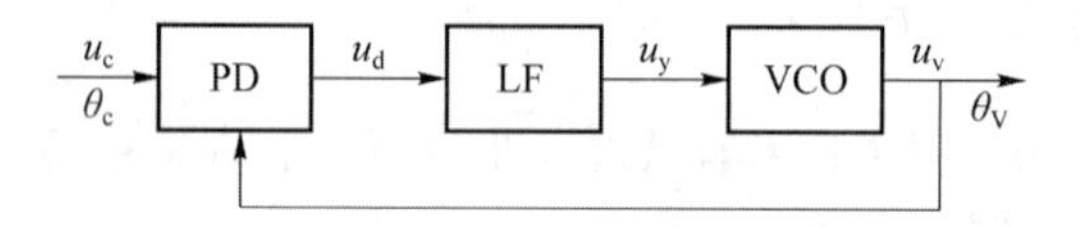

图 7.1 锁相环结构

鉴相器的作用是把信道上传来的接收信号 u_c 的相角 θ_c 与本地压控振荡器输出的反馈信号 u_v 的相角 θ_v 做比较

设

$$u_c = U_c \sin\theta_c \tag{7.1}$$

$$u_v = U_v \sin\theta_v \tag{7.2}$$

其中 u_c、u_v 分别为 μ_c、μ_v 的最大值。相角是瞬时频率的积分，即

$$\theta = \int_0^t \omega \mathrm{d}t = \omega t + \theta_0 \tag{7.3}$$

瞬时频率是相角对时间的导数 $\omega = \frac{\mathrm{d}\theta}{\mathrm{d}t}$，所以，鉴相器把两个信号的瞬时相角 θ_c 和 θ_v 做比较，也就包含对两个频率的比较。鉴相器的输出电压 u_d 将是两个信号相角误差 θ_e 的某一函数，最常用的是正弦函数或锯齿函数，如图 7.2 所示。

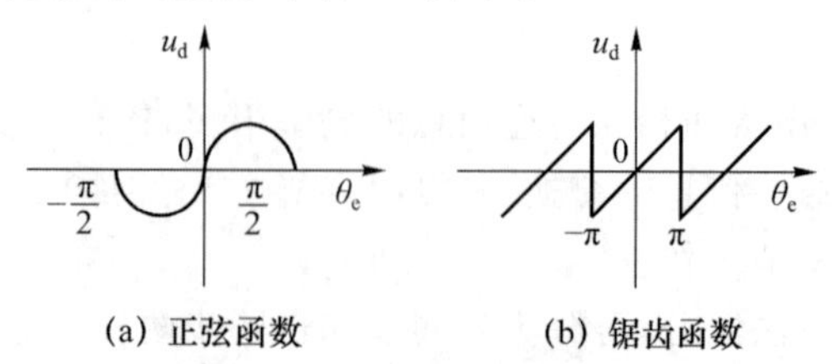

图 7.2 鉴相器常用的函数

如相角误差比较小，则鉴相器的输出电压 u_d 将近似地与相角的误差 $\theta_e(\theta_e=\theta_c-\theta_v)$ 成正比，故输出电压 u_d 又称为误差电压。

$$u_d=\frac{u_c u_y K_v}{2}\sin(\theta_v-\theta_c) \tag{7.4}$$
$$=K_d\sin\theta_e\approx K_d\theta_e$$

其中，K_v 代表压控振荡器的增益系数，单位为弧度/秒/伏特(rad/(s・v))；K_d 代表鉴相器的增益系数，单位为伏特/弧度(V/rad)。

环路滤波器是截止频率较低的一种低通滤波器，它的作用是阻止鉴相器输出的电压中携带的快变化噪声，又阻止鉴相器的高频率产物。环路滤波器波的传输函数可写成 $F(s)=\frac{u_y}{u_d}$ 有时还会写成 $K_F F(s)$，其中 K_F 是表示滤波器的增益系数，没有单位。虽然没有环路滤波器，锁相环也能运用，但是，为了得到较好的性能，增加适当的滤波器是必不可少的。

压控振荡器利用滤波器输出电压 μ_y 来控制振荡器输出的频率或相角。压控振荡器在没有外加电压时，也具有它的固有频率或自由振荡频率 f_0。当环路滤波器把控制电压 u_y 加到压控振荡器时，振荡频率将偏移 Δf，使振荡器的频率成为 $f_v=f_0\pm\Delta f$。在一定的小范围内，频率的偏移将与控制电压成线性关系。

$$\Delta\omega=K_v\times u_y \tag{7.5}$$

$$\theta_v=\int_0^t\Delta\omega\mathrm{d}t \tag{7.6}$$

这就意味着，压控振荡器起积分的作用。这一作用很重要，因为需要压控振荡器输出相角。这样，总的环路增益系数 K 等于三个增益系数的乘积。

$$K=K_d K_F K_v \tag{7.7}$$

K 的单位为 1/s。

在环路刚闭合的瞬间，压控振荡器还没得到控制电压，$u_y=0$，所以它有自己的固有频率 f_0。如果从信道上传来的接收信号 u_c 的瞬时相角 θ_c 加到鉴相器后，使压控振荡器产生的瞬时相角 θ_v 反馈至鉴相器，通常这两个瞬时相角是不同的。鉴相器的根据两个相角差产生输出电压 u_d，u_d 经过环路滤波器后得 u_y，使压控振荡器发生频率偏移 Δf，其方向是使 $f_v=f_0+\Delta f$ 趋近于 f_0。由于环路中的反馈环路是负反馈，所以相角的误差 θ_e 减小，经过重复的过程，两个频率 f_v 和 f_0 的误差越来越小，直至两个平均频率完全相等 $f_v=f_0$，达到环路锁定的状态。

环路锁定时，两个频率 f_v 和 f_0 相等了，但仍存在小的相位误差 θ_e。这是因为原来 f_v 不等于 f_0，要使 f_v 接近于 f_0，必须有一控制电压 u_y 产生必要的 Δf，也就是必须有一相位误差，确保鉴相器能提供必要的控制电压。当收发两端信号已经同频时，就称作为同步。在设计一个环路锁定的正确状态时，它所必需的相位误差可以做得很小，对于接收的相干检测不会带来不良影响。由此，对于接收端恢复载波信号来说，当环路锁定时，可以认为压控振荡器已经完成了对接收信号的恢复工作，得到了同频同相的载波信号，能够实现相干接收了。

当处于环路锁定状态后，输入信号频率 f_c 在一定范围内变化，压控振荡器频率 f_v 能够追随变化，也就是说 f_v 能够自动跟踪 f_c。或者说，若压控振荡器的自振频率 f_0 本身有缓慢的漂移，鉴相器输出的误差电压能够把 f_v 拉回至 f_0，这是因为环路存在负反馈，有自动控制作用。维持环路锁定所必需的相位误差小，意味着跟踪精度高。

环路滤波器具有低通滤波器的作用，如果加入的环路滤波器具有足够低的低通截止频率，则不但能够阻止鉴相器产生的高频分量通过，而且能消除信道上传来的大部分噪声干扰。实际上，环路带宽可以做得很窄，使锁相环成为非常有效的窄带低通滤波器，这样能产生很“干净”的信号。凡是伴随着接收信号的快变化噪声干扰都被锁相环路消除了，只有那些伴随着接收信号进来的慢变化噪声干扰（如变化频率在环路带宽以内）仍起有害作用，将使环路输出引起相位抖动。无论如何，锁相环的性能是远优于普通窄带低通滤波器网络的。而且，普通的窄带滤波器在得到陡峭衰耗频率特性的同时，带来急剧变化的相位频率特性，而锁相环却没有这种情况，它在形成窄带低通的同时，仍保持平坦的相位频率特性。

鉴相器的工作有一定的范围，压控振荡器的工作范围也有一定的限度。就是说，压控振荡器的频率能够自动跟踪接收信号的频率是有一定范围的，也就是说锁相环具有一定的同步带。如果压控振荡器频率与接收信号频率之差超过了范围，则环路就不能锁定，压控振荡器工作在固有频率 f_0 或 f_0 附近，不再能和接收信号同频同相，锁相环不起作用。又如伴随接收信号进来的噪声引起过大的环路输出相位抖动，超过了鉴相器的工作范围，环路也将失锁，失去它应有的效能。在环路没有锁定或失锁时，欲达到锁定或重新获得琐定，需要进行捕捉（或称拉入）过程。捕捉也有一定的容许范围，能够捕捉而达到锁定的频带称为捕捉带。从捕捉到锁定（既同步），需要一定时间。

锁相环是负反馈环路，环路中各部件在工作的范围内有一定的相位要求。一般地，如无特殊情况（如没有引入更多的滤波器），环路的相位条件保持为负反馈，环路运用是稳定的。但是，如果设计不周密，某些部件带来额外相位，以致环路反馈成为正反馈，那可能产生自激振荡，环路变得不稳定，完全失去应有的效能。这和负反馈放大器相似，如果某一频率变成正反馈放大器，则这个放大器就会产生寄生振荡，不仅失去了原有的优越性，并且不能完成它所担负的工作了。

2. 锁相环部件

（1）鉴相器

实际使用的鉴相器有很多种不同的电路。现在介绍两种较常用的鉴相器电路的原理：其一是利用晶体二极管的整流平衡式鉴相器电路；其二是利用场效应管的取样保持式鉴相器电路。

整流平衡式鉴相器使用晶体二极管作为整流器，其实际电路如图 7.3(a)所示，其简化等效电路如图 7.3(b)所示，其中进行比较的两个电压可以表示为

$$u_c = U_c \sin \omega t \tag{7.8}$$

$$u_v = U_v \cos(\omega t + 90° + \theta) \tag{7.9}$$

实际加到两个晶体二极管的电压是两个电压 u_A 和 u_B 的代数和，其中 u_A 是 u_c 和 u_v 两者之和，u_B 是 u_c 和 u_v 两者之差。

$$u_A = u_v + \frac{u_c}{2} \tag{7.10}$$

$$u_B = u_v - \frac{u_c}{2} \tag{7.11}$$

图 7.3(c)所示的是两个晶体二极管的最大电压 U_A、U_B 与 U_v、U_c 关系的矢量图，根据此图可求得两个二极管的电压幅度：

$$\begin{aligned} U_A^2 &= \left(\frac{u_c}{2} - u_v \sin \theta\right)^2 + (u_v \cos \theta)^2 \\ &= \frac{U_c{}^2}{4} + U_v^2 - U_v U_c \sin \theta \end{aligned} \tag{7.12}$$

$$U_{\mathrm{B}}^{2}=\left(-\frac{U_{\mathrm{c}}}{2}-U_{\mathrm{v}}\sin\theta\right)^{2}+(U_{\mathrm{v}}\cos\theta)^{2}=\frac{U_{\mathrm{c}}}{4}^{2}+U_{\mathrm{v}}^{2}+U_{\mathrm{c}}U_{\mathrm{v}}\sin\theta \tag{7.13}$$

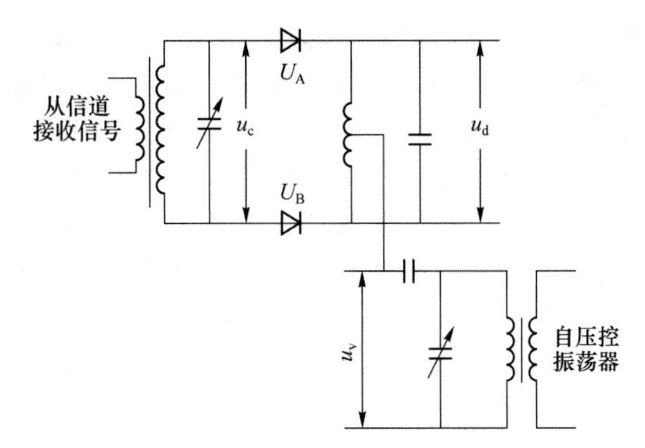

(a) 整流平衡式鉴相器电路

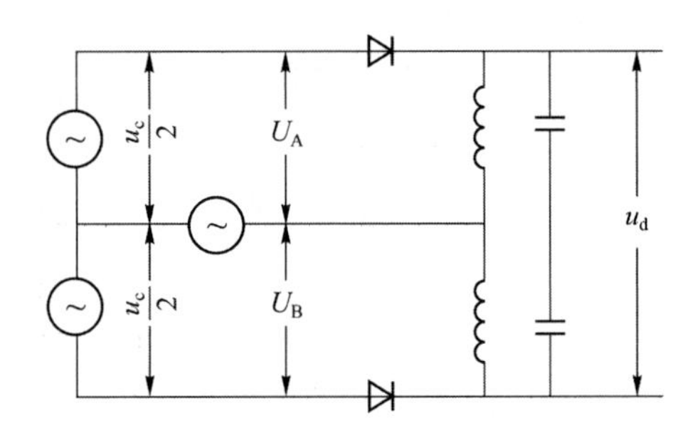

(b) 简化等效电路

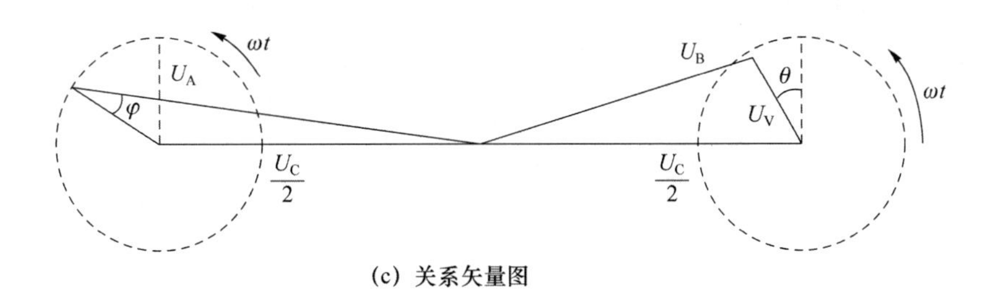

(c) 关系矢量图

图 7.3　整流平衡式鉴相器

两个二极管整流后的输出电压之差就是鉴相器的输出电压。

$$u_{\mathrm{d}}=(U_{\mathrm{A}}-U_{\mathrm{B}})=-\frac{2U_{\mathrm{c}}U_{\mathrm{v}}\sin\theta}{U_{\mathrm{A}}+U_{\mathrm{B}}} \tag{7.14}$$

因为，如$\frac{U_{\mathrm{c}}}{2}\gg U_{\mathrm{v}}$，则 $U_{\mathrm{A}}+U_{\mathrm{B}}\approx U_{\mathrm{c}}$

故

$$u_{\mathrm{d}}\approx-2U_{\mathrm{v}}\sin\theta \tag{7.15}$$

式(7.15)除证明鉴相器属于正弦鉴相器外，还表明，当$\frac{U_{\mathrm{c}}}{2}\gg U_{\mathrm{v}}$ 时，U_{d} 正比于 U_{v}，与 U_{c} 无关。U_{c} 越大(当然有一定限度，必须保证二极管不被击穿)，式(7.15)的正弦关系越正确。式(7.15)还表明，如欲使 u_{d} 与信号振幅变化无关，应保持 U_{v} 为常数，再者，当两个电压的相

位差 $\theta_e=0°$时，$u_d=0$，当 $\theta_e=\pm 90°$时，$u_d=2U_v$。

理想的鉴相器电路应该完全平衡，即使输入的接收信号有噪声，鉴相器也只有一个与信号相位差成正比的直流输出。实际上，完全平衡是不可能实现的，如输入变量器的中心抽头很难完成平衡，两个二极管的整流作用不可能完全一致等，所以鉴相器的输出不仅存在固定偏差，并且带有一定程度的噪声。显然，设计鉴相器时必须想办法让鉴相器的信噪比较好。

鉴相器能够运用的频率不能任意高，而是有限度的。例如，晶体二极管有一定的反向恢复时间，这会使高频率的整流性变坏。许多实际使用的调制器就是乘法器，而鉴相器也可以用乘法器实现，但是，由晶体二极管组成的模拟量乘法器一般只能用于低频率。实践表明，如果利用的是二极管的平方律非线性作用，而不是整流作用，则它的效率较低，输出电压和鉴相器增益系数都较低。

取样保持式鉴相器是另一种普通常用的鉴相器，可看成是由一个开关组成，如图 7.4 所示。这个开关可以是晶体三极管、晶体二极管，也可以是场效应管，它由取样脉冲控制，当取样脉冲到来时，开关导通，输入信号可以输出；当取样脉冲不来时，开关不通，输入信号不能输出。

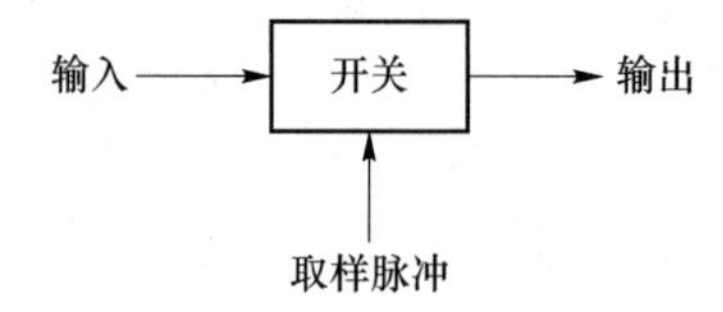

图 7.4　取样保持式鉴相器框图

取样保持式鉴相器电路如图 7.5 所示，它是利用场效应管作为开关。电路中有两个输入信号：其一就是从信道传来的接收信号 u_c，假设是正弦波；其二是从压振荡器输出的反馈信号 u_v，它已变换为周期性的窄脉冲序列，称为取样脉冲，用来控制场效应管开关。场效应管的输出端接并联连接的电容 C 起保持作用，电容 C 上的电压就是鉴相器的输出电压 u_d。

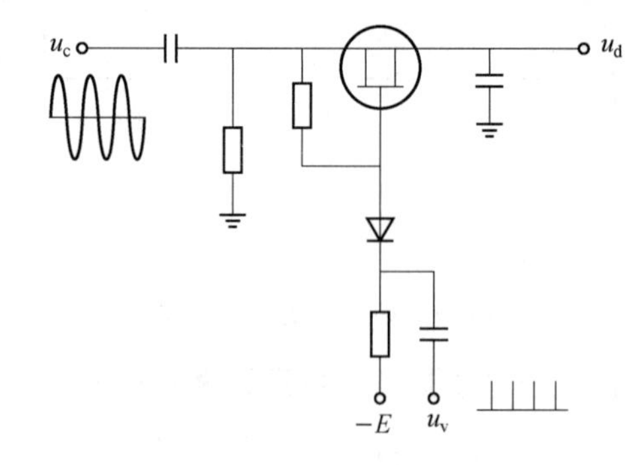

图 7.5　取样保持式鉴相器电路

当从压控振荡器传来的取样脉冲到来时，场效应管导通，接收信号 u_c 通过，对电容器 **C** 充电。这充电电压的大小决定于接收信号正弦波被取样的样值，也就是决定于 u_c 与 u_v 两个输入信号的频率差或相位差。如图 7.6 所示，u_c 与 u_v 的频率相等，相位差 θ_e 为恒定值，因此，每次取样时，正弦波上的取样值是重复的同一值，就是说鉴相器的输出电压 u_d 为直流电压。这时

$$u_d=U_d\sin\theta_e=\text{定值} \tag{7.16}$$

这种情况相当于环路锁定，也就是接收信号频率与压控振荡信号频率同步的情形。

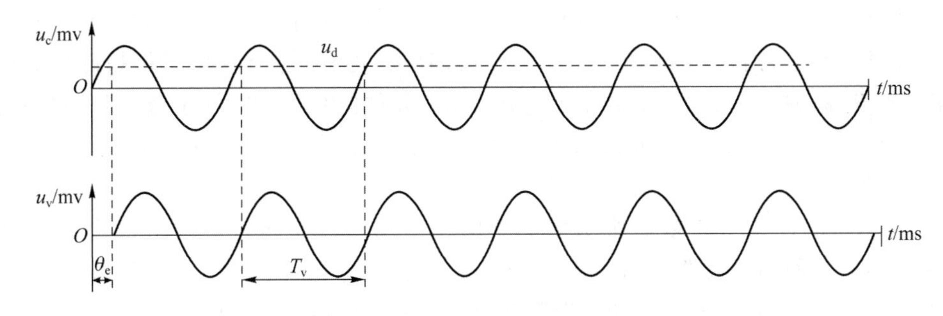

图 7.6　u_c 与 u_v 的相位差 θ_e 为恒定值

当环路还没有达到锁定状态时，u_c 与 u_v 的频率不相等，每次取样脉冲到来时，取得的样值不是正弦波上重复的同一值，样值是逐渐地、缓慢地加大或减小，因此取样保持式鉴相器的输出电压和普通正弦鉴相器的输出电压在形状上没有什么区别，只是在时间上滞后了半个取样周期(即 $T_v/2$)。

(2) 压控振荡器

实际应用的压控振荡器有很多种不同的电路。一类是利用变容二极管的压控晶体振荡器电路或压控 LC 振荡器电路；另一类是没有变容二极管的压控 RC 多谐振荡器电路。

压控晶体振荡器电路如图 7.7(a)所示，它是共基极晶体管组成的压控晶体振荡器电路。在发射极电路中连接了石英晶体和变容二极管 C。通过变量器耦合，使集电极能正反馈至发射极。这种振荡器在工作时，振荡频率稍高于石英晶体的串联谐振频率，也就是说，石英晶体具有高 Q 值的等效电感量，变容二极管上的控制电压来自鉴相器和低通滤波器的输出电压 u_y，u_y 变化时变容二极管的电容量随之变化。由此，变容二极管的电容量与石英晶体的等效电感串联一起，当变容二极管电容量改变时，串联谐振频率随之改变，振荡器的振荡频率相应地也改变，这样可以达到控制振荡频率的目的。图 7.7(b)表示 LC 压控振荡器电路与其特性曲线。

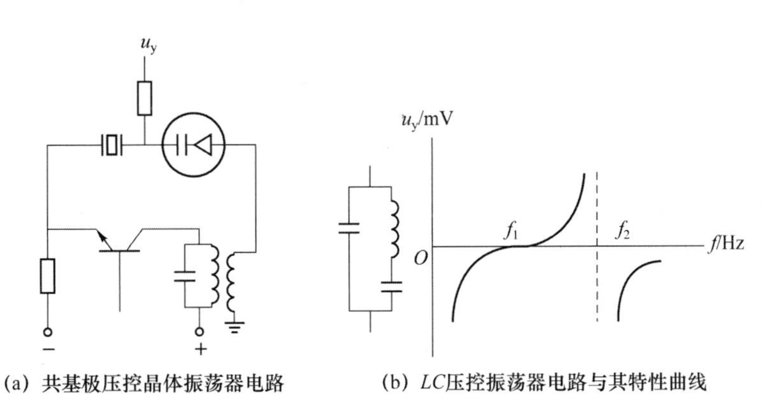

(a) 共基极压控晶体振荡器电路　　(b) LC压控振荡器电路与其特性曲线

图 7.7　二种压控振荡器电路

设计这种振荡器时应尽量设法降低噪声，否则振荡器本身会出现相位抖动，影响锁相环的运用。压控晶体振荡器的优点是振荡频率稳定度高。缺点是频率变化范围小，仅适用于窄带和小范围跟踪的锁相环，而压控 LC 振荡器却可应用于窄带和小范围跟踪锁相环，但频率稳定度较差。

一般的压控 RC 多谐振荡器电路如图 7.8(a)所示，由两 n-p-n 晶体管和 RC 元件组成，这里没有使用变容二极管，而是让鉴相器具和低通滤波器输出的控制电压 u_y 叠加在两管基极电路的直流偏压 $+E$ 上(因为用的是 n-p-n 管，基极偏压为正)。这个电路与移频键控的振荡器类似，多谐振荡器的振荡频率本来取定于电路中 RC 元件值乘积的时间常数，但电路中对电容充电的电压 $(E+u_y)$ 的变化也将使振荡频率发生变化，所以，图 7.8(a)所示的电路可以达到控制振荡频率的目的。

发射极偏压的压控 RC 多谐振荡器电路图 7.8(b)所示，两管的发射极得到直流偏压 $-E_e$，两鉴相器和低通滤波器输出的控制电压 u_y 加在两管基极电路中的电位器上，当控制电压 $u_y=0$ 时，振荡器的频率就是它的固有频率(即中心频率 f_0)，利用电位器的微调，可以小范围地调整这中心频率。压控 RC 多谐振荡器的输出信号是方波，对于应用在开关式鉴相器的锁相环或脉冲锁相环较为合用，但其缺点是可运用的频率较低，频率稳定度较差。

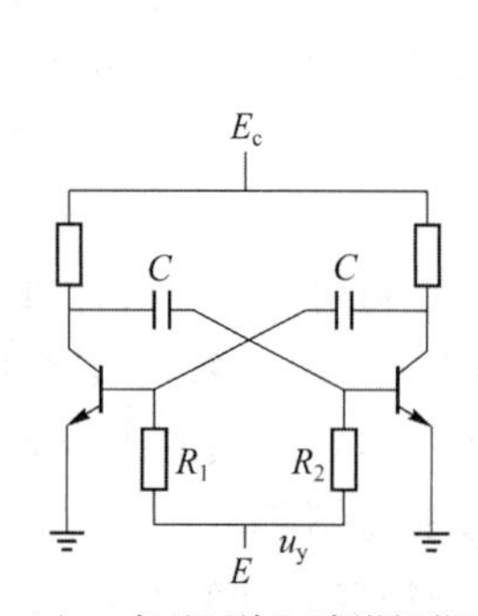

(a) 一般的压控RC多谐振荡器

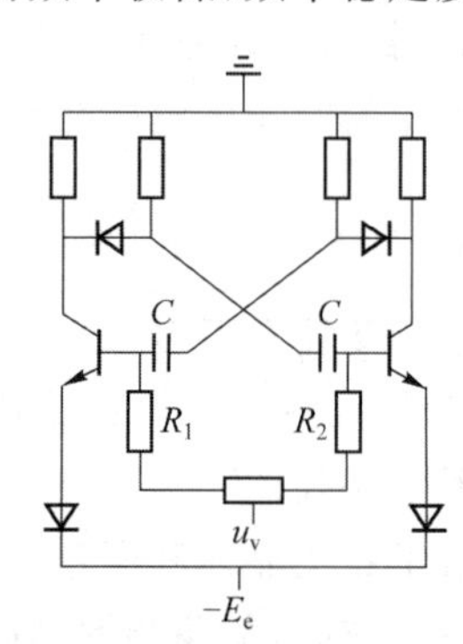

(b) 发射极偏压的压控RC多谐振荡器

图 7.8　压控 RC 多谐振荡器

在数据传输系统中，为了使用高增益锁相环来达到同步目的，可采用取样保持式的场效应管鉴相器，它输出的误差电压经过 RC 等元件构成的无源环路滤波器和放大器，加到多谐振荡器式的压控振荡器上。场效应管鉴相器的输出经过脉冲形成电路，得到窄脉冲序列，然后反馈至鉴相器。在实际完整的电路可能在鉴相器、无源环路滤波器、压控振荡器之间插入必要的晶体管电路等，以供缓冲之用。

当接收信号频率为 3 000±10 Hz，即开环频率差最大为 $\Delta\omega/2\pi=10$ Hz 时，取样保持式鉴相器的增益系数 $K_d=3.6$ V/rad，无源滤波器的传递函数(直流)$K_F F(0)=1$，压控 RC 多谐振荡器的增益系数 $K_v=2\pi\times200$ rad/(s·V)。所以，可计算环路的直流总增益 K_0 为

$$K_0=K_d K_v K_F F(0)=4\ 500\ \text{s} \tag{7.17}$$

环路的总增益系数 K 为

$$K=K_d K_v=4\ 500\ \text{s} \tag{7.18}$$

要求环路稳态相位误差不大于 1°，即

$$1^\circ=\frac{2\pi}{360}\ \text{rad} \tag{7.19}$$

算得

$$\theta_e=\frac{\Delta\omega}{K_0}=\frac{2\pi\times10}{4\ 500}=\frac{2\pi}{450}\ \text{rad} \tag{7.20}$$

可见算得的结果小于所要求的 θ_e。表明压控多谐振器设计是正确的，环路的等效噪声带宽 B_n 要求为

$$B_n = 5.5\ \text{Hz} \tag{7.21}$$

考虑选取环路的自然频率为 $\omega_n = 2B_n = 11$ Hz，又考虑环路采用稍弱阻尼，阻尼系数为 $\xi = 0.6$，根据有关推导的结果可知，高增益锁相环中环路虑波器(具有 R_1、R_2、C 元件)的时间常数 τ_1 和 τ_2 为

$$\tau_1 = R_1 c = K/\omega_n^2 \tag{7.22}$$

$$\tau_2 = R_2 c = 2\xi/\omega_n \tag{7.23}$$

算出

$$\tau_1 = 4\,500/11^2 = 37\ s \tag{7.24}$$

$$\tau_2 = 2\times 0.6/11 = 0.11\ s \tag{7.25}$$

由此可见，$\tau_1 \gg \tau_2$。滤波器的电容(用两个 47 μF 钽电容器对接)为

$$c = \frac{47}{2} = 23.5\ \mu\text{F} \tag{7.26}$$

最后算出

$$R_1 = \frac{\tau_1}{c} = \frac{37}{23\times 5\times 10^{-6}} = 1.57\ \text{M}\Omega \tag{7.27}$$

$$R_2 = \frac{\tau_2}{c} = \frac{0.11}{23\times 5\times 10^{-6}} = 4.7\ \text{K}\Omega \tag{7.28}$$

(3) 环路滤波器

环路滤波器的低通特性意味着锁相环能阻止那些信号中的快变化噪声干扰，只通过少量的慢变化噪声。当锁相环包含真正滤波器时，环路滤波器在幅度 −3 dB 处对应的低通截止频率等于环路增益系数 K 值。当锁相环不包含真正滤波器时，对跟踪精度不利。环路滤波器对于输入的慢变化能够显著地减小相位误差，而对于输入的快变化几乎没有减小相位误差。也就是说，锁相环若有较大 K 值将有较好的跟踪能力。

两种实际常用的环路滤波器如图 7.9 所示：一种是无源 RC 滤波器；另一种是有源 RC 反馈放大滤波器。

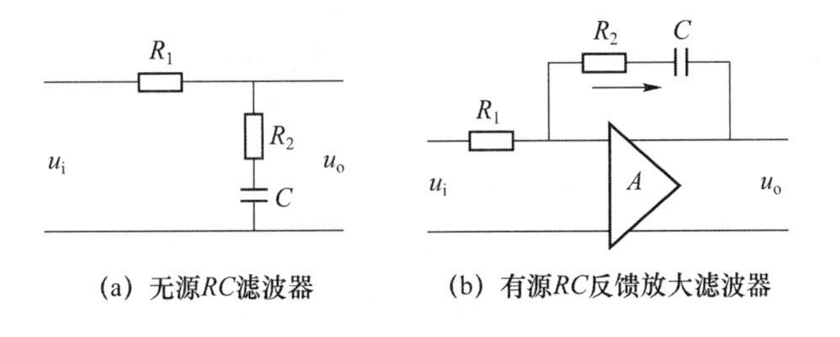

图 7.9 两种环路滤波器

当锁相环没有环路滤波器时，环路的直流总增益 K_0 值越大，稳态误差越小，即跟踪精度高。当环路带宽等于 K 值时，跟踪精度固然改善，但环路带宽大，抗噪声能力降低。

7.2 载波同步

从以前讲过的各种调制方式得知，接收端的解调(或检测)方式分为两类：其一是相干解调；另一类是非相干解调。对于单边带、双边带、残留边带传输方式和相干移相键控等抗干扰

能力较强的调制方式，都需要在接收端恢复相干载波，只有恢复的相干载波与发送端调制所用载波同频同相，然后才能从解调器恢复原来的基带信号。

在相干解调时，接收端需要有一个与所接收信号中的调制载波同频同相的本地载波信号，这个本地载波的获取称为载波提取，或称为载波同步。无论是模拟调制信号还是数字调制信号，都必须有相干载波，才能实现相干解调。

接收端恢复载波的实用方法有两类：一类是直接提取法，即发送端不发送导频，接收端可以从信道上传来的信号中恢复载波；另一类是插入导频法，即发送端虽不发送载波本身，但插入适当稳定电平的导频，这样接收端可恢复导频，恢复的导频既可用来自动调节接收电平，又可用作解调所需要的载波。

7.2.1 直接提取法

移相键控信号的频谱包含载波及其上下边带，因此接收端有可能从移相键控信号提取载波。但是，对于 2PSK 信号，1 码发 $\cos\omega_c t$，0 码发 $-\cos\omega_c t$，两者载波是相反的。如果数据序列中 1 码与 0 码的数目相等，则接收端利用窄带滤波器选取载波频率将得不到输出。必须先让 2PSK 信号经过非线性器件，产生二倍频信号，这个二倍频信号经过 2∶1 分频器，获得需要的载波。同样，对于 4PSK 信号，四个四进码分别发 $\cos(\omega_c t+45°)$、$\cos(\omega_c t+135°)$、$\cos(\omega_c t+225°)$、$\cos(\omega_c t+315°)$。如果数据序列中四种四进码数的数目相等，则接收端利用窄带滤波器直接选取载波频率将得不到输出。必须先让 4PSK 信号经过非线性器件产生四倍频信号，四种四进码的四倍频信号将是同相的，经过窄带滤波器后就可以选出四倍频信号，这个四倍频信号经过 4∶1 分频器，获得需要的载波。

设发送端发出键控信号 $s(t)\sin\omega_c t$。接收端的接收解调电路如图 7.10(a)所示，先经过整流器，相当于对 $S(t)\sin\omega_c t$ 起到平方作用，可得

$$s^2(t)\sin^2\omega_c t=\frac{s^2(t)}{2}-\frac{s^2(t)}{2}\cos 2\omega_c t \tag{7.29}$$

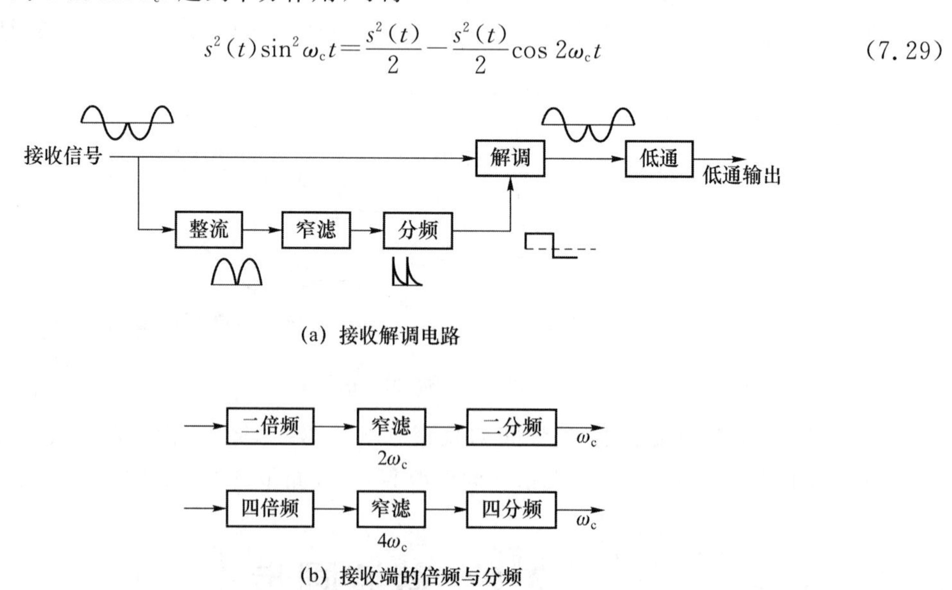

图 7.10 接收端接收信号的直接提取法

整流器输出中有幅度慢变化的载波二倍增波，这是有用的。可以先通过窄带滤波器或谐振电路选出这载波二倍谐波 $2\omega_c$，并加以放大和限幅；然后进入双稳态或计算式二分频器，其

输出就是解调所需要的载波了。

类似的提取载波法也适用于四相调制系统。不过,四相调制系统的提取载波法必须按照图7.10(b)所示的电路来实现。接收端收到的4PSK信号先经过四倍频,然后经过一个对$4\omega_c$谐振的窄带滤波器,最后经过四分频,就可得到所需要的载波了。

对于载波遏止的双边带信号(接收端收到的两个边带$\cos(\omega_c \pm \Omega)t$),只能利用平方律非线性器件,使两个边带频率相加,得到载波的二倍频,然后经过2∶1分频,获得需要的载波,这与移相键控信号的提取载波相似。至于载波遏止的单边带信号,接收端的倍频/分频方式是不适用的,它没有办法从SSB信号提取载波,只能利用发送端的插入导频。对于残留边带信号,虽然在原则上可以从残留的双边带提取载波,但双边带的频带过窄,也以采用插入导频法为宜。

这类直接提取载波的方法都存在一个问题:由于分频过程的不确定性,所以从二分频得到的载波可能会有180°相位模糊问题。如图7.11(a)所示,虚线是正弦载波ω_c,它经过倍频、滤波、放大以后,得到频率为$2\omega_c$的正弦波。在图7.11(b)中可看到,只有从负到正引起的脉冲才能使双稳态触发器改变状态,而从正到负引起的脉冲并不能使触发器改变状态,所以要使触发器成为分频器,输出频率必须是输入频率的1/2。然而,触发器的初始状态有两种可能:一是输出端处于低电位,如图7.11(c)所示;二是输出端处于高电位,如图7.11(d)所示。当输入端第一个脉冲进来时,输出可能由低电位升到高电位〔如图7.11(c)所示〕,也可能由高电位降到低电位〔如图7.11(d)所示〕。图7.11(d)提供的载波与图7.11(c)提供的极性相反。如果解调器使用图7.11(c)所示的载波得到1码,则使用图7.11(d)所示的反相载波将得到0码,在每次开机时,或在通信中断后再恢复时,或在通信运用期间受到干扰时,触发器的初始状态都有可能从一种状态改变至另一种状态,结果载波有正有反,这将造成输出数据的混乱。在四相调制系统如果提取载波采用四分频(即分级二分频器),甚至会出现四个90°相位模糊问题。

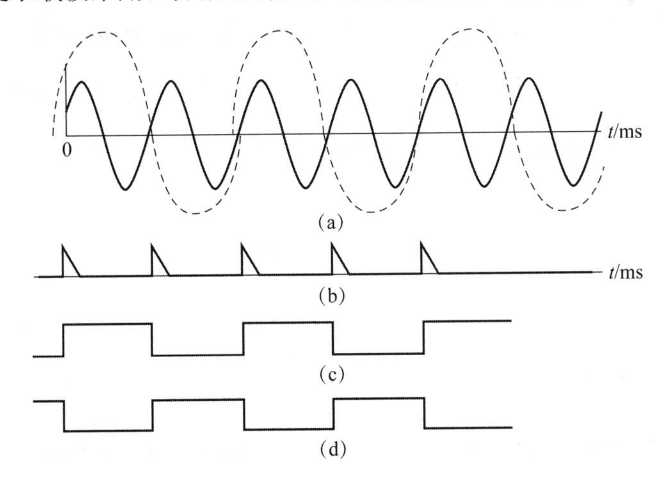

图7.11 相位模糊问题

为了克服这种相位模糊问题,可以考虑采用两种方法:其一是发送端先把绝对码换为相对码,让相对码经过调制、传输和解调,然后将接收端解调后得到的相对码再变回为绝对码,另一种方法是对调相系统,采用二相或四相差分移相键控方法。

对于2PSK信号,提取载波可以不用上述的整流器和分频器,而是多用一个倒接开关调制器,如图7.12所示,接收信号一路进入解调器,另一路经过延迟后进入倒接开关调制器,并与输出数据信号相乘。控制1码为"+1",使接收信号正向通过,控制0码为"−1",使接收信号反向通过，这样，接收的 2PSK 信号变成正弦载波信号，从 2PSK 信号获得的频率就是载波频率。经过窄带滤波器后，正弦载波信号波形变得更加干净。正弦载波通过限幅器后，形成载波方波，并加到解调器上。解调器采用倒接开关调制器，载波正半周使接收信号正向通过，载波负半周使接收信号反向通过。这样，解调器输出经过低通滤波器，得到数据信号 1 码和 0 码。图 7.12 所示的接收信号经过延迟器后才进入载波提取的倒接开关调制器，延迟器的延迟量等于解调器时延和低通滤波器时延的总和，使接收信号进入倒接开关调制器的时间和数据信号控制倒接开关的时间相符合。这种方法虽然避免使用分频器，仍存在相位模糊问题。

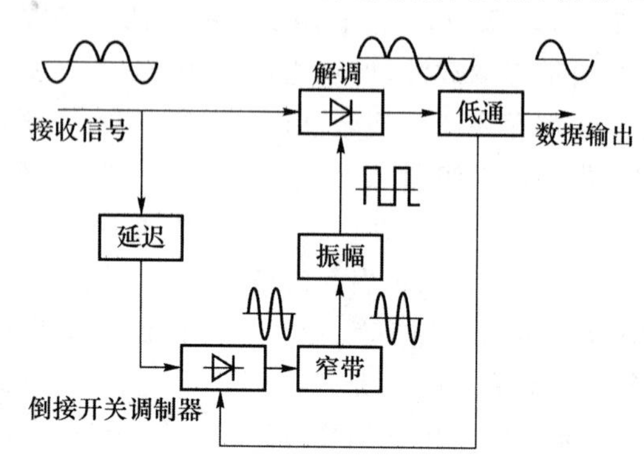

图 7.12　2PSK 信号的载波提取

7.2.2　插入导频法

在载波遏止的单边带或双边带传输的方式中，如果把原始数据经过码型变换，变为双极性脉冲的基带信号，则基带信号具有图 7.13(a)所示的新频谱，新频谱中没有直流分量，且低频能量减弱，在频率 $f_b=\dfrac{1}{T_b}$处为第一个零点。这样的基带信号经过低通滤波器，能阻止$\dfrac{1}{T_b}$以上的频率，并让基带信号作为调制波进入平衡调幅器，将得到图 7.13(b)所示的载波遏止的双边带信号。

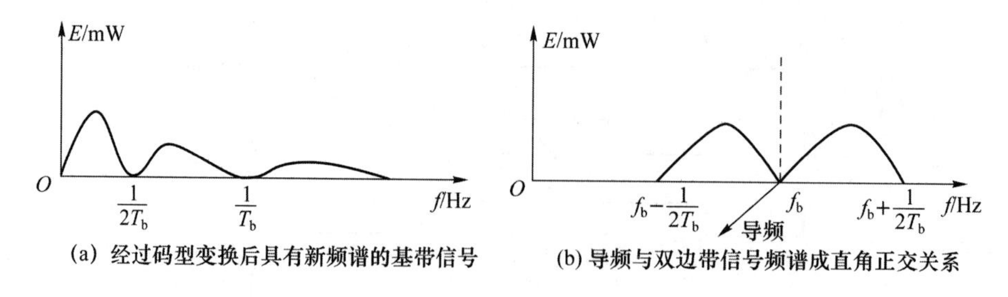

图 7.13　载波遏止的单边带或双边带传输的方式

在这种情况下，有可能在虚载频位置插入导频，如图 7.14(a)所示，发送端的载波振荡相位频率 $\omega_c t$ 经过90°相移，作为导频加入带通滤波器之后，载波和双边带一同从信道发送出去。如图7.13(b)所示，导频与双边带信号频谱成直角正交关系，这样安排是为了适应接收端解调的需要。这个导频和双边带合成的信号可写成

$$u(t)=s(t)\cos\omega_c t+a\sin\omega_c t \tag{7.30}$$

在接收端，信号 $u(t)$经过带通滤波器后分开两路：一路进入解调器，另一路进入窄带滤波

器把导频 f_c 分离出来，分离出来的导频 f_c 经过90°相移，恢复为原来的载波 $\cos\omega_c t$，使得接收端载波与发送端的载波同步。也就是说，得到了解调所需的载波后，利用相干载波进行解调的结果为

$$(s(t)\cos\omega_c t+a\sin\omega_c t)\cos\omega_c t=\frac{1}{2}s(t)+\frac{1}{2}s(t)\cos 2\omega_c t+\frac{a}{2}\sin 2\omega_c t \tag{7.31}$$

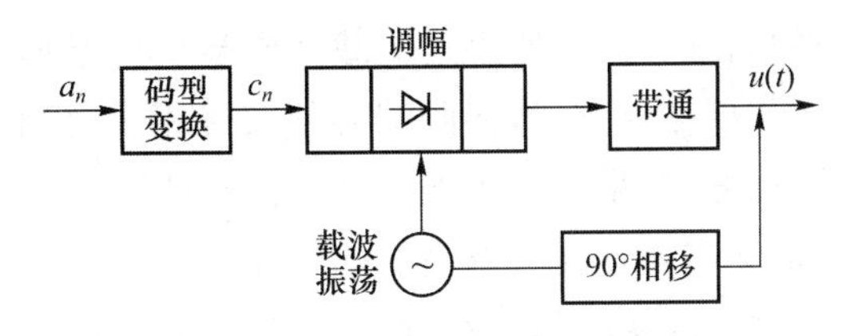

(a) 在发送端插入导频

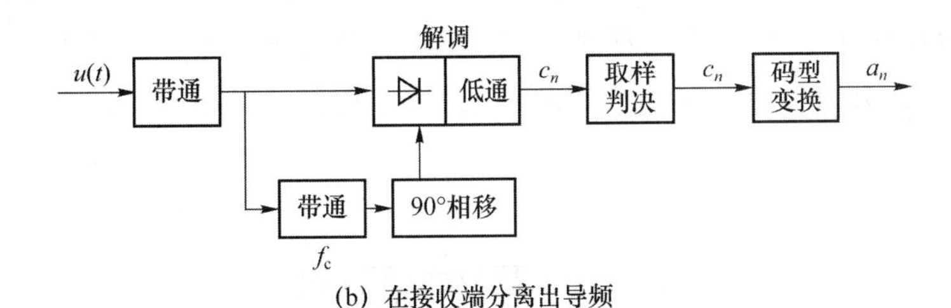

(b) 在接收端分离出导频

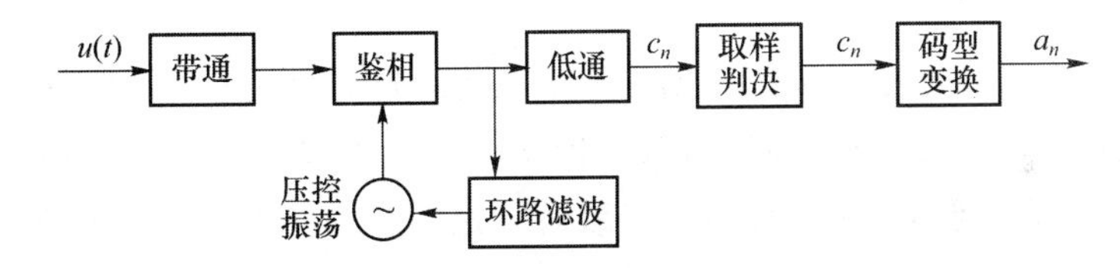

(c) 在接收端用锁相环代替普通窄带滤波器分离出导频

图 7.14　发送端插入导频和接收端分离导频框图

解调出来的信号通过截止频率为 $f_b=\dfrac{1}{T_b}$ 的低通滤波器，获得需要的基带信号 $s(t)$，经过码型反变换和取样判决，最后恢复原始数据。

如果发送端插入的导频没有经过90°相移，导频就是 $a\cos\omega_c t$，接收端选出这个导频后，经过解调将得

$$a\cos\omega_c t\cos\omega_c t=\frac{a}{2}+\frac{a}{2}\cos 2\omega_c t \tag{7.32}$$

这意味着，插入导频在解调后会产生额外的直流分量 $a/2$，这会影响基带信号 $s(t)$。虽然低通滤波器可以采用隔直流办法来消除这额外的直流分量 $a/2$，但 $s(t)$ 仍会受到影响，其波形会发生畸变。

上述插入导频方法完全适用于载波遏止的单边带传输方式，如 4 800 bit/s 的数传机等。原始数据经过码型变换，由低通滤波器选取 0 Hz 至 2 400 Hz 的频带，进入平衡调幅器，对载波 2 900 Hz 进行调制，由带通滤波器选出 500 Hz 至 2 900 Hz 的下边带，这是载波遏止的单边带传输方式。导频 2 900 Hz 就加在单边带的带通滤波器之后，和单边带一同发送出去。

对于这种插入导频法，接收端可以考虑采用锁相环办法，以显著改善相干接收的质量。

图 7.14(c)是采用锁相环的方框图,可代替图 7.14(b)所示的普通带通滤波器。这里锁相环的鉴相器可以作为解调器,因为两者实质上都是乘法器。压控振荡器的输出频率等于插入导频的频率,它们的相位保持固定差为90°,压控振荡器的输出频率就用作相干载波。这样,鉴相器输出就是相当于解调器输出信号,输出信号通过低通滤波器,就可恢复成基带信号。环路低通滤波器的带宽须取得足够窄,从而阻止解调输出信号对整个环路起作用。

载波同步即提取相干载波的问题。我们所讲述的载波同步主要指那些应用在单边带、双边带、残留边带传输方式和相干移相键控方式,接收端必须实现相干解调,即同步接收。实际上还有其他调制方式,如移频键控方式(采用非相干接收)及差分移相键控方式(依靠前后码元的比较来解调),这些调制方式都不需要在接收端提取相干载波。

不论接收是相干的或非相干的,在接收信号经过解调以后,信号还原回基带信号,但是它们还不是原来数据的矩形脉冲序列。那些不同调制的基带传输信号经过信道来到接收端后变得不像原来的数据脉冲,原因是它们都是频带受限制并包含噪声干扰和码间干扰的信号,波形是不理想的。因此,必须再经过取样判决和再生过程才能获得有用的、像原来数据一样的矩形脉冲序列。

7.3 码位同步

发送端发出的数据脉冲序列按预定的速率依次传送每一个码元,显然,接收端应该按相同的速率依次恢复每一个码元。这意味着,数据传输有必要要求收发双方的码速快慢和码元长短完全相同,这就称为码位同步,简称位同步或者位定时。为了实现码位同步,以控制码速快慢和码元长短,收发双方必须产生位同步脉冲序列或位定时的脉冲序列(称作时钟信号)。不仅如此,因为从信道接收的信号包含噪声干扰和码间干扰,所以,必须在最佳时刻取样判决,才能使误码率减至最小。这意味着位定时脉冲不仅要使接收码与发送码同步,而且在时间上须选择在对取样判决最有利的时刻出现。

码位同步又称码元同步,它是数字通信系统特有的一种同步。在数字通信系统中,被传送的信号是由一系列的码元组成的,发送端每发送一个码元,接收端就应该相应地接收一个码元,两者步调一致。

码位同步有外同步和自同步两类。前者是由发送端发出同步信号,接收端把同步信号选出,形成位同步或位定时脉冲序列;后者是发送端不发送专门的同步信号,而是由接收端从接收的基带数据信号中选出定时信息,产生正确的位同步或位定时脉冲序列。本节对于外同步拟介绍插入位定时导频法和定时专用通路法,而对于自同步法介绍脉冲锁相自同步法和数字锁相自同步法两种方法。

7.3.1 插入位定时导频法

数据的矩形脉冲序列有全宽码和归零码两种序列。如图 7.15 所示,如果码元速率为 f_b,码元间隔为 T_b,码元宽度为 τ,则位定时信号的频率就是 $f_b=\frac{1}{T_b}$。如果数据序列采用全宽码,

则 $\tau=T_b$，频谱的第一个零点在 $f_b=\frac{1}{T_b}$ 处，故不包含位定时分量，如图 7.15(a)所示；如果数据序列采用归零码$\left(\text{即 }\tau=\frac{T_b}{2}\right)$，则频谱的第一个零点在 $f_b=\frac{1}{\tau}$ 处，而在频带中部 $f_b=\frac{1}{T_b}$ 处包含位定时分量，如图 7.15(b)所示。

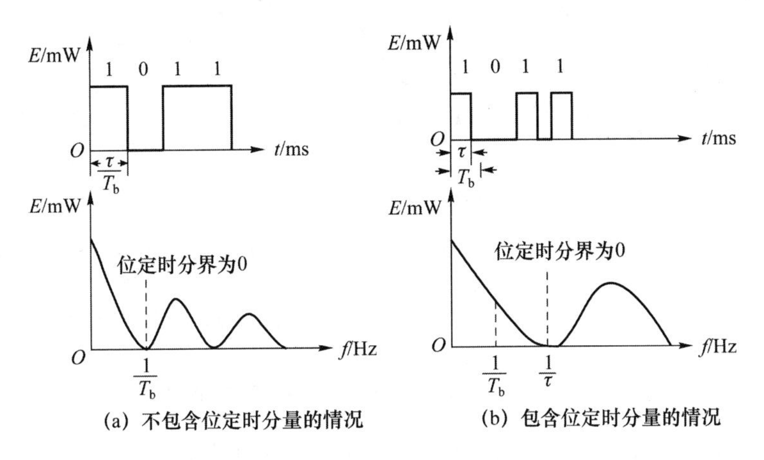

(a) 不包含位定时分量的情况　　(b) 包含位定时分量的情况

图 7.15　全宽码和归零码两种序列插入位定时导频示意图

在数据传输使用全宽码时，为了保证接收端获得可靠的位定时信息，发送端采用插入导频法。与恢复载波时插入导频原理那样，现在这里插入的是位定时导频。参照图 7.13 画出图 7.16。基带信号经过码型变换后，频谱在 0 和$\frac{1}{2T_b}$处都是零点，$\frac{1}{2T_b}$是半码速。图 7.16 所示的是一个在调制前后加入定时导频的例子：传输信息速率为 4 800 bit/s，$\frac{1}{T_b}=4\,800$ Hz，$\frac{1}{2T_b}=2\,400$ Hz。图 7.16(a)表示位定时导频在调制前加入，频率用$\frac{1}{2T_b}=2\,400$ Hz。经过单边带调制以后，位定时导频在频谱上搬移到 $f_c-\frac{1}{2T_b}$的位置，位于单边带的下边缘。另一个在调制前后加入实时导频的例子：载波频率 $f_c=2\,900$ Hz，$f_c-\frac{1}{2T_b}=2\,900-2\,400=500$ Hz，发送端把位定时导频加在调制前，在相位上须注意安排，应使它在时间轴上的零点与数据序列的取样时刻相符合，如图 7.17 所示，以免插入导频对数据传输引起干扰。也可以参照图 7.17(b)，在调制之后加入位定时导频。在这种情形下，把导频 500 Hz 加至单边带带通滤波器之后，导频会和单边带 500～2 900 Hz 一同发往信道。

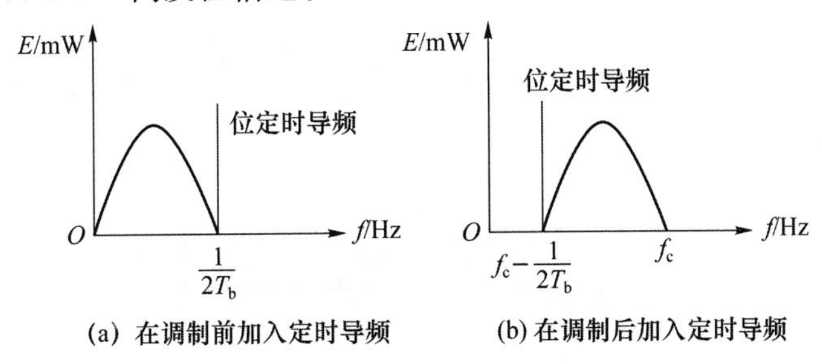

(a) 在调制前加入定时导频　　(b) 在调制后加入定时导频

图 7.16　在调制前后加入定时导频的示意图

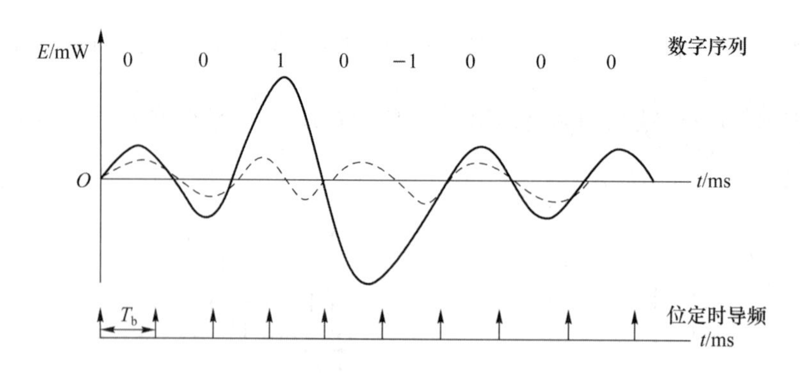

图 7.17 在调制前加入定时导频的相位安排

图 7.18(a)所示的是发送端和接收端使用插入位定时导频的设备方框图，接收端收到这种位定时导频$\left(f_c-\frac{1}{2T_b}\right)$，经过解调还原为$\frac{1}{2T_b}$，刚好能通过低通滤波器。例如，定时导频$\left(f_c-\frac{1}{2T_b}\right)$=2 900 Hz−500 Hz=2 400 Hz，这时由窄带滤波器把这位定时导频选出，一方面位定时导频经过脉冲形成电路得到位定时脉冲，备供取样判决使用；另一方面经过倒相，从低通滤波器通过的基带信号中把这导频滤掉，以免在判决时引起差错。

由于对位定时的精度要求不像对相干载波那样严格，故在信道均衡完善和信噪比较好的条件下，接收端使用温度稳定性较好的窄带滤波器就可以选出位定时导频，位定时导频经过脉冲形成电路得到位定时脉冲序列，供给取样判决之用。

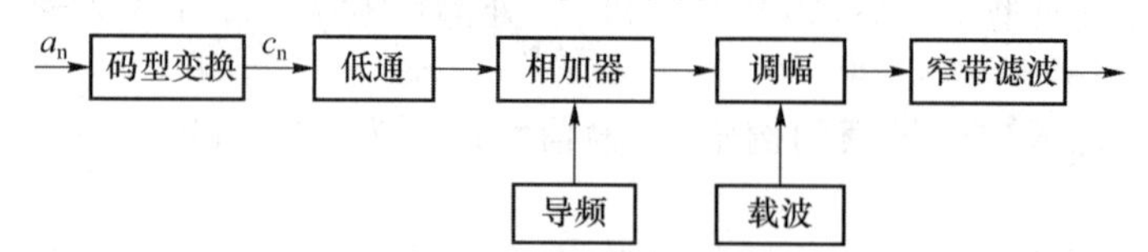

(a) 发送端使用插入位定时导频的设备方框图

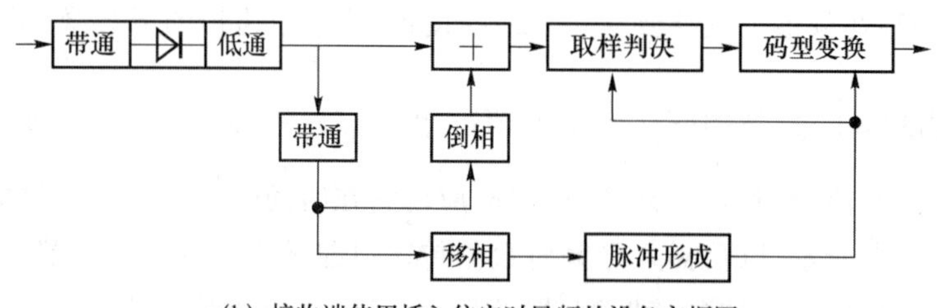

(b) 接收端使用插入位定时导频的设备方框图

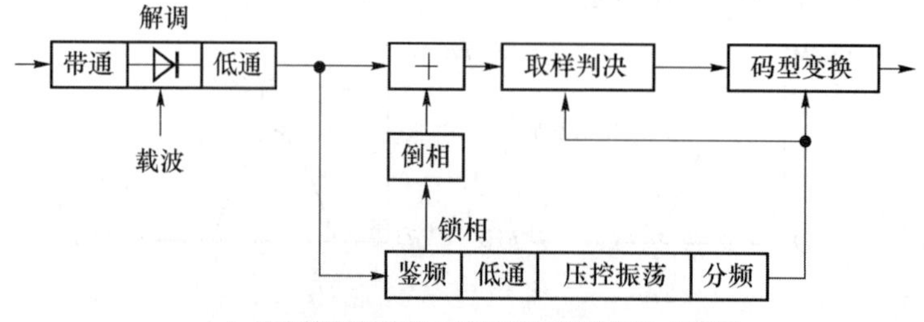

(c) 具有锁相环的插入位定时导频的设备方框图

图 7.18 发送端和接收端使用插入位定时导频的设备方框图

7.18(b)所示的脉冲形成电路包含限幅、微分、整流、移相(可手动)和单稳态触发器等设备。其中移相的作用是,当信号传输引起缓慢的相位抖动时,可以借助微调移相,参照眼图,把定时脉冲调节至最佳取样时刻才做判决。

接收端选取位定时导频时如采用锁相环,则性能可得到进一步改善。图7.18(c)画出了具有锁相环的插入位定时导频的设备方框图。仍以4 800 bit/s的数传机为例,位定时导频为2 400 Hz,进入锁相环中的鉴相器,压控振荡器可选用较高频率,如37 400 Hz。经过逐步分频获得频率17 200 Hz、7 500 Hz、4 800 Hz、2 400 Hz,这些都可供作为定时之用。其中2 400 Hz进入鉴相器,以便跟踪到接收端解调所得到的2 400 Hz。这就是说,接收端以接收的位定时导频为参考,本地产生更完整的位定时脉冲序列。

7.3.2 定时专用通路法

例如,在多路并发的短波数据通信系统中,每路码速降低至75 baud,它们的码位同步可以由专门通路的定时信号来解决。在16路的频率以外,每隔75 Hz再指定一个频率f_0供定时专用。由于位同步比数据信息本身更重要,所以必须把传输较好的频率分配给f_0。

图7.19所示的就是定时专用通路加上多路并发系统的方框图。发送端多加一个调制器,由1010…时钟脉冲对f_0进行移相键控,16路调制过的数据信号一同进入发送机。在接收端除了有16路动态滤波器以外,还有窄带滤波器(为了滤出f_0),接收的信号经过解调器和整形电路,得到基准脉冲。于是,本地晶体振荡源的分频脉冲与这基准脉冲实行数字锁相。其中动态滤波器的清洗和并/串变换,都需要由锁相环形成的位定时信号来共同作用。

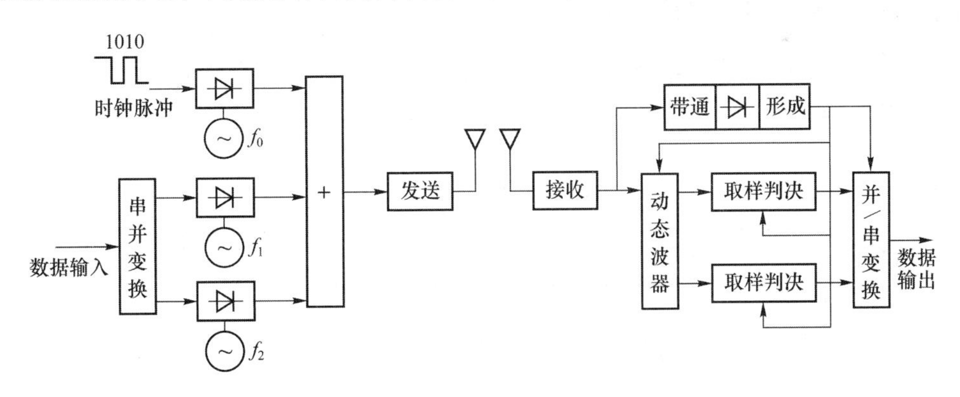

图7.19 定时专用通路加上多路并发系统的方框图

例如每路码速为75 Hz,位定时信号用75/2=37.5 Hz,它与副载波f_0=2 880 Hz进行移相键控,移相键控后的频带为2 765~2 995 Hz,这个频带位于话路频带600~3 000 Hz的上边缘。在接收端接收到的PSK信号先经过整流、窄滤和分频后,得到2 880 Hz,再由锁相环的鉴相器解调获得37.5 Hz,接着经过移相和整形电路成为基准脉冲(代替过去所说的过零脉冲),最后进入数字锁相。数字锁相利用晶体振荡提供57.6 kHz,经过分频得到75 Hz分频脉冲,锁相后通过各种定时信号形成电路得到定时信号,如图7.20所示。

例如,定时信号75 Hz的码元时间$T=1/75=13.33$ ms,分频比m为

$$m=57\,600/75=768 \tag{7.39}$$

同步误差或同步精度为

$$T_e=\pm\frac{7}{m}=\pm\frac{13.33}{768}=\pm 17.4\ \mu s \tag{7.40}$$

同步建立时间为

$$T_s=2T\frac{m}{2}=mT=768\times 13.33\times 10^{-6}=10.2\ ms \tag{7.41}$$

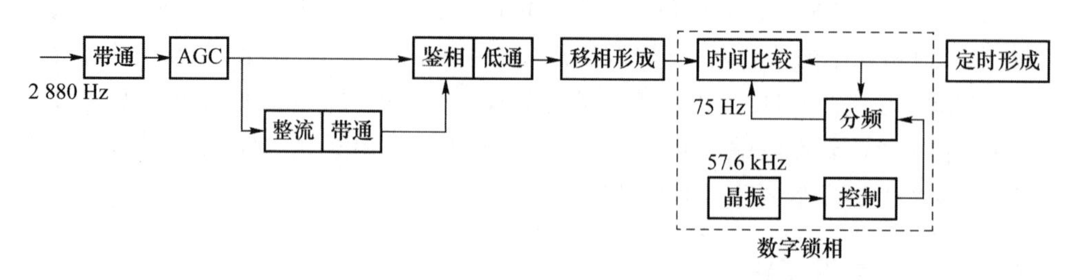

如图 7.20　锁相后定时信号的形成

7.3.3　脉冲锁相环自同步法

在同步二进制数据传输系统中，包含 1 码和 0 码的序列是随机的，从负值升至正值和从正值降至负值的过渡可以代表信号相位，过渡的次数总等于码元时间的整倍数或码速的分数倍。图 7.21 所示的是一个数据序列例子，1 码和 0 码的出现是随机的，它们以零值为参考的正负过零脉冲，经过微分、整流和单稳态触发器后，得到 0 或 1。其中任何两个邻近的过零脉冲间隔虽也是随机的，但它们都是码元间隔 T_b 的整倍数。这样接收解调以后，可以用过零检测器得到的过零脉冲来代表接收信号的相位。

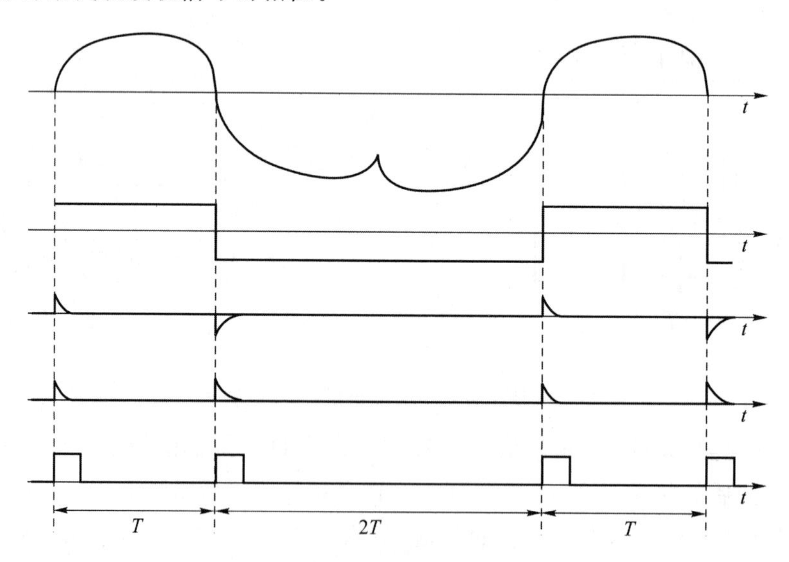

图 7.21　数据序列码元间隔 T_b 的整倍数

在接收端过零检测器之后设置锁相环，如图 7.22 所示。过零码宽为 T_b 的脉冲序列进入鉴相器，与压控振荡器输出形成的矩形脉冲序列比较相位。经过这种脉冲锁相的作用，压控振荡器输出形成的矩形脉冲序列将是很好的位同步脉冲序列。利用锁相环大大地消除了信道干扰引起的快速抖动，位同步的质量有所提高。

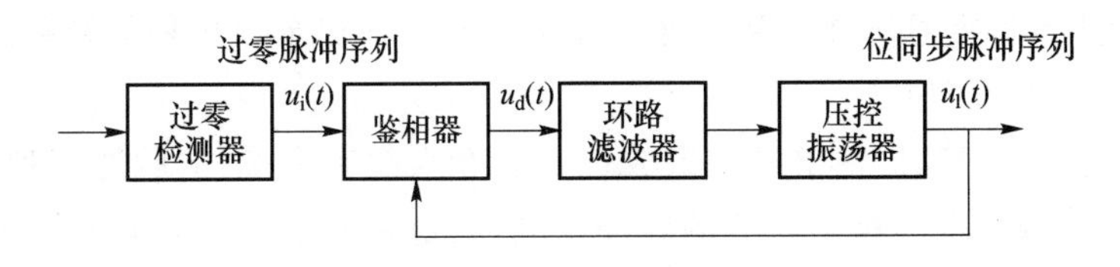

图 7.22 接收端过零检测后的锁相环同步法

因为压控振荡器本身是频率很稳定的振荡器，它输出形成的矩形波反馈至鉴相器。图 7.23 所示的第一排波形是过零脉冲序列 $u_c(t)$。每一个过零脉冲的宽度为 τ，当它加上鉴相器时，使鉴相器导通，压控振荡器脉冲能输出。反之，当过零脉冲不出现时，鉴相器不导通，压控振荡器脉冲不能输出。图 7.23 中的第三排波形 $u_d(t)$就是鉴相器每隔 τ 时间导通时，正、负极性振荡脉冲输出的一部分。如振荡脉冲与过零脉冲的频率相同，且振荡脉冲的上升沿对准过零脉冲的正中心，则鉴相器输出的正负极性脉冲宽度 $\tau_1=\tau_2$。如图 7.23 所示的正负极性的脉冲 $u_d(t)$那样，如果正负极性的脉冲宽度相等和幅度也相等，则环路低通滤波器的输出电压为零，那么作用于压控振荡器的电压为零，在这种情况下，压控振荡器的频率不起变化，锁相环处于锁定状态，压控振荡器输出的脉冲就是需要的位同步或位定时脉冲序列。

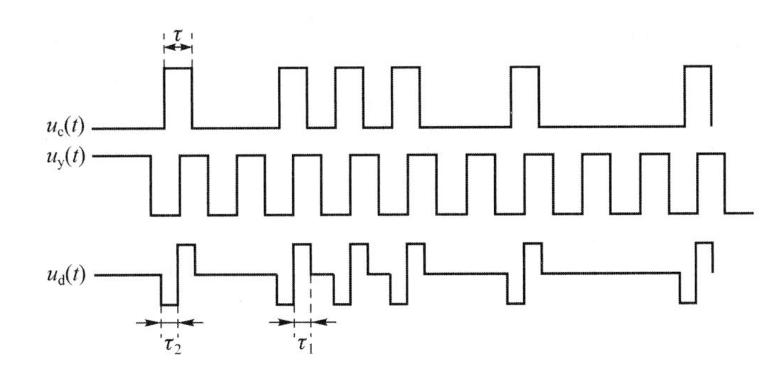

图 7.23 锁相环自同步的压控振荡器工作状况

若压控振荡器输出脉冲 $u_v(t)$的相位超前或滞后于过零脉冲 $u_c(t)$，则鉴相器输出的正负极性脉冲的宽度不相等，即 $\tau_1\neq\tau_2$，因此环路低通滤波器输出电压为正值或负值。这个正值或负值的误差电压作用于压控振荡器，使振荡器改变频率，以致它输出脉冲与过零脉冲的相位差趋向减小。这样的过程重复下去，直至相位差减小得使 $u_v(t)$脉冲的上升沿对准 $u_c(t)$脉冲的正中心，达到相位锁容状态。这里叙述的脉冲锁相方法，仍然属于模拟锁相范畴。

7.3.4 数字锁相自同步法

如果在接收端设置本地的时钟源，且其频率与发送端的时钟脉冲很接近，就可以通过数字锁相设备，用自同步法形成位同步或位定时脉冲序列。接收端解调后设置过零检测器，像前面脉冲锁相环自同步法一样，由过零脉冲序列表达接收数据信号的相位。接收端的钟源是晶体振荡器，产生较高的频率为 $2f_0$，频率稳定度很高。晶体振荡器本来产生的是振荡正弦波，但可形成脉冲序列。脉冲序列的形成需要经过二分频，故脉冲序列中邻近脉冲间隔为 $T_0=1/f_0$，于是这振荡脉冲序列可推动必要级数的计数式分频器，使输出频率 f 降低至 m 分之一，即 $f_0/m=f$，这样输出频率 f 刚好在数值上等于数据传输速率。由此，分频后的脉冲序列就是需要的位同步或位定时脉冲序列。这个分频脉冲序列加至锁相环的数字式鉴相器中，与过零脉冲序列相互比较相位。

图 7.24(a)所示的振荡器输出经过形成过程而产生频率为 f_0 的脉冲序列。图 7.24(b)所示的是经过 m 分频后得到频率为 f 的脉冲序列，其脉冲间隔 $T=1/f$。当分频脉冲的间隔等于过零脉冲的最小间隔(即数据码元间隔)时，就认为由分频产生的位同步脉冲与接收信号过零脉冲处于同步状态。

分频脉冲与过零脉冲在数字鉴相器中做比较，如发现分频脉冲的相位滞后于过零脉冲的相位(即分频脉冲迟到)，就在振荡脉冲序列中添加一个脉冲，如图 7.24(c)所示，使分频脉冲的相位提前一个振荡周期时间 T_0，如图 7.24(d)所示。这样就使位同步脉冲相位更接近于接收信号过零脉冲的相位，添加一个脉冲后鉴相器又做比较，如发现还有相位差，就再添加一个脉冲，过程重复下去，一直达到同相为止。反之，如发现分频脉冲的相位超前于过零脉冲的相位(即分频脉冲早到)，就在振荡脉冲序列中扣减一个脉冲〔如图 7.24(e)所示〕，使分频脉冲的相位落后一个振荡周期时间 T_0〔如图 7.24(f)所示〕，因此，为使位同步脉冲相位更接近于接收信号过零脉冲的相位，扣减了一个脉冲后再使鉴相器做比较，如发现相位还是超前，就再扣减一个脉冲，直至同相为止。

由此，鉴相器对接收信号过零脉冲与分频脉冲的相位做比较后，决定应该添加或扣减脉冲，使分频脉冲的相位一步一步地提前或一步一步地落后，每一步移动时间为 T_0，直至分频脉冲与过零脉冲的相位相等，达到相位锁定状态，即接收端产生的位同步脉冲与发送数据的码速同步。

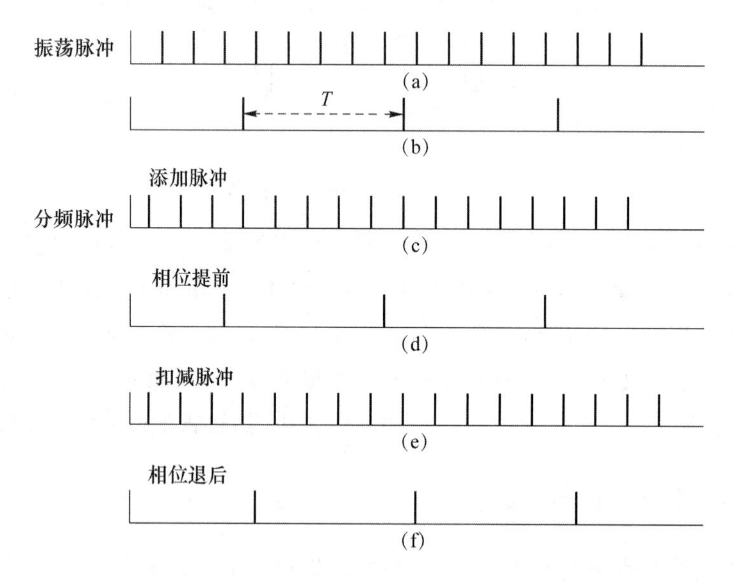

图 7.24　接收端产生的位同步脉冲与发送数据的码速同步过程

图 7.25 是码位同步应用数字锁相的方框简图，它包含鉴相器、分频器、控制器和振荡器。鉴相器包含两个与门 A_1 和 A_2，分别称为超前门和滞后门；控制器主要包含两个与门 A_3 和 A_4，分别称为扣减门和添加门，还包含触发器等辅助设备；分频器实现 m 分频，它受到扣减脉冲或添加脉冲的控制，因此常称为可变分频器；晶体振荡器包含脉冲形成和二分频电路，得出两个频率都是 f_0 的振荡脉冲序列，而两个脉冲序列的相位则分别是 0°和180°。

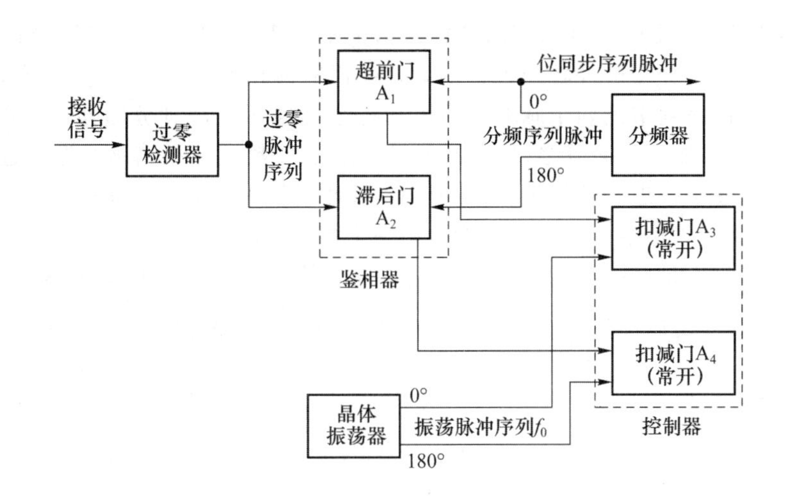

图 7.25 码位同步应用数字锁相的方框图

可见，过零脉冲和分频脉冲都进入鉴相器的两个门，但进入 A_1 门的分频脉冲相位和进入 A_2 门的分频脉冲的相位相反。当分频脉冲早到(即它的相位超前过零脉冲)时，A_1 门有输出脉冲至控制器的 A_3 门，而 A_2 门没有输出。当分频脉冲迟到(即它的相位滞后于过零脉冲)时，A_1 门没有输出，而 A_2 门有输出，脉冲至控制器的 A_1 门。图 7.26(a)、7.26(b)分别表示分频脉冲超前时和滞后时鉴相器 A_1 门和 A_2 门的输出情况。

控制器中的 A_2 门是常开门，只在当两个输入脉冲都来到时才禁闭，A_4 门是常闭门，只在两个输入脉冲同时来到时才有输出。晶体振荡器产生的正弦波经过脉冲形成电路和二分频，得到两列错开半个振荡周期$\left(为\frac{1}{2}T_0\right)$的振荡脉冲序列，即相位差为 180°的振荡脉冲序列。相位差为 180°的两个振荡脉冲序列分别加至控制器的 A_3 和 A_4 两个门，A_3 门和 A_4 门各有两个输入：一个输入是错开的振荡序列；另一个输入是鉴相器 A_1 门和 A_2 门的输出。

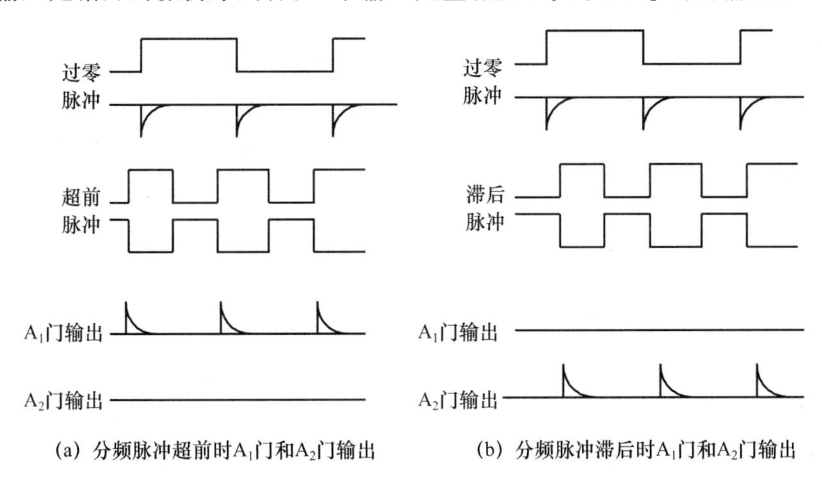

图 7.26 分频脉冲超前时和滞后时鉴相器 A_1 门和 A_2 门的输出情况

当鉴相器的 A_1 没有输出脉冲加至控制器的 A_3 门时，因 A_3 门常开，振荡脉冲序列能够全部通过而加到分频器的输入端。但当加上鉴相器的分频脉冲相位而超前时，A_1 门有输出脉冲加至 A_3 门，从而使 A_3 关闭一下，振荡脉冲序列扣减一个脉冲后才加到分频器的输入端，所以 A_1 门称为超前门，相应地，A_3 门称为扣减门。

当鉴相器的 A_2 门没有输出脉冲加到控制器的 A_4 门时，因 A_4 门常闭，此时没有脉冲通过，但当加上鉴相器的分频脉冲相位而滞后时，A_2 门有输出脉冲加至 A_4 门，从而使 A_4 门开通一下，在振荡脉冲序列中的两个脉冲之间添加一个脉冲后才加到分频器。所以，A_3 门称为滞后门，A_4 门称为添加门。简言之，控制器就是对送往分频器的振荡脉冲序列逐步添加或逐步扣减脉冲，从而逐步接近和获得锁相，使分频器输出的脉冲序列成为正确的同步脉冲序列。

有几个技术指标表达数字锁相的性能。第一个指标是同步误差。由于数字锁相的调节过程不是连续进行的，而是按振荡脉冲的间隔逐步进行的。如振荡脉冲序列的频率为 f_0，则振荡脉冲间隔为 $T_0=\frac{1}{f_0}$，那么每步调节时间就是 T_0。如果分频器把振荡序列频率降低 m 次，则分频序列的频率 $f=\frac{f_0}{m}$，这分频脉冲序列正是位同步脉冲的频率，等于数据传输的码速。所以，如果位同步周期为 T，分频脉冲间隔就为 T，同步误差 T_e 将等于每步调节时间 T_0。

$$T_e=T_0=\pm T/m \tag{7.33}$$

例如，数据传输率为 2 4004 bit/s，即分频的输出同步脉冲频率 $f=2\,400$ Hz，位同步周期 $T=1/2\,400=416\ \mu s$。

例如，晶体振荡频率为 1 536 kHz，形成的两个错开波形脉冲序列已经经过二分频，因此振荡脉冲序列 $f_0=768$ kHz，分频器 m 分频为

$$m=\frac{f_0}{f}=\frac{768}{2.4}=320 \tag{7.34}$$

故同步误差为

$$T_e=\pm T/m=\pm 416.6/320=\pm 1.3\ \mu s \tag{7.35}$$

由此可见，分频器的 m 值越大，锁相所得同步误差越小。

第二个指标是同步建立时间 T_s。同步建立时间是指接收端位同步脉冲与接收信号过零脉冲间发生相位失步时进行调节达到重新同步所需要的时间。这个时间当然越小越好，以减少数据传输的失漏。接收端和发送端的最大相位失步是半个码元宽度，为 $T/2$，而每调节一步仅移动时间 T/m，所以需要移动 $\frac{T}{2}\Big/\frac{T}{m}=m/2$ 步才能克服最大相位失步。在鉴相器中每进入一个过零脉冲做一次比较后，才能调节一步。在足够长的数据序列中，可假设每一个码元的出现是前后互不依赖的，且 1 码与 0 码的数目大致相等，假设平均每 N 个码元出现一个从 0 到 1 或从 1 到 0 的过渡，则鉴相器需要每隔 NT 时间才比较一次，然后才调节一步。所以，平均的同步建立时间为

$$T_s=NT\,\frac{m}{2} \tag{7.36}$$

例如，若过零检测器仅利用从 0 到 1 的过渡产生过零脉冲，则可以认为数据序列中每四个码元出现一个从 0 到 1 的过渡，即 $N=4$。在这种假设下，同步建立时间 $T_s=2mT$，在式(7.34)的例子的同步建立时间为 $T_s=2\times 320\times 416.6\ \mu s=0.266\ s$。如果采用外来同步信号经过数字锁相得到位同步脉冲，那么每个码元都有一个外来同步脉冲可供鉴相器做比较，也就是每个码元有一个过零脉冲，即 $N=1$，同步建立时间将缩短为

$$T_s=\frac{m}{2}T \tag{7.37}$$

然而，不管是自同步或外同步，T_e 与 m 成反比，T_s 与 m 成正比。m 值如选得大，对同步误差虽有利，但同步建立时间不利。在考虑系统设计，选择 m 值时，须兼顾这两项指标。

第三个指标是同步保持时间 T_c。在接收端与发送端已经建立同步状态以后，如由于某种

原因使信号中断，或连续出现1码或0码时，接收端的鉴相器得不到从 D 到1或从1到0过渡产生的过零脉冲，无法做比较，位同步脉冲频率将向本地振荡的固有频率方向移动。而发收两端的晶体振荡器固有频率是不可避免地存在小量频率差的，同步保持时间就是指在这种情况下能够维持同步的最长时间。发收两端振荡器的固有频率分别 f_1 和 f_2，频差为 Δf，两个频率的几何平均值 $f_a=\sqrt{f_1 f_2}$。发收两端振荡器振荡的周期分别为 T_1 和 T_2，周期差为 ΔT，中间频率的周期为 T_a。在同步状态时，$T_a=T_1=T_2$。信号中断后 T_1 与 T_2 不相等，每经过 T_a 时间，发收两端的脉冲将在时间上错开间隔 $|T_1-T_2|$。也就是每隔一秒种，发收两端的脉冲将在时间上错开 $\frac{|T_a-T_1|}{T_a}$ 秒。如根据误码率指标 q，确定最大容许错开时间为 $\frac{T_a}{q}$ 秒，则最大的同步保持时间将为

$$T_c=\frac{T_a/q}{|T_a-T_1|/T_a}=\frac{T_a}{q}\frac{T_a}{\left|\frac{1}{f_2}-\frac{1}{f_1}\right|}=\frac{T_a}{q}\frac{f_a}{\Delta f} \tag{7.38}$$

按照这个关系，可以根据从误码率确定的 $\frac{T_a}{q}$ 秒和两端振荡器的固有频率，计算最大的同步保持时间。或者，根据要求的同步保持时间指标，可以计算两端振荡器容许的频差。

从上面介绍的数字锁相原理可知，它不仅可以适用于码位同步，而且也可以适用于载波同步，只须从插入导频取得过零脉冲即可。然而，在数字锁相设备中分频器的分频 m 值往往很大，也就是分频链包含很多级的分频器，数字锁相工作速率受到多级分频器工作速率的限制，目前的元器件大约只能容许数字锁相在频率几十兆赫兹以下运用。

上面讲的数字锁相方式在实际应用时还需要添置一些必要的设备和措施，才能达到完善的效果。例如，在同步状态过零脉冲和分频脉冲本来应该在时间上对齐，但当接收信号受到噪声干扰而前后抖动时，过零脉冲的边沿忽而超前，忽而滞后，这使分频脉冲出现相位误差，为此，数字鉴相器输出宜加接积分部件，以便减少这种由噪声降低数字锁相精度的问题。

还有，在上述数字锁相方式中，一个过零脉冲与分频脉冲比较相位一次仅添加或扣减一个振荡脉冲，它不管相位误差大小，总是只调整一步，即校正系数 $K=\pm1$，如图7.27(a)所示。其实，为了减小锁相所需时间，应该使校正系数 K 随着相位误差值加大而改变。数字鉴相器的输出应该加装可变校正系数部件，使鉴相特性呈现阶梯形，如图7.27(b)所示。把相位误差分成若干小部分，每部分各为 S。当相位误差小于1 s时，送出一个校正脉冲；当相位误差大于1 s而小于2 s时，送出二个校正脉冲，依此类推。

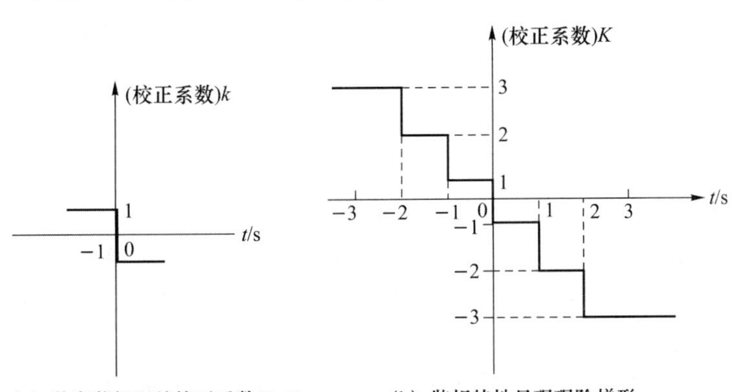

图7.27　数字鉴相器加可变校正系数部件的工作状态

7.4 帧 同 步

数据传输的信号都是由二进码(或多进码)按预定的规律编排而成的,其中包含码元、码字、码句、码帧。例如,在传送雷达或遥控遥测所测得的数据时,完整的数据信号至少要有距离、方位、高度等数据。距离、方位、高度各自由一个码字表达,这三个码字可组成一个码句。有时,若干码元、码字和码句组成一个码帧。接收端仅仅收到传来的码元是不够的,还必须能正确地识别字、句和帧等码样,只有这样,才能把接收信号恢复出原来发送的数据信息,否则将是没有意义的一串码元序列,没有达到数据传输的目的。所以,在接收端除了产生码位同步的脉冲序列(以识别码元时间位置)外,还须产生码群同步脉冲序列,借以区别数据序列中码字、码句、码帧的时间位置。因为每一码帧中的码元数目和码字、码句的数目和次序是事先约定的,所以码群同步主要是指帧同步,每个码帧如果得到了同步,其中包含的码字和码句的起止位置也就同步了。在没有用码帧的序列中,码群同步就是码字、码句同步。数据序列中的码字、码句、码帧由预定数目的码元组成,所以,码字、码句、码帧的频率很容易从位同步脉冲序列经过分频后获得,问题是要确定每个码字、码句、码帧的起止位置,就是说,帧同步的主要任务是相位校准。

码群同步包括字同步、句同步及分路同步等。在数字通信中,在信息流中若干个码元组成一个码字,若干个码字组成一个码句。在接收信息流时,必须知道这些码字、码句的开始与结束,否则接收端无法正确恢复信息。对于时分多路信号,在接收端要正确区分出各路信号,并根据发送端合路的规律进行正确分路。

7.4.1 帧同步脉冲配置

有两类方法可以获得帧同步。第一类称为外同步法,就是在发送的数据序列中插入专为同步用的码元和码组,作为每一个码帧的起止标志。第二类称为自同步法,就是利用每个码帧包含码元序列本身的特点来获得帧同步。例如,若数据序列中采用了纠错码,并在信息码外多加了若干监督码,则接收端可以根据这些监督码的位置实现帧同步,而不需要额外插入同步码。本节主要讨论利用外同步法的帧同步。图 7.28 所示的是帧同步脉冲(有阴形的)配置在数据序列中的两种方式。

图 7.28(a)所示的为集中式,就是发射端在一帧以内把帧同步码组集中一起。例如,由三位码元组成的帧同步码组连续插入每帧的开始部分,在接收端,只要检测帧同步码组的位置,就可以恢复帧同步信号。此法优点在于能够迅速纠正帧失步,接收端一旦失却帧同步,只要收到下一个帧同步码组,就可立即恢复帧同步。数据传输大多采用这种集中式。

图 7.28(b)所示的为分散式,就是发射端在一帧以内把帧同步码组的几个码元分散地插入信息码序列中。接收端一旦失却帧同步,就应该逐位码元进行检验,直至重新搜索到帧同步码元的位置,才能恢复同步。此法缺点是恢复帧同步需要较长时间,并且同步码组的几个码元分散插入需要适当储存。这种分散式常在时分多路通信系统中使用。

帧同步码采用怎样的码组,须经过考虑选择才能决定。当然,选用的同步码组须是在数据信息码列不会出现的码组,以便接收端易于区别,并确定它的起始相位,达到帧同步状态。假如这一要求不易实现,那就只有在接收端采用多次判码,因为数据信息码中不会多次重复出现某一特定码组,选择同步码组时,还应该注意不同码组在干扰存在的情况下,抗干扰能力和码组分辨力很不相同,这在信噪比小的信道尤宜充分注意。

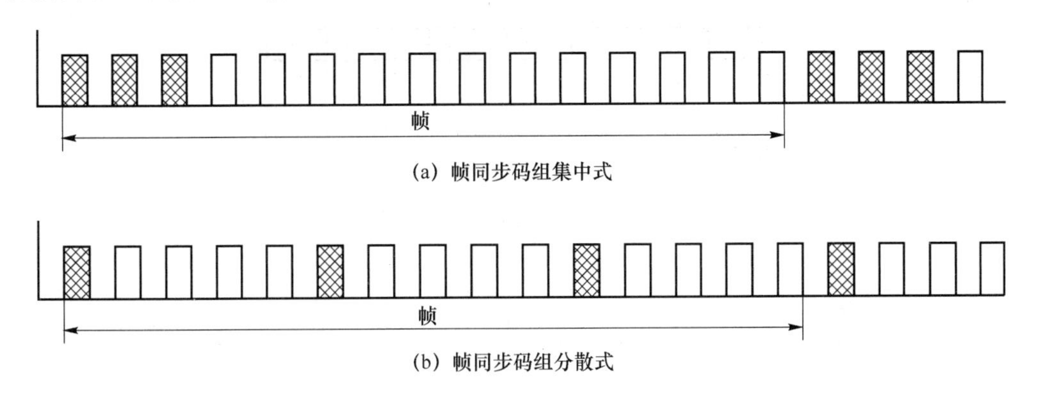

图 7.28 帧同步码组集中式与分散式的示意图

一般可以考虑将以下几种码作为帧同步码:全 1 码,全 0 码,1、0 交替码,7 位巴格码。帧同步码的结构越复杂,则数据信息码中出现与帧同步码相同码组的可能性更小,但捕捉帧同步码的时间势必延长。

7.4.2 帧同步捕捉

一般使用插入帧同步码组的方法来实现帧同步。对于数据传输的帧同步性能,一个主要要求是帧同步的捕捉时间要短。从失步重新进入同步状态这段时间是帧同步的捕捉时间,这时主要是设法尽快地从接收信号的脉冲序列中搜索到帧同步码组。也就是说,捕捉时间要尽量缩短,使接收端能够迅速达成同步状态。为此目的,选择帧同步码组要争取从接收脉冲序列中识别提取出来。这里介绍一种常用的方法——移位寄存器识别法。这种方法是将接收端恢复出来的数码输入到一列移位寄存器中去,移位寄存器的级数等于帧同步码组的位数,每一级移位寄存器的输出接帧同步码组结构连接电阻相加器,如图 7.29 所示。若输入到移位寄存器中的码组恰好是帧同步码组,则相加器输出电压应该是最大值;若输入到移位寄存器中的码组不是帧同步码组,则相加器输出电压低很多。这样,就可以利用最大输出电平来指示帧同步码组的起始相位,从而选出帧同步信号。

引用这种方法时常采用巴格码,7 位巴格码是＋＋＋－－＋－,相当于二进制 1110010 序列。图 7.29 所示的是由 7 级移位寄存器组成的巴格码识别器,各级移位寄存器由右至左的顺序把序列 1110010 输出至电阻相加器进行相加。输出端连接至电阻相加器进行相加。当输入信号是这种 7 位巴格码序列时,输入有脉冲时表示 1 码,输入没有脉冲时表示 0 码。电阻相加器输出值最初变化较小,但在 7 位巴格码全部进入移位寄存器时,电阻相加器输出会呈现一个很大的峰负电压,其相对值为－7。在此以后,巴格码从移位寄存器移出,电阻相加器输出电压又回到较小值。图 7.30 所示的是相加器输出电压的变化情况,如判决器把判决电平定为－6.5,则当 7 位巴格码全部进入识别器,相加器输出电压呈现最大负值－7 时,判决器就输出一个脉冲,作为帧同步的标志。

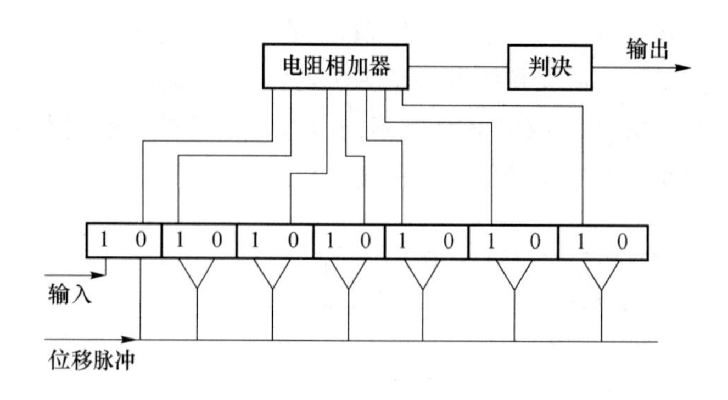

图 7.29　由 7 级移位寄存器组成的巴格码识别器

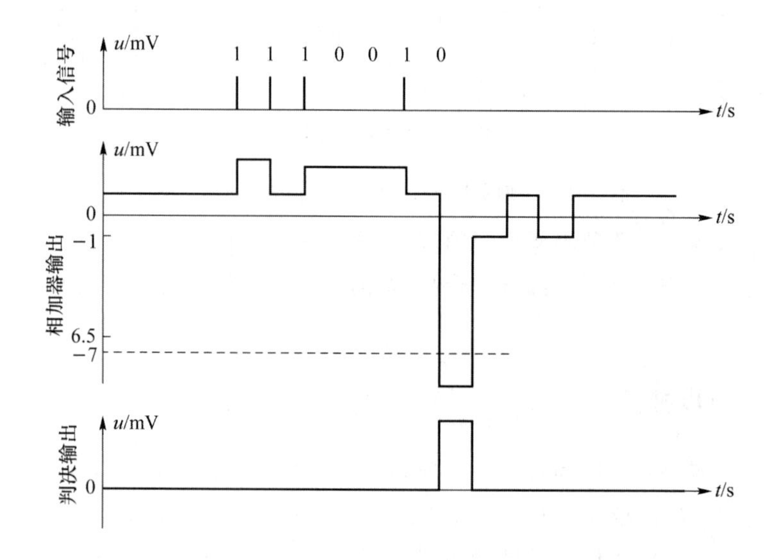

图 7.30　电阻相加器输出电压的变化情况

表 7.1 表示巴格码没有输入时及巴格码逐位移出时各级移位寄存器的状态，它们可以用来表明巴格码识别器如何获得图 7.30 所示的电阻相加器输出电压的变化。每级移位寄存器 0 态输出－1，1 态输出＋1。当 1 码进入移位寄存器时，它的状态翻转，即原来输出－1 的变为输出＋1，原来输出＋1 的变为输出－1。当 0 码进入移位寄存器时，它的状态不变，即原来输出－1 或＋1 的仍是输出－1 或＋1。

表 7.1　巴格码逐位移出时各级移位寄存器的状态

输入或移出	移位寄存器编号						
	1	2	3	4	5	6	7
输入 1 位	1 +1	 +1	 −1	 −1	 +1	 +1	 +1
输入 2 位	1 +1	1 −1	 −1	 −1	 +1	 +1	 +1
输入 3 位	1 +1	1 −1	1 +1	 −1	 +1	 +1	 +1

续表

	移位寄存器编号						
	1	2	3	4	5	6	7
输入4位	0	1	1	1			
	−1	−1	+1	+1	+1	+1	+1
输入5位	0	0	1	1	1		
	−1	+1	+1	+1	−1	+1	+1
输入6位	1	0	0	1	1	1	
	+1	+1	−1	+1	−1	−1	+1
输入7位	0	1	0	0	0	1	1
	−1	−1	−1	−1	−1	−1	−1
移出1位		0	1	0	0	1	1
	−1	+1	+1	−1	+1	−1	−1
移出2位			0	1	0	0	1
	−1	+1	−1	+1	+1	+1	−1
移出3位				0	1	0	0
	−1	+1	−1	−1	−1	+1	+1
移出4位					0	1	0
	−1	+1	−1	−1	+1	−1	+1
移出5位						0	1
	−1	+1	−1	−1	+1	+1	−1
移出6位							0
	−1	+1	−1	−1	+1	+1	+1

下面介绍信息码进入这种巴格码识别器时发生的情况。假设在巴格码没有输入之前，或巴格码若干位进入前或若干位移出后，信息码占满移位寄存器，没有进入的巴格码位数就是进入的信息码位数 m。进入的 m 位信息码有 2^m 种不同的码组，其中有一种可能使相加器出现最大输出。例如，当巴格码全部没有进入或全部已移出，而信息码占满 7 位（即 $|m|=7$）时，有一种 7 位的信息码组可能使电阻相加器输出出现最大值 −7，由于 7 位的信息码组有 $2^7=128$ 种，所以出现这种最大输出的概率只有 1/128。当巴格码进入 1 位或移出 6 位，信息码占 6 位，即 $|m|=6$ 时，这 1 位巴格码的移位寄存器输出为 +1，必有一种 6 位信息码组可能使电阻相加器输出出现最大值 −5，由于 6 位信息码组有 $2^6=64$ 种，所以这种最大输出的出现概率只有 1/64。依此类推，当巴格码 7 位全部进入，没有信息码，即 $|m|=0$ 时，电阻相加器输出最大值为 −7，其概率为 1。表 7.2 就是进入移位寄存器的巴格码位数，即信息码进入位数 $|m|$ 可能使相加器输出出现的最大值 A 及最大值出现的概率值 P。图 7.31 画出了 $|m|$、P、A 的关系。

表 7.2 未进入移位寄存器的巴格码位数

相加器输出	未进入寄存器巴格码位数	最大可能输出值 A	概率 P
+1	7	−7	$1/2^7=1/128$
+3	6	−5	$1/2^6=1/64$
+1	5	−5	$1/2^5=1/32$
+3	4	−3	$1/2^4=1/16$
+3	3	−3	$1/2^3=1/8$
+3	2	−1	$1/2^2=1/4$
+1	1	−1	$1/2^1=1/2$
−7	0	−7	1
−1	1	−1	1/2
+1	2	−1	1/4
−1	3	−3	1/8
−1	4	−3	1/16
−1	5	−5	1/32
+1	6	−5	1/64

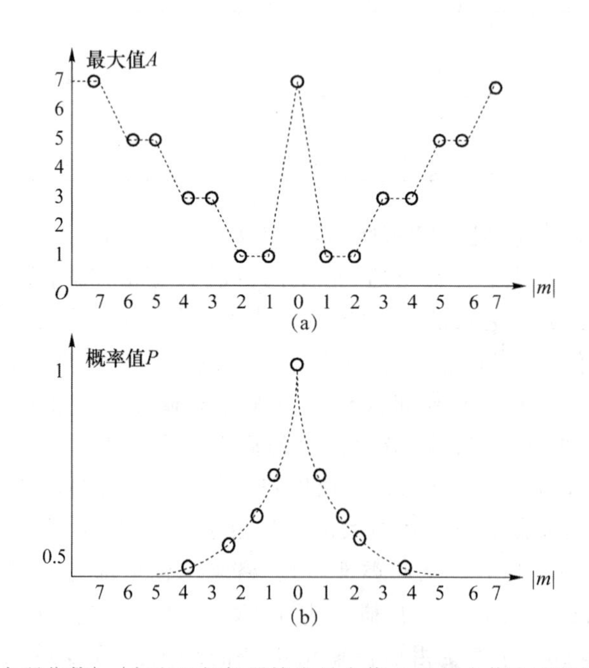

图 7.31 信息码位数 $|m|$ 与电阻相加器输出最大值 A 及最大值出现的概率 P 的关系

上述 7 位巴格码识别器可以不用移位寄存器，而代之以模拟延迟线 T，如图 7.32 所示。它提供同样的输出电压变化，因延迟线不需要移位脉冲，所以它的使用不要求预先建立同步。

除了 7 位巴格码以外，还有更长的巴格码序列，11 位巴格码是 11100010010，13 位巴格码是 1111100110101。随着码组位数的增加，有可能从接收的数据信息码序列中迅速识别出帧同步码组,捕捉时间短,丢失的信息少。

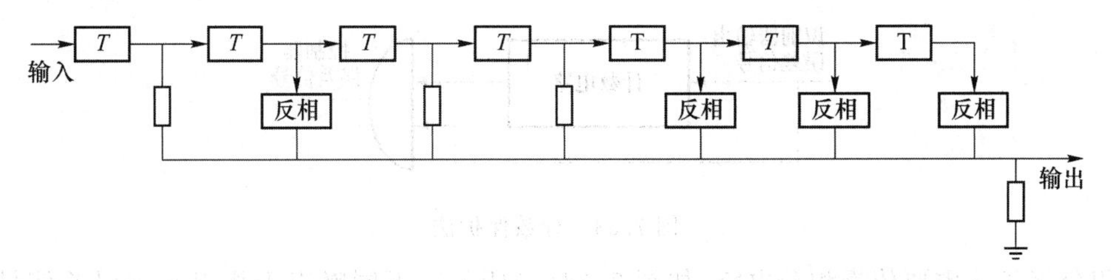

图7.32 用模拟延迟线替代移位寄存器的7位巴格码识别器

由于数据信息码序列具有随机性,所以可能出现象巴格码一样的序列,造成假同步,但这种假同步的概率很小。例如,7位巴格码序列的假同步概率为$\left(\frac{1}{2}\right)^7=\frac{1}{128}$,13位巴格码序列的假同步概率降至$\left(\frac{1}{2}\right)^{13}=\frac{1}{8\,192}$。同时,也要考虑到,巴格码作为帧同步码组随同信息码一起传输,在受到信道干扰时会发生差错。例如,若7位巴格码有一位出现差错,则在它全部进入识别器后,相加器输出电压只有−6,如判决电平仍定为−6.5,势必造成漏同步。巴格码的位数增多时,漏同步的概率将加大。例如,若巴格码有13位,则漏同步的概率近于$\frac{1}{8}$。如把判决电平改为容许出现一位差错的电平(即−5.5),则漏同步概率减小了,但假同步概率加大了。由此,选择判决电平时须对漏同步和假同步一同考虑。

7.4.3 帧同步保护

帧同步捕捉主要关心的是如何从接收的数据信息码序列中迅速地识别出帧同步码组,此时数据传输系统的误码率是次要的。但在进入同步状态后,数据传输的误码率变得重要了。接收端出现误码可能是由于系统失却同步而引起的,也可能是由于帧同步码组有一位发生差错而引起的(这不算是真正的失步)。如果不加区分,凡是出现误码就算失步,将使工作状态一遇误码就开始捕捉,造成不必要的数据信息码丢失,这种情况叫做同步稳定性不够好,应该设法改进。

为了正确认出究竟有没有真的失步,有必要对帧同步码组经常监视。识别器如有误差信号输出,应该辨别这一误差信号的出现是由于真的失步引起的,是由于帧同步码组中存在误码引起的。虽然位同步脉冲出现错位、信道中断、机器故障等都会导致位同步破坏,从而都有可能失缺帧同步而必须重新捕捉,但这种情况发生的概率较小。为此,对于帧同步应采取保护措施,这里介绍两种方法:其一为计数保护法;其二为积分保护法。

计数保护法主要依靠计数电路,如图7.33所示。当已进入同步状态后,帧同步码组识别器不再对整个接收数据序列进行检测,而只是按帧同步周期对接收序列中的帧同步码组进行监视,因监视周期较长,信号受噪声干扰的影响,不致于使连续的帧同步码组遇到破坏。相反,如果是真的失步,那么由于接收端本地产生的帧同步位置不对应于接收序中的帧同步码组,必然使帧同步码识别器连续输出误差信号。为了不让识别器输出的误差信号直接作为控制信号应用,必须先让误差信号经过计数电路,只有在误差信号连续出现并超过计数电路预定数目后,才会使与门开通,让误差信号通过,以起到控制捕捉误差信号的作用。倘若误差信号只是偶发性地出现,计数电路不会使与门开通,从而使电路处于保护帧同步状态,借以提高帧同步的稳定性。

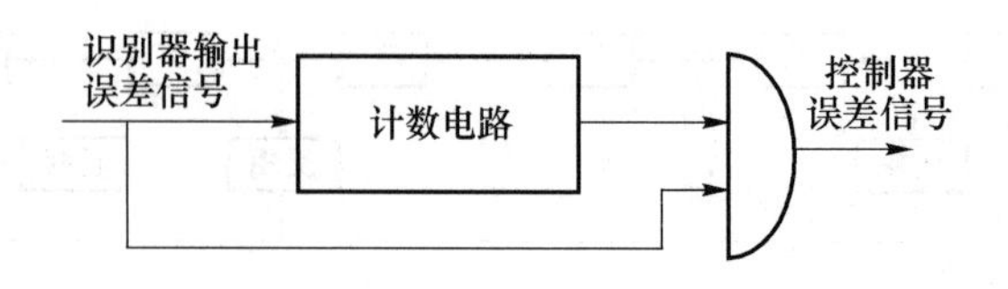

图 7.33 计数保护法

积分保护法主要依靠积分电路,如图 7.34(a)所示。不同噪声干扰引起的误差信号是有区别的,第一种情况是在信道中存在随机噪声干扰的情况下,冲击是偶发的,误差信号零散出现;第二种情况也是在信道中存在随机噪声干扰的情况下,冲击在短时间(约几毫秒)内使接收序列消失,误差信号突然很大,冲击过去以后不再出现误差信号;第三种情况是由于位同步脉冲出现错位,或者因信号中断和机器故障等原因导致帧同步失步,误差信号长时间地出现,且密度很大。显然前两种情况不算是失步,仍应继续保持同步工作,第三种情况才是真失步。真失步要求进入捕捉状态,重新建立帧同步。积分电路的任务就是对前两种情况不起显著响应,其输出电压没有达到电压甄别器的甄别电平,因而与门关闭,误差信号不能通过,而对第三种情况,积分电路使电压逐渐增大,电压经过一定时间后会超过甄别电平,因而与门打开,误差信号通过,以起到控制捕捉误差信号的作用。图 7.34(b)所示的是三种情况的积分过程和判决结果。

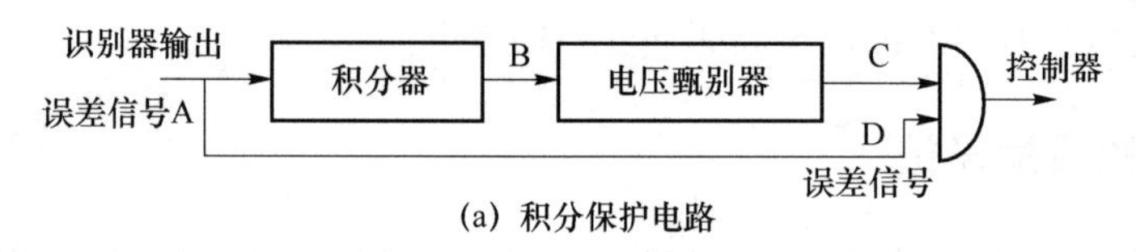

(a) 积分保护电路

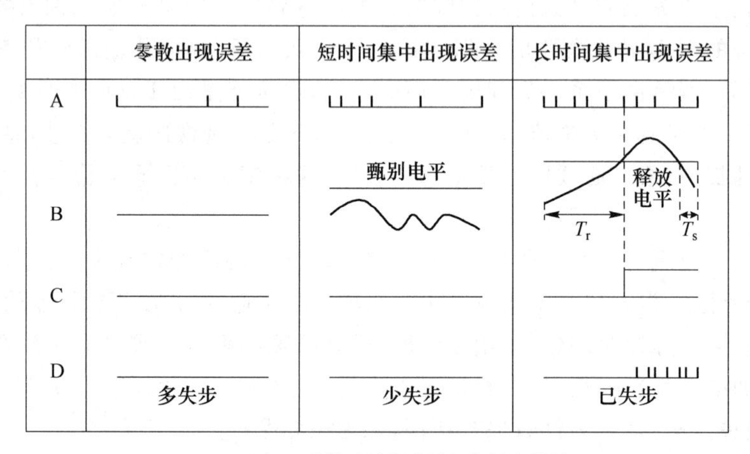

(b) 三种情况的积分过程和判决结果

图 7.34 帧同步积分保护法及判决结果

7.5 网 同 步

网同步的目的是解决载波同步、码位同步和帧同步等问题。在单向通信系统中由接收机解决网同步问题;在多用户系统中由各个终端站(发射机和接收机)解决同步问题。

在一个通信网里通信和相互传递消息的设备很多,各种设备产生的及需要传送的信息码流各不相同,当实现这些信息的交换、复接时,必须要有网同步系统来统一协调,使整个网能按一定的节奏有条不紊地工作。

终端站(发射机)同步方法有开环法和闭环法两种。开环法不需依靠对中心站上接收信号参量的测度,它依靠的是可以准确预测的链路参量,优点是捕捉快、不需要反向链路也能工作,实时算量小,缺点是需要外部有关部门提供所需的链路参量数据,并且缺乏灵活性。闭环法不需要预先得知链路参量的数据,中心站需要度量来自终端站信号的同步准确度,并需要将度量结果通过反向信道送给终端站,使其做出调整,优点是不需要外部供给有关链路参量的数据,能及时适应路径和链路情况的变化,缺点是终端站需要有较高的实时处理能力,并且每个终端站和中心站之间要有双向链路,并且,捕捉同步需要较长的时间。

本章小结

本章详细介绍了数字系统的三种同步技术,即载波同步、码位同步、帧同步,并简要介绍了网同步。数字系统的四种同步技术各有自己的作用,各自采取不同的方法和设备组成。

载波同步可用于相干移相键控系统,也可用于载波遏止的双边带、单边带、残留边带调制方式。对于这些调制方式接收端有可能从接收信号中提取载波,称为直接提取法。在载波遏止和单边带传输系统中,从接收的 SSB 或 VSB 信号中直接提取载波有困难时,可以采用插入导频法提取载波,发送端经常发送一个低电平的导频信号,接收端提取这导频信号,用作本地解调所需的载波。直接提取法和插入导频法各有优缺点,各有不同的应用场合。

码位同步在方法上分为自同步和外同步。数据传输要求接收端能按相同速率恢复每一个码元。显然,收发双方的码元长短和码速快慢必须完全相同,好像收发两端的时钟完全对准。为了达到这目的,数据传输需要码元同步或位同步,或者说需要时钟信号或位定时脉冲序列。

从接收的数据序列中迅速识别同步码组的过程称为帧同步建立或帧同步捕捉,捕捉时间应尽量短,以免过多地丢失信息码。同步码组是巴格码,本章详细地叙述了7位巴格码识别器的结构和作用。

习题与思考题

1. 请简述数字锁相环的构成。
2. 什么是数字锁相环的同步过程?
3. 时钟与同步的概念分别是什么?其重要性是什么?
4. 在数字通信中有几种同步类型?各种同步类型所起的作用分别是什么?
5. 试比较用插入导频法和直接提取法提取位同步信号的优缺点。
6. 简述用数字锁相环法提取码元同步信号的原理。
7. 如何克服数字锁相环法的相位误差对提取码元同步信号的影响?

实训项目提示

1. 先熟悉基本锁相环电路的组成与工作原理,测量锁相环输入参考信号的波形与输出波形,以达到如下目的。

(1) 观察锁相环路的同步过程;

(2) 观察锁相环路的跟踪过程;

(3) 观察锁相环路的捕捉过程。

2. 熟悉同步电路组成,观察数字信号的传输过程。

3. 熟悉位定时信号的特点,做位同步信号提取实验。

第8章　数字信道的差错控制编码

差错控制技术体现在编码方法上，设法充分发挥编码方法的检错和纠错能力。本章将介绍信道编码(又称为抗干扰编码、纠错编码)，其基本思想如下：把数据信息序列进行适当的变换，使原来彼此独立、关联性较小的信息码元变成关联性较大的码元，从而有可能在接收端来查核传输中有无发生差错，进而进行自动纠正。在可能出现突发噪声的信道中，减小误码率的主要办法是依靠纠错码，实践证明，纠错码在这种情况确实有成效。

8.1　基本概念

在目前已有的纠错编码方法中，大多按照一定的规律在信源信息码元中无序列地插入多余性的码元，这些码元称为监督码元。由此，信道中实际传输的码元速率要高于原来予定的码元速率。如果由于信道带宽限制，不容许提高实际码元速率，那就必须降低原来的码元信息速率。可见，为了减小误码率而采用纠错码的话，必然要在码元方面付出代价，两者有抵触，不能同时得兼。

8.1.1　有关通信信道概念

信道指信号传输的媒质。

(1) 有线信道

有线信道包括双绞线、同轴电缆、光纤等，特点是损耗低，传输频带宽。

(2) 无线信道

无线信道包括微波、短波、中号波、卫星通信等。

(3) 狭义信道

它是有线信道和无线信道的总称。

(4) 广义信道

广义信道是指扩大范围的天线、发收设备等，一般情况下讨论的信道均指广义信道。

(5) 无记忆信道

在信号传输时可能发生随机差错，即前后码元发生的差错是独立的、互不依赖的，产生这种差错的信道称为无记忆信道。

(6) 有记忆信道

在信号传输时可能发生一种突发差错，即前后码元发生的差错有关联性，一个差错的出现会导致后面差错的出现，产生这种差错的信道称为有记忆信道。例如，发往信道序列00000000时，序列受到干扰后变成01100100，其中11001称为差错图样，这里突发长度是5。

(7) 二进对称信道(BSC)

若在传输时信道干扰使1码变为0码的可能性和使0码变为1码的可能性相等,且互不依赖,则这种信道称为二进对称信道,如图8.1所示。本书后面所讲到的信道编码一般是针对最普通二进对称信道而言的。反之,两种差错可能性不等就称为二进不对称信道。

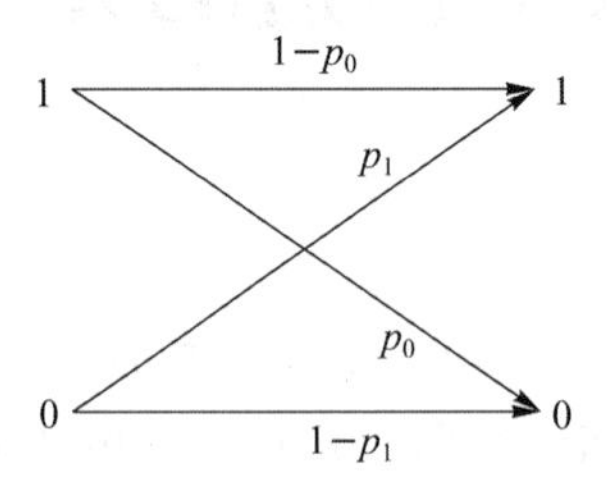

图8.1 二进对称信道示意图

(8) 二进删除信道

在传输过程中,凡受干扰而无法正确判为0码或1码的码元会被删除,这种信道称为二进删除信道。

8.1.2 码组结构

(1) 码元

码元指二进制数据的每一位0码或1码。m进制码与二进制码的关系:$m=2^n$。

(2) 码组

每一个m进制码由n位二进制码的码组代表,这n位称为一个码组。

(3) 码集

如表8.1所示,代表8个十进制数的8种不同的3位二进制码组称为一个码集。

表8.1 码集表示

十进制	0	1	2	3	4	5	6	7
二进码组	000	001	010	011	100	101	110	111

(4) 码矢

如图8.2所示,8种不同的3位二进制码$\alpha_1\alpha_2\alpha_3$称为8个码矢$\overline{V_D}$。

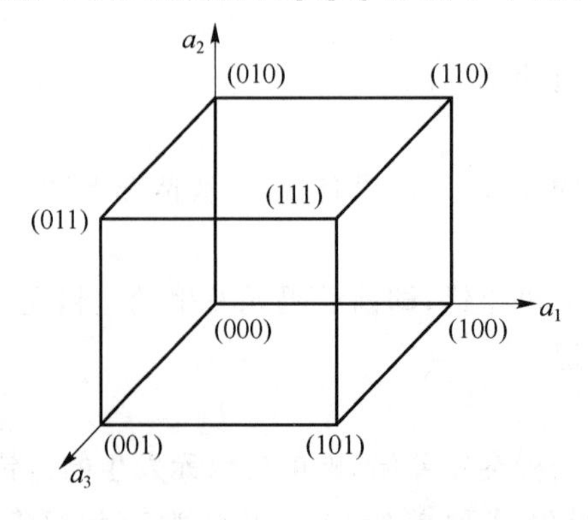

图8.2 码矢结构示意图

(5) 码重

在任一码组中1码的位数称为码重。例如,若码组为010,则码重$w=1$。

(6) 码距

在任何两个不同的码组中,对应码位的码元不相同的个数称为这两个码组间的码距。例如,100和000的码距为1;110和101的码距为2。

(7) 最小码距(汉明码距)d

在一个码集中,两个码组间的距离有一个最小值,这个最小值称为最小码距。

8.1.3 码组检错和纠错的基本原理

以上述的3位二进码组的码集为例,可分成以下3种情况观察分析。

(1) 第一种情况

码集中8个码组全部作为有用码组,此时$d=1$,在这种情况下,任一码组中有一位发生差错,就成为其他码组,接收端不能察觉差错,所以使用8个码组的码没有抗干扰能力。

(2) 第二种情况

如果码集中(000),(011),(101),(110)4个作为许用码组,其余4种为禁用码组,则许用码组的$d=2$,若任一许用码组在传输中因受干扰而造成一位差错,则不论其差错位置在何处,都将变成禁用码组,接收端能发现差错,但不能纠正。

(3) 第三种情况

若取上述8种码组的(000),(111)作为许用码组,则$d=3$,即使任一许用码组在传输中因受干扰而造成二位差错,都不可能变成其他许用码组。这种码组可发现一位或两位差错。

这种码组还有可能发现一位差错并纠正一位差错,原因如下。码组分成两类:{(000),(100),(010),(001)}和{(111),(011),(101),(110)}。(000)或(111)发生一位差错后的码组都在第一类或第二类的范围内。接收端收到第一类中的任一码组时,就将其判为(000),反之,收到第二类中的任一码组时,就将其判为(111),所以这种码组可以发现一位差错并纠正一位差错,抗干扰强。

在第一种情况中,$d=1$,无抗干扰能力。在第二种情况中,$d=2$,可以发现一位差错,表明有抗干扰能力。同时许用码组有4个,而现用3位二进制码有8个码组,有一半多余度(多余码元)。可见引入一定多余度后可使码组具备抗干扰能力。在第三种情况中,$d=3$,可以发现二位差错,并纠正一位差错,表明抗干扰能力比第二种情况的更好。所以d越大,抗干扰能力越大,由此可推得的规则有如下。

(1) 第一种规则

有检出e位差错的检错能力,则必须是$d \geqslant e+1$。

(2) 第二种规则

有纠正t位差错的纠错能力,则$d \geqslant 2t+1$。

(3) 第三种规则

能检出e位差错,又能纠正t位差错,$e>t$,则$d \geqslant e+t+1$。

第一种规则的证明过程如下。若码组A中发生一位错码,则可认为A的位置将移至以0点为圆心、以1为半径的圆上某点,其位置不会超过此圆。若码组中发生两位错码,则其位置不会超出以0点为圆心、以2为半径的圆。因此只要最小码距不小于3(图8.3中的B点),在以半径为2的圆上及圆内就不会有其他码组。就是说,当码组A发生两位错码时,不可能变成许用码组。码组 A 能检测错码位数等于 2。同理，编码的 d 能检测 $(d-1)$ 个错码，反之，要检出 e 个错码，则 $d \geqslant e+1$。

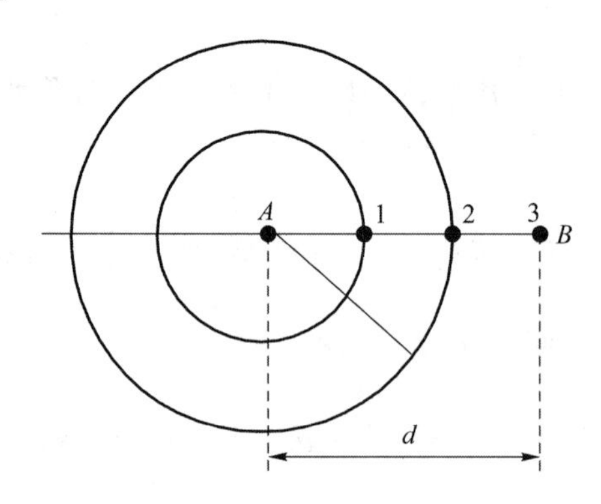

图 8.3　抗干扰规则示意图

例如对上述的第二情况中，对于 4 种许用码组(000)，(011)，(101)，(110)，如果以前 2 位(00)，(01)，(10)，(11)作为信息码元(a_0a_1)，后一位作为监督码元(a_2)，这样就可以看成是增加了一位码，以便监督该码组有无差错，这样添加的码元称为监督码元。

由选取的 4 种许用码组(000)，(011)，(101)，(110)中，可以看出添加监督码元的规律是任一码组中的各位码元模 2 加应为零。这 4 种许用码组构成规律如表 8.2 所示。

表 8.2　码组构成规律

信息码元	监督码元	码组	模 2 加
a_0a_1	a_2	$a_0a_1a_2$	$a_0 \oplus a_1 \oplus a_2=0$
00	0	000	$0\oplus0\oplus0=0$
01	1	011	$0\oplus1\oplus1=0$
10	1	101	$1\oplus0\oplus1=0$
11	0	110	$1\oplus1\oplus0=0$

由此推得，无论信息位为多少，若监督位仅有一位，要使码组无差错，码组中 1 码的数目要为偶数，这样其码组的模 2 加为零，即

$$a_{n-1} \oplus a_{n-2} \oplus \cdots \oplus a_0=0 \tag{8.1}$$

这种码组能检测出奇数个错码。添加监督码元的规则是使码组的模 2 加为零，所以这种码组也称偶数监督码元。式(8.1)称为监督关系式。

按式(8.1)在接收解码时，实际上在计算

$$S=a_{n-1} \oplus a_{n-2} \oplus \cdots \oplus a_0 \tag{8.2}$$

$S=0$，表示无错；$S=1$，表示有错。式(8.2)称为校检子关系式，它只能检测出奇数个错码，只能代表有错和无错两种信息，而不能指出错码位置。

如果监督码位增加一位，变成二位，则能增加一个类似式(8.2)的监督关系式。S_1S_2 可能值有 00，01，10，11，故能代表 4 种不同信息，一种表示无错，其余 3 种可用来指示一位错码的 3 个不同位置。

可见抗干扰码组的每一码组是由信息码元数 k、监督码元数 r 组成的，码组总码元数

为$n=k+r$。

目前纠错码编码方法是按一定规律在信源信息码元序列中插入多余性码元，这些码元称为监督码。

信道差错控制通常有两种工作方式：一种是前向纠错(FEC)，接收端能准确地检测出差错的码元位置，从而自动纠正差错，使差错码元变成正确码元；另一种是反馈检错(ARQ)，接收端只能对一定长度的码组检查有无差错，但不知差错的确切码元，于是通过反馈信道要求发送端重发该码组，直到接收端认为没有差错为止。

ARQ 使接收端等待长延迟时间收到完整无误信息，故实时性强的系统不采用它。但 ARQ 效果好，设备简单，应用广泛。

8.2　线性分组码

前面讲过，在原来的信息码元之后添加监督码元，可以检错、纠错，成为抗干扰编码。一般来说，数据序列以信息码元 k 位为一组，在它们后面添加 r 位监督码元，使总的码组长度 n 为

$$n=k+r \tag{8.3}$$

其中，k 为信息码元位数；r 为监督码元位数；n 为长度(码长)。

所谓(n,k)码就是这种码。至于添加什么样的 r 位监督码元，完全由 k 位信息码元根据一定的关系决定。这样，每一个码组中的 r 位监督码元只监督本组中每一位码元，也就是说，每一码组各自进行监督，与其他码组无关。因为有这种分组独立监督作用，所以(n,k)码又被称为线性分组码。

8.2.1　线性分组码的校检子关系式

由上可见，对于长度 n 的码组，需要辨别 $n+1$ 个差错位置(其中一个表示无错)，也就是需要 r 位监督码元提供 2^r 种不同组合，每一组合对应一个差错位置，即 $2^r=n+1=k+r+1$。例如，$k=4$，求得 $2^r=5+r$，即 $r=3$，$n=7$，编为(7,4)码；$k=11$，求得 $2^r=12+r$，即 $r=4$，$n=15$，编为(15,11)码。

同理，r 个监督关系式能指示一位错码(2^r-1)个可能的位置。一般来说，若按线性分组码结构 $n=k+r$，若希望用 r 个监督位构造出 r 个监督关系式来指示一位错码的几种可能位置，则要求

$$2^r-1\geqslant n \tag{8.4}$$

或

$$2^r\geqslant k+r+1 \tag{8.5}$$

例如，设(n,k)码，$k=4$，为能纠正一位错码，按式(8.5)，$r\geqslant 3$，取 $r=3$，则 $n=4+3=7$，$(n,k)=(7,4)$。

用 S_1、S_2、S_3 表示三个监督关系式，则 S_1、S_2、S_3 的值与错码位置的对应关系如表 8.3 所示(也可规定成另一种对应关系，这不影响讨论的一般性)。

表 8.3　S_1、S_2、S_3 的值与错码位置的对应关系

$S_1S_2S_3$	错码位置
001	a_0
010	a_1
100	a_2
011	a_3
101	a_4
110	a_5
111	a_6
000	无错

按表 8.3 规定可见，一位错码位置在 a_2、a_4、a_5、a_6 时，S_1 为 1，否则，S_1 为 0，这就意味着 a_2、a_4、a_5、a_6 4 个码元构成的偶数监督关系为

$$S_1=a_6\oplus a_5\oplus a_4\oplus a_2 \tag{8.6}$$

同理，a_1，a_3，a_5，a_6 构成的偶数监督关系为

$$S_2=a_6\oplus a_5\oplus a_3\oplus a_1 \tag{8.7}$$

以及

$$S_3=a_6\oplus a_4\oplus a_3\oplus a_0 \tag{8.8}$$

发送端编码时，信息码 $a_6a_5a_4a_3$ 的值决定于输入信号，是随机的。监督码 $a_0a_1a_2$ 根据信息码的取值和监督关系得到。若使式(8.6)至式(8.8)三式中的 S_1、S_2、S_3 的值为零(编成码组中应无错码)，即

$$\begin{cases}a_6\oplus a_5\oplus a_4\oplus a_2=0\\ a_6\oplus a_5\oplus a_3\oplus a_1=0\\ a_6\oplus a_4\oplus a_3\oplus a_0=0\end{cases} \tag{8.9}$$

则经移项运算后可解出监督码元：

$$\begin{cases}a_2=a_6\oplus a_5\oplus a_4\\ a_1=a_6\oplus a_5\oplus a_3\\ a_0=a_6\oplus a_4\oplus a_3\end{cases} \tag{8.10}$$

根据式(8.10)，由已知信息码求监督码元，计算结果如表 8.4 所示。

表 8.4　由已知信息码求监督码元

信息码元	监督码元	信息码元	监督码元
$a_6a_5a_4a_3$	$a_2a_1a_0$	$a_6a_5a_4a_3$	$a_2a_1a_0$
0000	000	1000	111
0001	011	1001	100
0010	101	1010	010
0011	110	1011	001
0100	110	1100	001
0101	101	1101	010
0110	011	1110	100
0111	000	1111	111

接收端收到每个码组后先按式(8.6)至式(8.8)计算出 S_1，S_2，S_3，再按表 8.3 判断错码情况。例如，接收码组为 0000011($a_0a_1a_2a_3a_4a_5a_6$)，计算出 $S_1S_2S_3$ 为 011，查表 8.3 后知道在 a_3 位有错码，这样便可纠正过来。

$$\begin{cases} S_1 = 0 \oplus 0 \oplus 0 \oplus 0 = 0 \\ S_2 = 0 \oplus 0 \oplus 0 \oplus 1 = 1 \\ S_3 = 0 \oplus 0 \oplus 0 \oplus 1 = 1 \end{cases} \tag{8.11}$$

8.2.2 线性分组码的矩阵形式

线性码指信息码元和监督码元满足一组线性方程的码，式(8.9)就是这样的例子，现将它写成如下形式：

$$\begin{cases} 1\times a_6 \oplus 1\times a_5 \oplus 1\times a_4 \oplus 0\times a_3 \oplus 1\times a_2 \oplus 0\times a_1 \oplus 0\times a_0 = 0 \\ 1\times a_6 \oplus 1\times a_5 \oplus 0\times a_4 \oplus 1\times a_3 \oplus 0\times a_2 \oplus 1\times a_1 \oplus 0\times a_0 = 0 \\ 1\times a_6 \oplus 0\times a_5 \oplus 0\times a_4 \oplus 1\times a_3 \oplus 0\times a_2 \oplus 1\times a_1 \oplus 0\times a_0 = 0 \end{cases} \tag{8.12}$$

写成矩阵表达为

$$\begin{bmatrix} 1 & 1 & 1 & 0 & 1 & 0 & 0 \\ 1 & 1 & 0 & 1 & 0 & 1 & 0 \\ 1 & 0 & 0 & 1 & 0 & 1 & 0 \end{bmatrix} \begin{bmatrix} a_6 \\ a_5 \\ a_4 \\ a_3 \\ a_2 \\ a_1 \\ a_0 \end{bmatrix} = \begin{bmatrix} 0 \\ 0 \\ 0 \end{bmatrix} \tag{8.13}$$

仍以(7,4)码为例，信息码元和监督码元都用 a 表示，$a_6a_5a_4a_3$ 为信息码元，$a_2a_1a_0$ 为监督码元。写成矩阵形式为

$$\begin{bmatrix} 1 & 1 & 1 & 0 & 1 & 0 & 0 \\ 1 & 1 & 0 & 1 & 0 & 1 & 0 \\ 1 & 0 & 0 & 1 & 0 & 1 & 0 \end{bmatrix} \begin{bmatrix} a_6 \\ a_5 \\ a_4 \\ a_3 \\ a_2 \\ a_1 \\ a_0 \end{bmatrix} = \begin{bmatrix} 0 \\ 0 \\ 0 \end{bmatrix} \tag{8.14}$$

$\begin{bmatrix} 1 & 1 & 1 & 0 & 1 & 0 & 0 \\ 1 & 1 & 0 & 1 & 0 & 1 & 0 \\ 1 & 0 & 0 & 1 & 0 & 1 & 0 \end{bmatrix}$ 称为监督矩阵，记为 $\boldsymbol{H}$。$\begin{bmatrix} a_6 \\ a_5 \\ a_4 \\ a_3 \\ a_2 \\ a_1 \\ a_0 \end{bmatrix}$ 记为 $\mathbf{A}^{\mathrm{T}}$，$\mathbf{A}^{\mathrm{T}}$ 为 $\mathbf{A}$ 的转置矩阵。$\begin{bmatrix} 0 \\ 0 \\ 0 \end{bmatrix}$ 记

为 $\mathbf{0}^{\mathrm{T}}$，$\mathbf{0}^{\mathrm{T}}$ 表示全零转置矩阵。

故

$$\boldsymbol{H}\boldsymbol{A}^{\mathrm{T}}=\mathbf{0}^{\mathrm{T}} \tag{8.15}$$

或

$$\boldsymbol{A}\boldsymbol{H}^{\mathrm{T}}=\mathbf{0} \tag{8.16}$$

可见，第一，$\boldsymbol{H}$ 矩阵的每一行表明了监督码元与信息码元的关系，$\boldsymbol{H}$ 矩阵的行数就是监督码元的位数；第二，$\boldsymbol{H}$ 矩阵中各列 1 和 0 组成的是检校子（校正子）S_1，S_2，S_3 的值，这些值可表明差错发生的位置；第三，这样规定的监督关系称为一致监督（典型监督），这是线性分组码的一个重要性质；第四，码组中的监督码元并不固定监督某位或几位信息码元，而是码组中的所有监督码元共同监督码组中所有的信息码元和监督码元。

发送序列 $\boldsymbol{A}=(a_{n-1}a_{n-2}\cdots a_1a_0)$ 在传输中受到干扰，引起差错，所以接收序列变为 $\boldsymbol{B}=(b_{n-1}b_{n-2}\cdots b_1b_0)$，这与 $\boldsymbol{A}$ 不完全相同。

$$\boldsymbol{B}-\boldsymbol{A}=\boldsymbol{E} \tag{8.17}$$

$\boldsymbol{B}$ 与 $\boldsymbol{A}$ 之差就是信道引入的差错序列。

$$\boldsymbol{E}=(e_{n-1}e_{n-2}\cdots e_1e_0) \tag{8.18}$$

其中 $e_i=\begin{cases}0 \text{ 表示第 } i \text{ 位无差错，即 } B_i=A_i\\ 1 \text{ 表示第 } i \text{ 位有差错，即 } B_i=1\oplus A_i\end{cases}$

由此 $\boldsymbol{B}$ 看作是 $\boldsymbol{A}$ 与信道引入差错序列之和。

$$\boldsymbol{B}=\boldsymbol{A}\oplus\boldsymbol{E} \tag{8.19}$$

例如，$\boldsymbol{A}=(01101)$，$\boldsymbol{E}=10010$，$\boldsymbol{B}=11111$，接收序列的矩阵形式将是

$$\boldsymbol{H}\boldsymbol{B}^{\mathrm{T}}=\boldsymbol{S}^{\mathrm{T}} \tag{8.20}$$

或

$$\boldsymbol{B}\boldsymbol{H}^{\mathrm{T}}=\boldsymbol{S} \tag{8.21}$$

$\boldsymbol{S}=(S_rS_{r-1}\cdots S_0)$，$r$ 是监督码元位数，$\boldsymbol{S}$ 是校验子，用来判断差错信道，这样 $\boldsymbol{S}=\boldsymbol{H}^{\mathrm{T}}\boldsymbol{B}=\boldsymbol{H}^{\mathrm{T}}(\boldsymbol{A}+\boldsymbol{E})$

因为

$$\boldsymbol{H}^{\mathrm{T}}\boldsymbol{A}=\boldsymbol{0} \tag{8.22}$$

故

$$\boldsymbol{S}=\boldsymbol{H}^{\mathrm{T}}\boldsymbol{E} \tag{8.23}$$

可见 $\boldsymbol{S}$ 序列只与 $\boldsymbol{E}$ 序列有关，在码的纠错能力之内一定的 $\boldsymbol{E}$ 序列必然对应于一定的 $\boldsymbol{S}$ 序列。

例如，(7,4)码的一致监督关系按前述为

$$\boldsymbol{H}=\begin{bmatrix}1&1&1&0&1&0&0\\1&1&0&1&0&1&0\\1&0&0&1&0&1&0\end{bmatrix} \tag{8.24}$$

$$\boldsymbol{H}^{\mathrm{T}}\boldsymbol{A}=0$$

或

$$\boldsymbol{H}\boldsymbol{A}^{\mathrm{T}}=\mathbf{0}^{\mathrm{T}} \tag{8.25}$$

如果 $\boldsymbol{A}=(0111100)$，传输中没有差错，得

$$\boldsymbol{H}\begin{pmatrix}0\\1\\1\\1\\1\\0\\0\end{pmatrix}=\begin{pmatrix}0\\0\\0\end{pmatrix} \tag{8.26}$$

若传输中发生一位差错，并假设它发生在第 4 位，$\boldsymbol{E}=(0001000)$，$\boldsymbol{B}=(0110100)$，则

$$\boldsymbol{S}=\boldsymbol{B}\boldsymbol{H}^{\mathrm{T}}=(0110100)\boldsymbol{H}^{\mathrm{T}}=(111) \tag{8.27}$$

$\boldsymbol{S}$ 序列正与矩阵 $\boldsymbol{H}$ 中的第 4 列对应，因此立刻可判断差错发生在信息码元的第 4 位。

此外，对(7,4)码而言，$a_6a_5a_4a_3$ 四位信息码可根据三个线性方程求三位监督码元，写成另一种矩阵。

$$\boldsymbol{A}=(a_6a_5a_4a_3a_2a_1a_0)=\begin{pmatrix}a_6\\a_5\\a_4\\a_3\\a_2\\a_1\\a_0\end{pmatrix}^{\mathrm{T}}$$

$$=\begin{bmatrix}a_6\\ & a_5\\ & & a_4\\ & & & a_3\\ & & a_6\oplus a_5\oplus a_4\\ & & a_6\oplus a_5\oplus a_3\\ & & a_6\oplus a_4\oplus a_3\end{bmatrix}^{\mathrm{T}} \tag{8.28}$$

$$=(a_6a_5a_4a_3)\begin{pmatrix}1&0&0&0&0&1&1\\0&1&0&0&1&0&1\\0&0&1&0&1&1&0\\0&0&0&1&1&1&1\end{pmatrix}$$

$$=(a_6a_5a_4a_3)\boldsymbol{G}$$

$\boldsymbol{G}$ 称为生成矩阵。$\boldsymbol{S}$ 给定了信息码 $a_6a_5a_4a_3$，就可根据 $\boldsymbol{G}$ 求得监督码元和整个码组。信息码 $a_6a_5a_4a_3$ 共有 $2^4=16$ 种可能码组，根据 $\boldsymbol{G}$ 求得 16 种码组。

由矩阵相乘可知，$[a_6a_5a_4a_3]\boldsymbol{G}$ 的结果是 $\boldsymbol{G}$ 中的列与$[a_6a_5a_4a_3]$中相对应的行进行相乘后逐位模 2 加的结果。例如，$(a_6a_5a_4a_3)=(0111)$的结果为

$$(a_6a_5a_4a_3)\boldsymbol{G}=(0111)\begin{pmatrix}1&0&0&0&0&1&1\\0&1&0&0&1&0&1\\0&0&1&0&1&0&1\\0&0&0&1&1&1&1\end{pmatrix}=(0111100) \tag{8.29}$$

$\boldsymbol{G}$ 中的每一行各是(7,4)码中的一个码组,所以每一行的码组称为生成码组。$\boldsymbol{G}$ 中的任何二行,或三行,或四行的模 2 加必为一个码组。由于四位信息码有 16 个码组,所以至少要有四个独立码组作为 $\boldsymbol{G}$ 矩阵的四行,才能产生其他 12 个码组。

前面的监督矩阵 $\boldsymbol{H}$ 可由两部分组成,即 $\boldsymbol{P}$ 和 $\boldsymbol{I}_r$。

$$\boldsymbol{H}=\left(\begin{array}{cccc|ccc}0&1&1&1&1&0&0\\1&0&1&1&0&1&0\\1&1&0&1&0&0&1\end{array}\right)=(\boldsymbol{P}\quad \boldsymbol{I}_r) \tag{8.30}$$

生成矩阵 $\boldsymbol{G}$ 也可分成两个组成部分 $\boldsymbol{I}_k$ 和 $\boldsymbol{Q}$。

$$\boldsymbol{G}=\left(\begin{array}{cccc|ccc}1&0&0&0&0&1&1\\0&1&0&0&1&0&1\\0&0&1&0&1&0&1\\0&0&0&1&1&1&1\end{array}\right)=(\boldsymbol{I}_k\quad \boldsymbol{Q}) \tag{8.31}$$

两相比可见,$\boldsymbol{H}$ 矩阵中 $\boldsymbol{P}$ 部分的第一行正好是 $\boldsymbol{G}$ 矩阵中 $\boldsymbol{Q}$ 部分的第一列,$\boldsymbol{P}$ 的第二行正好是 $\boldsymbol{Q}$ 部分的第二列;$\boldsymbol{P}$ 的第三行正好是 $\boldsymbol{Q}$ 部分的第三列。或者,$\boldsymbol{P}$ 的第一列正好是 $\boldsymbol{Q}$ 的第一行,等等。

知道了 $\boldsymbol{H}$ 矩阵,把其中的 $\boldsymbol{P}$ 转90°,就可以求得 $\boldsymbol{G}$ 矩阵。

$$\boldsymbol{G}=[\boldsymbol{I}_k\boldsymbol{P}^{\mathrm{T}}] \tag{8.32}$$

这表明生成矩阵与监督矩阵的关系为

$$\boldsymbol{Q}=\boldsymbol{P}^{\mathrm{T}} \tag{8.33}$$

8.3 卷积码

卷积码把信息码元和监督码元间隔排列,也称连环码、循环码。例如,信息码元为 $a_0a_1a_2a_3\cdots$,在每一位信息码元之后加入一位监督码元 $C_0C_1C_2C_3\cdots$,编成的码元为 $a_0C_0a_1C_1a_2C_2a_3C_3\cdots$,这样的编码称为(2,1)卷积码。

卷积码特点:每一位监督码元不仅监督它邻近的码元,而且监督那些相隔较远的信息码元,(而分组码只与本码组有关,与其他码组无关)。

对于最简单的(2,1)卷积码,它的监督码元与信息码元的线性变换关系见方程式(8.34)。

$$\begin{cases}C_1=a_0\oplus a_1\\C_2=a_1\oplus a_2\\C_3=a_2\oplus a_3\\C_2=a_1\oplus a_2\\\quad\vdots\\C_i=a_{i-1}\oplus a_i\end{cases} \tag{8.34}$$

可见,每一位 C_i 除了与前位 a_i 有关外,还与前三位 a_{i-1} 有关。或者说每一位 a_i 受到后一位 C_i 和后三位 C_{i+1} 的监督。

8.3.1 卷积码的编码

根据式(8.34)的变换关系,得出(2, 1)卷积码的编码器框图(如图 8.4 所示),图中有两级移位寄存器和一个模 2 加器等。

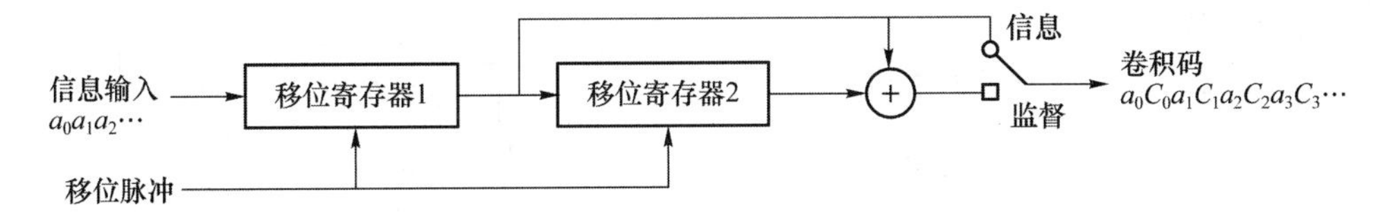

图 8.4　(2,1)卷积码的编码器框图

卷积码编码器的工作过程:电子开关的换接周期正好等于一位码元的时间,上半周期向上接,下半周期向下接。例如,当第一位 a_0 已从第二级移位寄存器移出时,第二位 a_1 已从第一级移位寄存器移出,这时开关向上接 a_1,一路经开关输出,另一路与 a_0 进行模 2 加,按方程 $C_1=a_0\oplus a_1$,当开关向下接时,C_1 经开关输出,完成一个周期时间。同理,当 a_1 从移位寄存器 2 出时,a_2 从移位寄存器 1 出,这时开关上接 a_2,一路经开关输出,另一路与前一码元 a_1 模 2 加,得 $C_2=a_1\oplus a_2$,当开关下接输出 C_2 时,完成第二个周期,如此下去…,发端编码器产生编码序列 $a_0C_0a_1C_1a_2C_2a_3C_3\cdots$,这就是编成的卷积码。

8.3.2 卷积码的解码

接收端的解码器收到卷积码为 $a_0'C_0'a_1'C_1'a_2'C_2a_3'C_3'\cdots$ 接下来介绍如何对其进行解码。根据前式(8.34)监督关系式,写出校检子方程:

$$\begin{cases} S_1=(a_0'\oplus a_1')\oplus C_1' \\ S_2=(a_1'\oplus a_2')\oplus C_2' \\ S_3=(a_2'\oplus a_3')\oplus C_3' \\ \quad\vdots \\ S_i=(a_{i-1}'\oplus a_i')\oplus C_i' \end{cases} \tag{8.35}$$

以 S_1 和 S_2 为列,S_1 与 a_0'、a_1'、C_1' 有关,S_2 与 a_1'、a_2'、C_2' 有关,其中 a_1' 与 S_1 和 S_2 都有关系。就是说,如果 a_0'、a_1'、C_1' 中有一位发生差错,S_1 就为 1,如果 a_1'、a_2'、C_2' 中有一位发生差错,S_2 就为 1。所以 S_1 和 S_2 可归纳为三种情况:第一,S_1 和 S_2 都为 0,接收无错;第二,S_1 和 S_2 都为 1,则表示 a_1' 肯定有错;第三,S_1 和 S_2 只有一个为 1,则表示 a_1' 无错,其他码元有错。

由此可见,从 S_1 和 S_2 可判断 a_1' 有没有错,在数学上认为 S_1 和 S_2 两个方程构成 a_1' 的正交方程,同理,S_2 和 S_3 可用来判断 a_2',S_2 和 S_3 两个方程构成 a_2' 的正交方程,其他依此类推。

图 8.5 是(2,1)卷积码的解码器框图。

图 8.5 是(2,1)卷积码的解码器框图。解码器接收 $a_0'C_0'C_1'a_2'C_2'a_3'C_3'\cdots$ 后,通过电子开关把 a_0'、C_0'、a_1'、C_1' 按顺序依次分开接入。接收端的移位寄存器 1、2、和模 2 加器(1)的组成称为本地编码器,移位寄存器 1、2 和模 2 加器(1)、模 2 加器(2)的组成称为检校运算器,而移位寄

存器 3 和一个与门的组成称为正交运算器。正交运算器作为判决之用，其输出与模 2 加器(3)共同作用，可以自动纠错。这样解码器可以把接收的可能有差错的卷积码还原为正确的信息码序列。

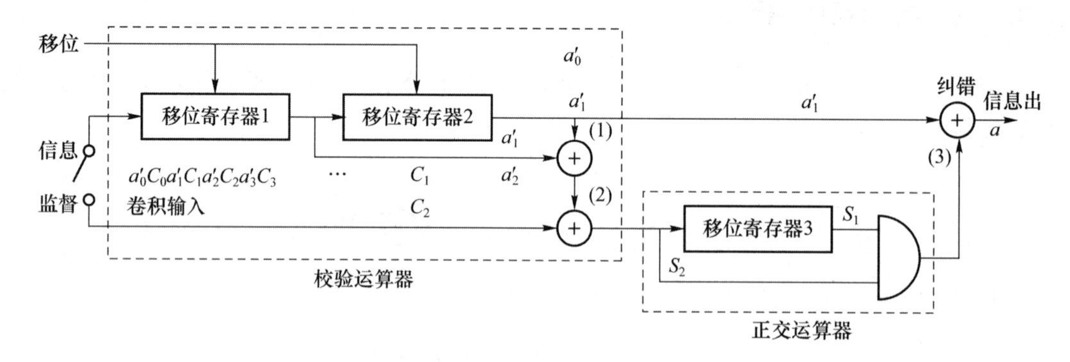

图 8.5 (2,1)卷积码的解码器框图

解码器工作过程是：电子开关上接(上半周)接入 a'_1，于是 a'_1 从移位寄存器 1 移出，而 a'_0 已先经过移位寄存器 1，后经移位寄存器 2 移出，a'_0 和 a'_1 两者经模 2 加器(1)相加，相加的结果加到模 2 加器(2)上。这时电子开关下接(下半周)，让接收的 C'_1 也加到模 2 加器(2)上，产生校验子 S_1，这样就完成一个周期，同理，电子开关又上接(上半周)接入 a'_2，a'_2 从移位寄存器 1 移出，a'_1 从移位寄存器 2 移出，a'_1 和 a'_2 两者经模 2 加器(1)相加，相加结果加到模 2 加器(2)上。这时电子开关又下接(下半周)，接入的 C'_2 也加到模 2 加(2)上，产生校验验子 S_2. 之后 S_1 从移位寄存器 3 移出，和 S_2 一起到达与门的输入端，S_1 和 S_2 两者都加到与门。如果 S_1 和 S_2 都是 1，则与门输出为 1，再送至模 2 加器(3)；如果 S_1 和 S_2 不都是 1，则与门输出为 0，这时 a'_1 正好也到达模 2 加器(3)上。如果 $a'_{已}$ 发生差错，例如 a'_1 由 0 错成 1，这里正交运算器输出(即与门的输出)为 1，a'_1 与正交运算器输出的 1 经模 2 加器(3)相加得到 0，所以可以把 a'_1 的 1 纠正为原来的 0 的状态，也即让 $a'_1=a_1$。如果 a'_1 是由 1 错成 0，这时正交运算器输出为 0，a'_1 与正交运算器输出的，0 经模 2 加器(3)相加得到 1，所以可以把 a'_1 的 0 纠正为原来的 1 状态，也即让 $a'_1=a_1$。同样方法，如果 a'_2 有错，产生校验子 S_2 和 S_3，再通过正交运算输出 0 或 1，最后把 a'_2 和正交运算器输出加到模 2 加器(3)上输出，就可以把 a'_2 还原成 a_2。以此类推，最后解码器得到正确的信息码。

本章小结

本章介绍了数据信息码如何编码才能检出差错或纠正差码，抗干扰。在原来的信息码加了多余码元，就有抗干扰能力，加的多余码元越多，抗干扰能力越强。

本章还介绍了线性分组码。分组码以 n 位码为一组，在这一组中监督码元只监督本组的各位信息码元，而不涉及其他组。分组码的数据序列编成(n,k)码，表示 n 位二进码组包含 k 位信息码元，r(等于 $n-k$)位监督码元。根据监督线性方程可以由信息码元求得监督码元。信息码元与监督码元模 2 加应为 0。每一个码组传送到接收端，信息码元与监督码元模 2 加得到检校子 S。检校子是用来表示有没有差错，若 $S=0$，则表示传输没有发生差错，若 $S=1$，则表示出现差错。

最后，本章介绍了卷积码。卷积码是把监督码元插入信息码元的中间，每一监督码元不仅与前一位信息码元有关，还有与前面若干位信息码元有关，不受分组的界限。

习题与思考题

1. 在通信系统中，采用差错控制的目的是什么？

2. 常用的差错控制方法有哪些？

3. 一种编码的最小码距与其检错、纠错能力有何关系？

4. 已知 8 个码组为(000000)、(001110)、(010101)、(011011)、(100011)、(101101)、(110110)、(111000)，求该码组的最小码距。该码组若用于检错，能检出几位错码？若用于纠错，能纠正几位错码？若同时用于检错与纠错，则纠错、检错的性能如何？

5. 一码长 $n=15$ 的汉明码，监督码元的位数 r 应为多少？编码速率为多少？试写出监督码元与信息码元之间的关系。

6. 已知某线性码监督矩阵为

$$\boldsymbol{H}=\begin{pmatrix}1 & 1 & 1 & 0 & 1 & 0 & 0\\1 & 1 & 0 & 1 & 0 & 1 & 0\\1 & 0 & 1 & 1 & 0 & 0 & 1\end{pmatrix}$$

试列出所有许用码。

7. 设有 8 个码组为(10110010)、(00010101)、(01010011)、(10101100)、(10010101)、(11100101)、(01101010)、(10100111)，试写出其矩阵码校验单元。

8. 已知系统分组码的码元为 $C=[1101c5c6c7]$，试写出校验单元 $c5$、$c6$、$c7$。

9. 有码字 $a=[00110101]$，$b=[10110010]$，$c=[01010011]$，$d=[11100101]$，试写出任意两组码字之间的汉明距。

10. 若发送数据为 M=[10111]，并使全部数据通过(2，1，2)卷积码编码器。

(1) 画出解码框图。

(2) 写出编码器的码字输出。

实训项目提示

1. 熟悉误码测试仪的使用方法，熟悉误码测试电路。

2. 根据每次测试的问题，分析产生误码的原因及探讨减少误码的方法。

参考文献

[1] Anderson. J B, Aulin. T, Sundberg C-E. Digital Phase Modulation. Boston,Springer,1996.

[2] Bahai A R S, Saltzberg B R, Multi-carrier digital communication:theory and applications of OFDM[S. l.]:Plenum Publishing Co. , 1999.

[3] Yamada T, Oka Y, Katagiri H. Inter-organ metabolic communication involved in energy homeostasis: potential therapeutic targets for obesity and metabolic syndrome. Pharmacology and Therapeutics, 2018,117(1):188-198.

[4] Dumuid, P M, Cazzolato B S, Zander A C. A comparison of filter design structures for multi-channel acoustic communication systems. The Journal of the Acoustical Society of America, 2008,123(1):174-185.

[5] Yang L, kwok-kai Soo K K, Siu Y M, et al. Hybrid reduced-complexity multiuser detector for CDMA communication systems. IEEE Transactions on Vehicular Technology, 2008,57(1):414-420.

[6] Pitakdumrongkija B, Suzuki L H. Coded single-sideband QPSK and its turbo detection for mobile communication systems. IEEE Transactions on Vehicular Technology,2008, 57(1):311-323.

[7] Prokhorov M D, Ponomarenko V I. Encryption and decryption of information in chaotic communication systems governed by delay-differential equations Chaos. Solitons and Fractals, 2008,35(5):871-877.

[8] Tranter W H,Shanming K S,Rappaport T S,et al. 通信系统仿真原理与无线应用. 肖明波,杨先松, 许芳,等,译. 北京:机械工业出版社,2005.

[9] 周炯槃. 通信原理. 北京:北京邮电大学出版社,2005.

[10] 黎洪松.数字通信原理. 西安:西安电子科技大学出版社,2005.

[11] 王兴亮.通信系统原理教程. 西安:西安电子科技大学出版社,2007.

[12] 冯玉珉,郭宇春.通信系统原理.北京:清华大学出版社, 2006.

[13] Proakis J G, Salehi M. 通信系统原理. 李锵,关欣,杨爱萍,等,译.北京:电子工业出版社,2006.

[14] 冯玉珉,郭宇春,张星,等.通信系统原理学习指南. 北京: 清华大学出版社, 北京交通大学出版社,2004.

[15] 林家薇.通信系统原理考点分析及效果测试. 哈尔滨: 哈尔滨工程大学出版社,2003.

[16] 黄载禄,殷蔚华,黄本雄.通信原理. 北京: 科学出版社,2007.

[17] 江力.通信原理. 北京:清华大学出版社,2007.

[19] 黄葆华,杨晓静,牟华坤.通信原理. 西安:西安电子科技大学出版社,2007.

[18] 郭爱煌,陈睿,钱业青.通信原理学习指导与习题解答. 北京: 电子工业出版社,2007.

[19] 樊昌信,宫锦文,刘忠成.通信原理及系统实验.北京:电子工业出版社,2007.

[20] 徐家恺,沈庆宏,阮雅端.通信原理教程. 北京:科学出版社,2007.

[21] 王维一.通信原理.北京:人民邮电出版社,2004.
[22] 胡冰新,刘景夏,吕俊.通信原理辅导及习题精解. 西安:陕西师范大学出版社,2006.
[23] 沈其聪.数字通信原理. 北京:机械工业出版社,2004.
[24] 王秉钧.现代通信原理. 北京:人民邮电出版社,2006.
[25] 刘建成.通信系统基础.天津:天津大学出版社,2009.